Hans-Jürgen Probst

Bilanzen lesen leicht gemacht

Hans-Jürgen Probst

Bilanzen lesen

leicht gemacht

Zahlen richtig analysieren und interpretieren

Hans-[illegible]

Juli 2008

REDLINE WIRTSCHAFT

Bibliografische Information der Deutschen Nationalbibliothek

Die Deutsche Nationalbibliothek verzeichnet diese Publikation in der Deutschen Nationalbibliografie.
Detaillierte bibliografische Daten sind im Internet über http://dnb.d-nb.de abrufbar.

ISBN: 978-3-636-01485-6

Unsere Web-Adresse:
www.redline-wirtschaft.de

3., aktualisierte Auflage 2008

Umschlaggestaltung: SCHRÖDER DESIGN, Leipzig
Coverabbildung: © dwphotos – Fotolia
Satz: Jürgen Echter, Redline GmbH
Printed in Germany

Inhaltsverzeichnis

Vorwort: Warum sollte man eine Bilanz lesen können?

Bilanzen lesen können ist für die einen interessant, für die anderen eine berufliche Notwendigkeit. Fest steht: Wer Bilanzen lesen kann, kann schnell die Stärken und Schwächen von Unternehmen beurteilen.

Gewerbetreibende aller Branchen sollten sich ebenfalls mit Bilanzen auskennen. Es reicht nicht, alles dem Steuerberater zu überlassen. Dann stimmt zwar die Buchführung, aber sind auch ansonsten alle Darstellungsmöglichkeiten ausgeschöpft? Z. B. wenn man einen Kredit von der Bank will? Es ist eben ein Unterschied, ob ich mit meiner Bilanz die Bank beeindrucken möchte oder aber dem Finanzamt klarzumachen versuche, dass in meinem Unternehmen das finanzielle Elend herrscht. Man kann sich schon ein wenig ärmer oder reicher rechnen, und hierzu findet der Leser *über 30 Tricks und Tipps.*

Und nicht zuletzt ist dies ein Buch für alle, die im Rahmen ihrer Ausbildung Bilanzwissen brauchen. Hier finden Sie in einfacher und komprimierter Form alle Zusammenhänge, angefangen von der Buchhaltung bis hin zu aktuellen Diskussionen z. B. um die internationale Rechnungslegung.

Nur wird aus dem Jahresabschluss zu oft eine komplizierte Wissenschaft gemacht. Dabei ist es gar nicht so schwer, die wirklich wichtigen Dinge zu begreifen.

Für dieses Buch sind Vorkenntnisse nicht notwendig. Wir fangen mit den Grundlagen an, erwerben uns Kenntnisse über Bilanzpositionen und die Instrumente der Rechnungslegung und lernen, wie Bilanzprofis Zahlen „liften".

Wichtig ist heutzutage auch die Internationale Rechnungslegung geworden. Deswegen in einem gesonderten Kapitel alles, was Sie in diesem Zusammenhang wissen müssen.

Zum Abschluss möchten wir darauf hinweisen, dass wir aus Gründen der guten Lesbarkeit auf unterschiedliche Geschlechtsformen verzichtet haben. Selbstverständlich sind auch immer Bilanzleser*innen* oder Mitarbeiter*innen* gemeint.

Verlag und Autor wünschen Ihnen viel Spaß und eine lehrreiche Lektüre.

1. Warum und für wen Bilanzen?

Über die alten Sumerer, neugierige Banken, Aktionäre und Mitarbeiter

Unser Thema ist die Rechnungslegung. Sie begleitet uns von den Anfängen der Ökonomie vor mehreren tausend Jahren über die Jahrhunderte bis heute.

Von den Anfängen bis zur heutigen gesetzlichen Regelung

Die alten Sumerer (3200 – 2800 v. Chr.) siedelten im Süden von Mesopotamien (im heutigen Südirak). Sie erfanden die bisher älteste bekannte Schrift der Menschheit, die Keilschrift. Lange rätselte man über die Entschlüsselung dieser abstrakten Zeichen, die mit Griffeln in den weichen Ton von Tontafeln eingeritzt wurden. Schließlich wurde das Geheimnis um die sonderbaren Zeichen der Keilschrift gelüftet: Die ersten Schriftzeichen der Menschheit beinhalteten keine romantischen Liebesgedichte, sondern schnöde, langweilige Inventarlisten der Tempelverwaltung. Fein säuberlich wurden die Vorratskrüge des Tempels aufgelistet: Wein, Öl und andere Opfergaben wurden buchhalterisch erfasst, die Anfänge von Buchhaltung und Bilanz.
Von moderner Buchführung sprechen wir erst ungefähr ab dem 15. Jahrhundert. Von Bilanzen im heutigen Sinne kann aber noch keine Rede sein. Es ging zäh voran. Erste Rechnungsabschlüsse gab es dann Ende des 15. Jahrhunderts, allerdings nicht in regelmäßigen Zeitfolgen und ohne einheitliche Abschlussregeln (die Glücklichen!). Erste gesetzliche Abschlussvorschriften entwickelten sich in Städten wie Nürnberg oder Frankfurt. So sah z. B. eine ordonnance de commerce (1673) eine alle zwei Jahre durchzuführende Inventur vor. Hier sollten auch alle Forderungen und Schulden aufgelistet werden. Man kam der heutigen Bilanz etwas näher. Am Anfang des 19. Jahrhunderts stellten die preußischen Staaten erstmals das Unterlassen einer jährlichen „Balanceziehung“ unter Strafe, doch erst Mitte des 19. Jahrhunderts wurden mit der Entwicklung des Handelsrechts Vorschriften über Inventur und Bilanz erlassen.

Ein geschlossenes System von Bilanzaufgaben und Bilanzinhalten gibt es seit Ende des 19. Jahrhunderts. Viele sehen den Ursprung der heutigen Bilanzierung in der berühmt gewordenen Entscheidung des Reichsoberhandelsgerichtes von 1873, in der für die Bilanz „objektive Verkehrswerte" gefordert wurden. Bilanz war demnach eine Gegenüberstellung von Vermögen und Schulden zum Zwecke der Schuldendeckungskontrolle. Damals war die sogenannte Gründerzeit. Industrien schossen aus dem Boden, es gab erste Wirtschaftskrisen, Firmenpleiten usw. Die Wirtschaft musste geregelt werden. Und diese Entscheidung des längst in der Geschichte untergegangenen Reichsoberhandelsgerichtes prägt die Bilanzierung bis heute.

Heute reden wir nicht mehr lediglich über Bilanzen, sondern über den Jahresabschluss. Dieser besteht mindestens aus der Bilanz und der Gewinn- und Verlustrechnung. Darüber hinaus gibt es für bestimmte Unternehmen noch den Anhang und den Lagebericht.
Geregelt ist dies alles im Handelsgesetzbuch (HGB). Dort hört sich dies alles so an:

§ 238 Buchführungspflicht
Jeder Kaufmann ist verpflichtet, Bücher zu führen und in diesen seine Handelsgeschäfte und die Lage seines Vermögens nach den Grundsätzen ordnungsmäßiger Buchführung ersichtlich zu machen. Die Buchführung muss so beschaffen sein, dass sie einem sachverständigen Dritten innerhalb angemessener Zeit einen Überblick über die Geschäftsvorfälle und über die Lage des Unternehmens vermitteln kann. Die Geschäftsvorfälle müssen sich in ihrer Entstehung und Abwicklung verfolgen lassen.

Und konkret zur Bilanz:

§ 242 Pflicht zur Aufstellung
Der Kaufmann hat zu Beginn seines Handelsgewerbes und für den Schluss eines jeden Geschäftsjahres einen das Verhältnis seines Vermögens und seiner Schulden darstellenden Abschluss (Eröffnungsbilanz, Bilanz) aufzustellen. Auf die Eröffnungsbilanz sind die für den Jahresabschluss geltenden Vorschriften entsprechend anzuwenden, soweit sie sich auf die Bilanz beziehen.

Das Reichsoberhandelsgericht lässt grüßen!
Wer Kaufmann ist, wird ebenfalls vom Handelsgesetzbuch definiert. Kaufleute können natürliche und juristische Personen sein. Letztlich jeder, der ein Handelsgewerbe betreibt. Freiberufler z. B. sind keine Kaufleute und müssen folglich auch nicht bilanzieren. Sie rechnen in Form der sogenannten Einnahmenüberschussrechnung ab und zeichnen lediglich ihre Einnahmen und Ausgaben auf.

Die Adressaten: Wer interessiert sich für den Jahresabschluss?

Der Jahresabschluss ist ohne Zweifel eines der wichtigsten Instrumente für diejenigen, die am Unternehmen interessiert sind. Und das sind in der Tat nicht wenige. Wer ist interessiert und welche typischen Fragen werden gestellt?

Gesellschafter: Ist mein Geld sicher und renditestark angelegt?
Die Gesellschafter haben dem Unternehmen Kapital zur Verfügung gestellt. Hierunter fällt auch die Gruppe der Aktionäre bei Aktiengesellschaften. Mit diesem Kapital haften die Gesellschafter im Notfall für die Schulden der Gesellschaft.
Die Aktionäre sind auch deswegen besonders am Jahresabschluss interessiert, weil dieser die aktuelle Dividende ermittelt, sprich die Summe, die an die Aktionäre pro Aktie ausgeschüttet wird. Und diese wird im Jahresabschluss festgestellt, vom Vorstand der Gesellschaft vorgeschlagen und von der Hauptversammlung abgesegnet. Denn beim Aktienkauf geht es nicht nur um Spekulation, sondern auch um eine angemessene Beteiligung am Gewinn der Gesellschaft, die Dividende.
Unter diesen Punkt fällt auch die Diskussion um den sogenannten Shareholder Value. Shareholder sind die Aktionäre, Value der Wert. Es geht darum, den Unternehmenswert im Sinne der Anteilseigner zu steigern. Das bedeutet gar nicht mal in erster Linie, den Gewinn zu steigern und zu verteilen, sondern das Unternehmen an sich soll an Wert gewinnen, und dies schlägt sich in der Höhe des Kurswertes der Aktien nieder. Ein Zielkonflikt: Gewinne ausschütten, also kurzfristig vom Erfolg profitieren oder die Gewinne besser im Sinne einer langfristigen Wertsteigerung im Unternehmen lassen?

Potenzielle Anleger: Lohnt sich ein finanzielles Engagement?
Lohnt es sich, Aktien des Unternehmens zu kaufen oder GmbH-Gesellschafter zu werden? Wer sich engagieren will, wird sich vorher immer die letzten Jahresabschlüsse anschauen, wird aber auch Zukunftsinformationen verlangen (was allerdings der Jahresabschluss nicht leisten kann).

Banken: Ist das Unternehmen kreditwürdig?
Die Banken wollen wissen, wie sicher die gegebenen Kredite sind. Sind Zinszahlungen und Tilgung gesichert? Insbesondere bei Neukreditvergabe prüft die Bank mittels der Jahresabschlüsse die wirtschaftliche Situation der Unternehmen. Auch: Welche Sicherheiten hat das Unternehmen, auf die im Notfall zurückgegriffen werden kann, z. B. Immobilienvermögen?

Lieferanten: Kann das Unternehmen die Waren bezahlen?
Waren werden regelmäßig auf Ziel geliefert, d. h., erst die Ware, dann das Geld, z. B. nach vier Wochen. Bei etwas zweifelhaften Kunden wird sich der Lieferant über die wirtschaftliche Situation erkundigen. Dies trifft insbesondere dann zu, wenn Großgeschäfte geschlossen werden oder eine langfristige Zusammenarbeit beabsichtigt ist.

Kunden: Ist eine zuverlässige Belieferung sichergestellt?
Geschäftsbeziehungen reichen meist in die Zukunft. So fragen sich auch Kunden, ob mit dem Lieferanten langfristig zusammengearbeitet werden kann, ob er zuverlässig ist. Über die wirtschaftliche Solidität gibt der Jahresabschluss Auskunft.

Arbeitnehmer/Gewerkschaften: Sind Arbeitsplatz und Einkommen gesichert?
Jeder Arbeitnehmer wird lieber in einem gesunden Unternehmen arbeiten wollen. Auch ist es bei Verhandlungen, z. B. Lohnverhandlungen, interessant, wenn die wirtschaftliche Situation des Unternehmens in Form von Jahresabschlüssen transparent ist.

Öffentlichkeit: Liefert das Unternehmen positive Beiträge für „Land und Leute"?
Zur Öffentlichkeit gehören z. B. Gemeinden, die Bevölkerung, Institutionen, Presse usw. Hier werden vielfältige Fragen an die Unternehmen gestellt. Stärkt das Unternehmen die Region, wird die Umwelt belastet, werden Arbeitsplätze geschaffen und gesichert usw.? Bei Bedarf und immer wenn es um wirtschaftliche Fragen geht, wird der Jahresabschluss interessant, denn ein Unternehmen ist regelmäßig mit seiner Umwelt bzw. der Öffentlichkeit verflochten.

Finanzamt: Wie hoch ist die Steuerlast des Unternehmens?
Der Jahresabschluss ist die Basis für die Besteuerung. Damit ist alles gesagt.

Unternehmensleitung: Ist das Unternehmen gesund?
Fast überflüssig zu sagen, dass die Unternehmensleitung natürlich auch Interesse am Jahresabschluss hat. Hier zeigt sich das Ergebnis des Wirtschaftens, u. a. die Leistung des Managements. Hat sich die Planung erfüllt, ist das Unternehmen gesund? Was ist schiefgelaufen? Vor allem aber wird die Frage gestellt: Was ist jetzt zu tun? Auch die Unternehmensleitung wird eine Bilanzanalyse betreiben und natürlich versuchen, die Bilanz im Sinne der Unternehmenszielsetzung zu gestalten, z. B. die Steuerlast zu vermindern oder die Gewinnsituation positiv zu gestalten. Somit ist der Jahresabschluss für die Unternehmensleitung auch ein Managementinstrument und nicht nur lediglich eine Informationsquelle über den Status quo des Unternehmens.
Vor diesem Hintergrund ist auch das Stichwort Bilanzpolitik zu sehen. Wie wir oben gesehen haben, gibt es unterschiedliche Interessen der Adressaten. Wem soll man folgen? Stellt man sich schlechter dar, nutzt man also Gestaltungsspielräume nach unten, mindert dies vielleicht die Steuerlast, aber die Bank wird skeptisch. Die Aktionäre werden auch skeptisch, wenn dann die Dividenden sinken. Nutzt man Spielräume nach oben, stellt sich also positiv dar, zahlt man vielleicht mehr Steuern, Arbeitnehmer und Gewerkschaften beanspruchen einen höheren Anteil am zu verteilenden „Kuchen".
Das heißt, dass eine Bilanzpolitik eingebunden sein muss in eine Unternehmensstrategie, die die Frage stellt: Was wollen wir? Somit ist ein Jahresabschluss eben nicht nur die Dokumentation der aktuellen Situation, sondern auch ein handfestes Instrument der Unternehmensführung!

Die Aufgaben: Das muss eine Bilanz können

Aus den Interessen aller Adressaten ergeben sich letztens die Aufgaben des Jahresabschlusses.

Rechenschaftslegung: Verantwortung gegenüber den Adressaten
Ein Jahresabschluss ist auch ein Rechenschaftsbericht über das abgelaufene Geschäftsjahr. Er legt Rechenschaft gegenüber den Adressaten ab. Wie hat sich z. B. für den Gesellschafter sein eingesetztes Kapital verzinst? Hat das Management ordentlich gewirtschaftet? Sind die Arbeitsplätze weiterhin sicher? Alle interessierten Gruppen werden informiert.

Dokumentation: Die Geschichtsschreibung des Unternehmens
Mittels Buchführung und Bilanzierung werden alle finanziellen Vorgänge des Unternehmens dokumentiert. Alle Vorgänge sind nachvollziehbar.

Entscheidungshilfe: Wie geht es weiter?
Vor dem Hintergrund von Vergangenheitsdaten wird das Unternehmen analysiert, und diese Analyse wird Bestandteil der weiteren *Unternehmensplanung*. Jahresabschluss, also als Instrument für unternehmerische Entscheidungen.
Darüber hinaus ist der Jahresabschluss aber auch die Rechengrundlage für diverse Fragen, z. B.

- Berechnung des ausschüttungsfähigen Gewinns
  Im Rahmen des Jahresabschlusses wird berechnet, wie hoch z. B. die Dividende für die Aktionäre ist
- Berechnung der fälligen Steuern
- Berechnung von Versicherungswerten
  usw.

Und da es manchmal zu spät sein kann, bis der Jahresabschluss fertiggestellt ist, das ist nämlich meist erst im Frühjahr des Folgejahres der Fall, erstellen Unternehmen immer häufiger auch unterjährig Abschlüsse, zum Beispiel Quartalsabschlüsse. Viele EDV-Programme, die die Bilanzerstellung unterstützen, sehen derartige Möglichkeiten bereits vor.

Zum Stichwort EDV: Auf dem Markt gibt es eine kaum noch zu überblickende Fülle von Buchhaltungs- und Bilanzierungsprogrammen. Man bekommt einfache Lösungen schon für ein paar hundert Euro. Nach oben gibt es kaum Grenzen, und Sie können auch mehrere hunderttausend Euro ausgeben und sich in diesem Zusammenhang teuer von externen Unternehmensberatern beraten lassen. Es gibt solide Programme, die mittlerweile einige zehntausendmal verkauft wurden, und es gibt sogenannte „selbst gestrickte" Programme, die von den Programmierern im Unternehmen selber zusammengeschustert wurden. Nur was es nicht mehr gibt: Buchführung und Bilanzierung ohne EDV.

2. Wie alles zusammenhängt

Von der Buchhaltung bis zur Wirtschaftsprüfung

Mit unserem Thema beleuchten wir das Herzstück des Rechnungswesens: die Bilanzierung. Aber Rechnungswesen ist nicht nur die Bilanz bzw. der Jahresabschluss. Es geht viel weiter. Von einer reinen Dokumentation marschiert es Richtung Gestaltung des Unternehmens durch das Management, englisch auch Management Accounting genannt.

Übersicht Rechnungswesen: Der Spiegel des Unternehmens

Das Rechnungswesen bildet alle Vorgänge im Unternehmen ab. Kommt Ware in das Lager, wird dies durch die Bezahlung der Rechnung und den buchhalterischen Lagerzugang abgebildet. Der Verkauf von Produkten wird in der Buchhaltung registriert, und parallel erfolgt die Registrierung des Lagerabgangs. Was physisch passiert, wird zahlenmäßig gezeigt. So registriert die Materialbuchhaltung den Verbrauch von Waren, wenn diese in die Produktion gehen. Der Kauf von Maschinen zeigt sich in der Buchhaltung, und verlieren diese Maschinen im Lauf der Zeit an Wert, zeigt die Anlagenbuchhaltung den Wertverlust, die Abschreibungen. Gleiches bei Kreditaufnahme, Zinszahlungen usw. Am Jahresende werden dann alle Vorgänge im Jahresabschluss zusammengefasst.

Aber auch Vorgänge, die nicht unmittelbar die Buchführung berühren, zeichnet das Rechnungswesen auf. So wird der interne Produktionsprozess verfolgt, z. B. die Wertsteigerung im Rahmen des Produktionsdurchlaufes, oder es wird registriert, wenn eine Abteilung für eine andere interne Dienste leistet, z. B. Instandhaltungen. So wird der *interne Leistungsprozess* beobachtet. Aber es wird nicht nur registriert, was sich im sogenannten „Ist" abspielt, also was tatsächlich angefallen ist. Es ist außerordentlich wichtig, dass geplant wird, dass man zielgerichtet in die Zukunft schaut und entsprechende Maßnahmen einleitet. Auch diese Planungen spiegelt das Rechnungswesen wider. Von Zeit zu Zeit vergleicht man dann das „Ist" mit dem „Plan". Was ist schiefgelaufen, warum konnte der Plan nicht eingehalten werden? Wo gibt es Probleme? Das Rechnungswesen wird zum Controlling weiterentwickelt. Controlling = Steuerung des Unternehmens (nicht Kontrolle!) Klassischerweise unterteilt man das Rechnungswesen in ein externes und ein internes Rechnungswesen. Um es vorwegzunehmen. *Wir reden in diesem Buch über das externe Rechnungswesen*, das gleichzeitig aber die Basis für das interne Rechnungswesen ist.

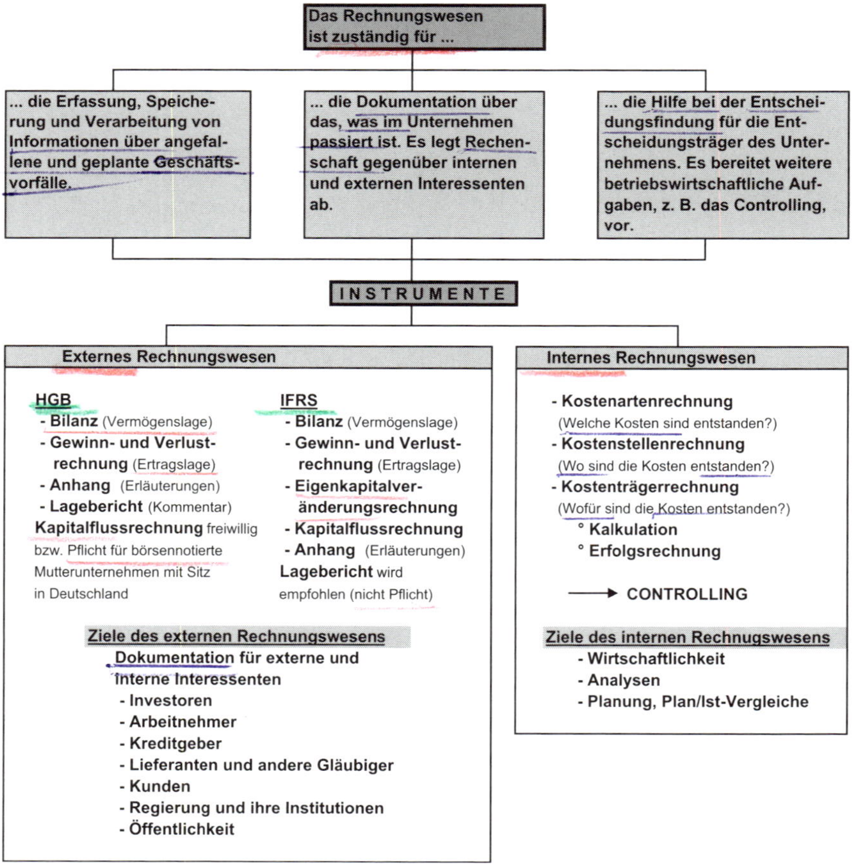

Abbildung 1: Übersicht Rechnungswesen

Externes Rechnungswesen

Die Quelle des externen Rechnungswesens ist die Buchführung oder Buchhaltung, intern wird sie regelmäßig „Fibu" genannt: Finanzbuchhaltung. Hier werden alle Geschäftsvorfälle registriert und münden dann in unserem Thema: Bilanzen lesen. Vorab der Hinweis: Obwohl die Buchführung doch lediglich eine Registrationsfunktion hat (der Spiegel des Unternehmens), ist es erstaunlich, dass es später bei der Bilanzerstellung doch so viele Möglichkeiten gibt, diese Registrierungen zu „gestalten".

Extern heißt das externe Rechnungswesen deswegen, weil es in erster Linie nach außen (extern) gerichtet ist, nämlich an die Adressaten, die wir oben kennengelernt haben: Kapitalgeber, Arbeitnehmer, Banken usw.

Im Gegensatz zum internen Rechnungswesen ist das externe gesetzlich ausführlich geregelt.

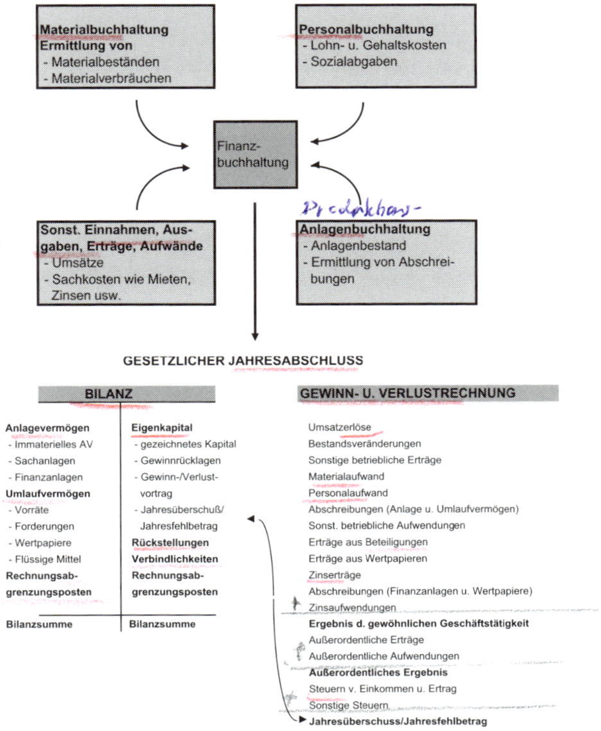

Abbildung 2: Übersicht externes Rechnungswesen

Internes Rechnungswesen

Das interne Rechnungswesen ist gesetzlich nicht geregelt. Hier ist das Unternehmen in der Gestaltung frei, ja es muss nicht einmal ein internes Rechnungswesen haben.

Viele Unternehmen haben auch keines bzw. ein gering ausgebautes. Und da fangen die Probleme schon an. Man verzichtet auf ein wichtiges Instrument des Rechnungswesens. Denn im internen Rechnungswesen werden wesentliche Fragen für die Steuerung des Unternehmens gestellt. Kernpunkt ist die Kostenrechnung:

- **Welche Kosten sind entstanden (Kostenartenrechnung)?**
  Hier geht es z. B. um die Analyse, welche Kosten unmittelbar mit der Produktion zusammenhängen, die variablen Kosten. Oder um die Frage, welche Kosten anfallen, die „sowieso" anfallen, egal wie viel z. B. produziert wird, die sogenannten fixen Kosten.
  Weitere Frage: Welche Kosten kann man direkt auf das Produkt verrechnen, die Einzelkosten, z. B. Materialkosten? Andere Kosten kann man nur „irgendwie" schlüsseln, die Gemeinkosten sind nicht direkt dem Produkt zurechenbar. Aus diesen Überlegungen ergeben sich wichtige Fragen, wie z. B. ein Produkt kalkuliert wird bzw. wie genau die Kalkulation ist.
- **Wo sind die Kosten entstanden (Kostenstellenrechnung)?**
  Hier interessiert man sich für die sogenannten Kostenstellen, die Orte der Kostenverursachung. Die Kostenstellenverantwortlichen bekommen eine Kostenstellenauswertung und sehen, wie viele Kosten sie produziert haben. Wenn man jetzt noch die Kosten pro Kostenstelle plant und die Abweichung zur Planung analysiert, die durch den tatsächlichen Kostenanfall entstanden ist, kommt man zu einer wirksamen Kostenkontrolle. Und der Kostenstellenleiter ist verantwortlich und muss Rede und Antwort stehen.
- **Wofür sind die Kosten entstanden (Kostenträgerrechnung)?**
  Ganz wesentlich ist, dass im Rahmen der Kostenrechnung die Kosten auf die Produkte kalkuliert werden. Kalkulation: Man will schließlich wissen, was das Produkt in der Herstellung kostet (Kostenträgerstückrechnung). Aber nicht nur das. Man will ebenfalls wissen, was man am einzelnen Produkt verdient (Kostenträgerzeitrechnung). Denn ein Unternehmensergebnis ist letztlich die Summe aller Einzelergebnisse der Produkte des Unternehmens.

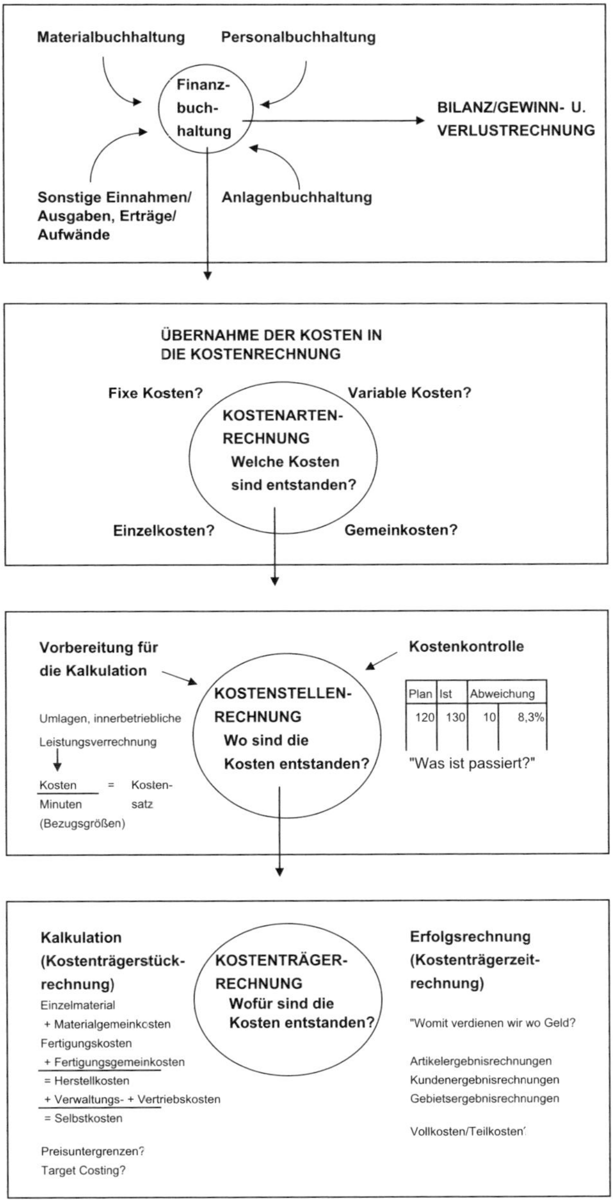

Abbildung 3: Übersicht internes Rechnungswesen

In diesem Bereich der Kostenträgerrechnung spielen sich übrigens alle wesentlichen aktuellen betriebswirtschaftlichen Diskussionen ab, sei es nun das Stichwort Deckungsbeitrag, Prozesskostenrechnung oder Target Costing.

So ist das interne Rechnungswesen letztlich ein Instrument, um mehr Transparenz im Unternehmen zu schaffen, die Quellen des Erfolges oder Misserfolges werden offengelegt. Und so gibt es einen direkten Zusammenhang zwischen unserem externen Rechnungswesen, angefangen mit der Finanzbuchhaltung, zum internen Rechnungswesen. Zwei Seiten einer Medaille.

Die Grundstruktur und ein „Crashkurs" in Buchführung

Eine Bilanz ist im Grunde eine Gegenüberstellung von Vermögen und Schulden. Sie zeigt, wo die Mittel herkommen, nämlich entweder aus eigenen Quellen (Eigenkapital) oder von Fremden, z. B. der Bank (Fremdkapital). Diese Gelder fließen in das Vermögen, also in Maschinen oder Vorräte oder schlicht auf das Bankkonto. Damit „verschwinden" die Mittel in den Vermögensgegenständen, das Geld wandert von der Mittelherkunftsseite hinüber auf die Mittelverwendungsseite. Wächst nun durch die wirtschaftliche Tätigkeit des Unternehmens die Vermögensseite, entsteht ein Gewinn.
Die linke Seite der Bilanz, die Vermögensseite, heißt Aktiva, die rechte Seite Passiva.

Die Gewinn- und Verlustrechnung (im Folgenden regelmäßig GuV abgekürzt; dies ist auch die gängige Abkürzung in der Praxis) informiert über die Aufwendungen und Erträge, über die Ertragslage. Hier werden z. B. die Umsatzerlöse gezeigt und die Kosten des Unternehmens. Die Differenz ist der Gewinn (siehe Abb. 4).

Beide Rechenwerke hängen unmittelbar zusammen. Wer nicht das besondere Vergnügen hatte, in Schule oder Ausbildung Buchführung zu lernen, hier einmal ein „Crashkurs" in Buchführung: nämlich wie Bilanz und die Gewinn- und Verlustrechnung inhaltlich und rechnerisch zusammenhängen.
Nehmen wir einmal an, wir gründen ein Unternehmen, sagen wir einen Biergarten. Der Eigentümer bringt Kapital ein. Jetzt passieren typische Geschäftsvorfälle, die Auswirkungen auf die Bilanz und die GuV haben (siehe Abb. 5).

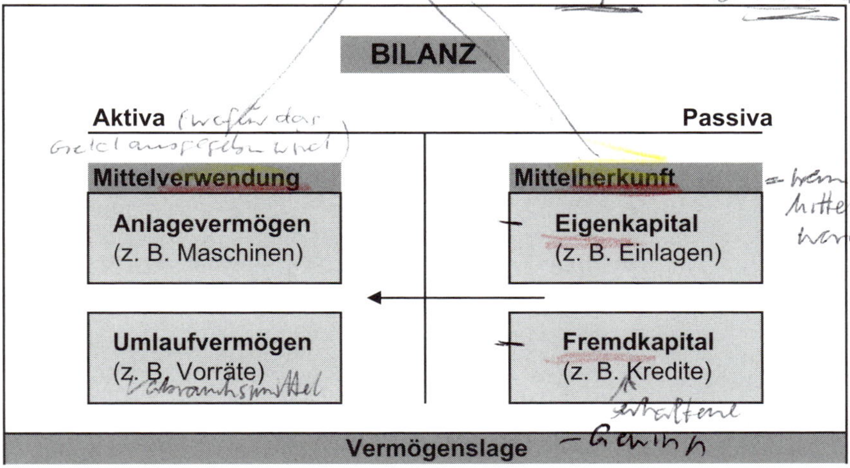

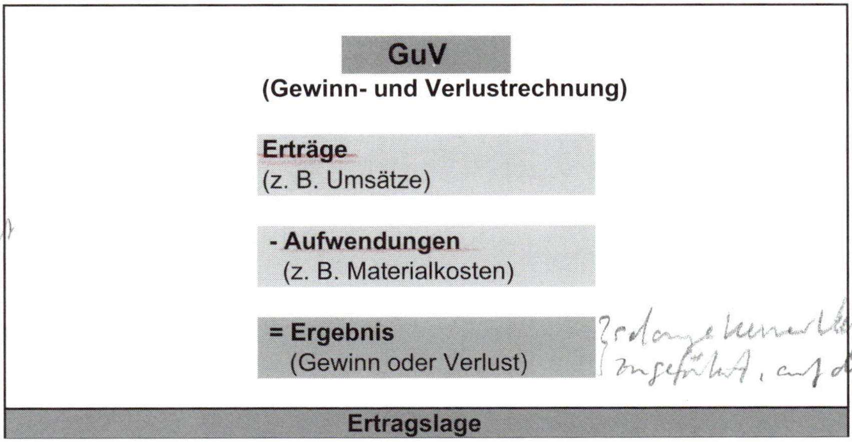

Abbildung 4: Grundstruktur Bilanz und Gewinn- und Verlustrechnung

Geschäftsvorfälle — **Auswirkungen auf die ... Bilanz und die Gewinn- und Verlustrechnung**

1. Eigenkapitaleinbringung
Der Gründer bringt ein Eigenkapital von 50 ein.

Aktiva		**Bilanz**	Passiva
Kasse	50	Kapital	50
		Gewinn/Verlust	0
Bilanzsumme	50	Bilanzsumme	50

GuV	
Erträge	0
Aufwand	0
Ergebnis	0

Das Kapital landet in der Kasse (oder auf der Bank). Dieser Geschäftsvorfall ist noch nicht ergebniswirksam. Es entsteht weder ein Gewinn noch ein Verlust.

2. Kauf v. Geschäftsausstattung (GA), Theke, Möbel usw.
Es wird GA in Höhe von 30 gekauft.

Aktiva		**Bilanz**	Passiva
GA	30	Kapital	50
Kasse	20	Gewinn/Verlust	0
Bilanzsumme	50	Bilanzsumme	50

GuV	
Erträge	0
Aufwand	0
Ergebnis	0

Die Kasse nimmt ab, da Geschäftsausstattung bezahlt wird. Das Vermögen ändert sich nicht. Diesen Vorfall nennt man Aktivtausch. Auch dieser Geschäftsvorfall ist noch nicht ergebniswirksam.

3. Kauf v. Ware (Bier)
Es wird Bier in Höhe von 20 gekauft.

Aktiva		**Bilanz**	Passiva
GA	30		
Bier	20	Kapital	50
Kasse	0	Gewinn/Verlust	0
Bilanzsumme	50	Bilanzsumme	50

GuV	
Erträge	0
Aufwand	0
Ergebnis	0

Wieder ein Aktivtausch. Aus der Kasse wird das Bier bezahlt. Nicht ergebniswirksam.

Abbildung 5: Zusammenhang der Bilanz mit der Gewinn- und Verlustrechnung

4. Verkauf von Ware (Bier)
Das Geschäft läuft an. Es wird Bier zum Einkaufspreis von 10 zum Verkaufspreis von 30 abgesetzt.

Aktiva		Bilanz		Passiva
GA	30		Kapital	50
Bier	10		Gewinn/Verlust	20
Kasse	30			
Bilanzsumme	70		Bilanzsumme	70

GuV	
Erträge:	
Umsatz	30
Aufwand:	
Wareneinsatz für Bier	10
Ergebnis: Gewinn	20

Der Warenbestand nimmt ab, die Kasse nimmt zu. Es entsteht ein Gewinn, da der Umsatz über dem Wareneinsatz (Einkaufspreis Bier) liegt.

5. Kreditaufnahme
Für weitere geschäftliche Aktivitäten wird ein Kredit in Höhe von 20 aufgenommen.

Aktiva		Bilanz		Passiva
GA	30		Kapital	50
Bier	10		Gewinn/Verlust	20
Kasse	50		Fremdkapital	20
Bilanzsumme	90		Bilanzsumme	90

GuV	
Erträge:	
Umsatz	30
Aufwand:	
Wareneinsatz für Bier	10
Ergebnis: Gewinn	20

Das Fremdkapital wandert in die Kasse. Es entsteht eine sogenannte Bilanzverlängerung. Dieser Vorgang ist ergebnisneutral.

6. Personalkosten
Es wird ein Mitarbeiter eingestellt. Dieser kostet 10.

Aktiva		Bilanz		Passiva
GA	30		Kapital	50
Bier	10		Gewinn/Verlust	10
Kasse	40		Fremdkapital	20
Bilanzsumme	80		Bilanzsumme	80

GuV	
Erträge:	
Umsatz	30
Aufwand:	
Bier	10
Personalkosten	10
Ergebnis: Gewinn	10

Das Personal mindert den Kassenbestand und geht zu Lasten des Gewinns. Dieser verringert sich.

7. Abschreibungen

Der Wertverlust der Geschäftsausstattung (Abschreibungen) wird in Höhe von 5 berücksichtigt.

Bilanz

Aktiva		Passiva	
GA	25	Kapital	50
Bier	10	Gewinn/Verlust	5
Kasse	40	Fremdkapital	20
Bilanzsumme	75	Bilanzsumme	75

GuV

Erträge:	
Umsatz	30
Aufwand:	
Bier	10
Personalkosten	10
Abschreibungen	5
Ergebnis:	
Gewinn	5

Auch wenn sich in der Kasse nichts tut, gehen die Abschreibungen voll zu Lasten des Gewinns.

8. Diverse Geschäftsvorfälle

Das Geschäft ist endgültig angelaufen. Jetzt

- wird Bier in Höhe von 20 gekauft
- Personalkosten in Höhe von 10 sind fällig
- Bier wird in Höhe von 60 verkauft (Wareneinsatz 20)
- Der Kredit wird teilweise getilgt (10)

Bilanz

Aktiva		Passiva	
GA	25	Kapital	50
Bier	10	Gewinn/Verlust	35
Kasse	60	Fremdkapital	10
Bilanzsumme	95	Bilanzsumme	95

GuV

Erträge:	
Umsatz	90
Aufwand:	
Bier	30
Personalkosten	20
Abschreibungen	5
Ergebnis:	
Gewinn	35

Die Geschäftsvorfälle sind teilweise ergebniswirksam:

- Personalkosten (- 10)
- Bierverkauf (60 - 20 = + 40)

Andere sind nicht ergebniswirksam:

- Kauf von Bier (20)
- Tilgung des Kredites (10)

Somit wird durch die Geschäftsvorfälle manchmal lediglich die Bilanz berührt, immer aber, wenn es um Erträge und Aufwände geht, auch die GuV. Das Ergebnis von Bilanz und GuV ist aber immer per Definition identisch. Auch zwei Seiten einer Medaille. Die Bilanz zeigt, was sich im Vermögen tut, die GuV, wie sich die Ertragslage zusammensetzt, was eigentlich passiert ist, warum sich das Vermögen erhöht hat (weil man z. B. die Waren über dem Einkaufpreis verkauft hat). Gewinne oder Verluste können nach ihren Ursachen untersucht werden. Wir nähern uns langsam der Bilanzanalyse.

Der Jahresabschluss im Detail: Bilanz, GuV, Anhang und Lagebericht

Um sich durch den Dschungel des Jahresabschlusses hindurchzuhangeln, braucht es Grundkenntnisse der einzelnen Instrumente und deren Inhalte. So werden im Folgenden die einzelnen Instrumente Bilanz, GuV, Anhang und Lagebericht erläutert. Mit einigen Kenntnissen der einzelnen Positionen, z. B. Bilanzpositionen und deren Bewertungsspielräume, kann man dann in die Tiefe dringen und so manches erkennen, was dem nur oberflächlichen Betrachter verborgen bleibt, z. B. dass ein Unternehmen sich ein bisschen reicher gerechnet hat als es wirklich ist.

Grundsätzlich setzt sich der Jahresabschluss aus der Bilanz und der GuV zusammen. Kapitalgesellschaften haben ihren Jahresabschluss noch durch einen Anhang zu ergänzen, der die einzelnen Positionen des Jahresabschlusses detailliert erläutert. Mittelgroße und große Kapitalgesellschaften müssen noch einen Lagebericht erstellen, aus dem der Geschäftsverlauf und die Lage der Gesellschaft hervorgeht. Der Lagebericht ist endlich mal ein Instrument meist ohne viel Zahlenmaterial und letztlich die Kommentierung der Zahlen des Abschlusses. Es empfiehlt sich, den Lagebericht bei der Bilanzanalyse immer als Erstes zu lesen, da man dort einen schnellen Überblick über die Lage des Unternehmens bekommt.

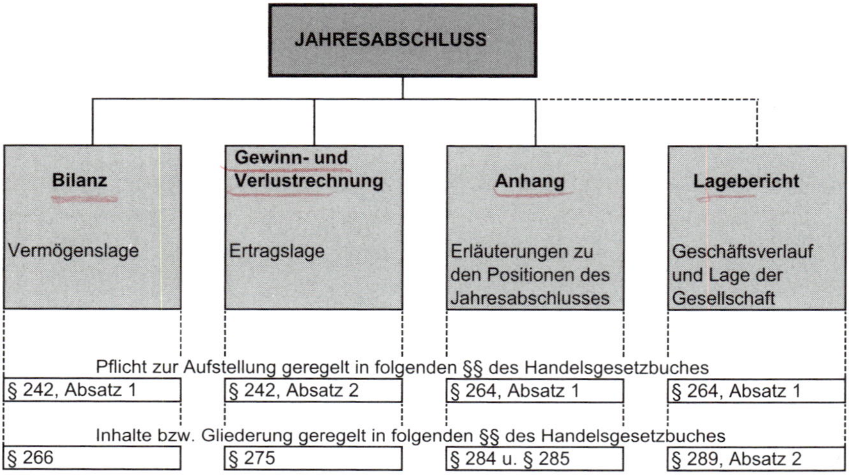

Abbildung 6: Bestandteile des Jahresabschlusses nach HGB

Nach Internationaler Rechnungslegung gibt es ergänzend noch die Instrumente Eigenkapitalveränderungs- und Kapitalflussrechnung (siehe Kapitel 5 Internationale Rechnungslegung).

Die Bilanz:

Wir beginnen mit der Bilanz. Die grundsätzliche Gliederung der Bilanz ist in § 266 des Handelsgesetzbuches (HGB) geregelt. Allerdings gibt es eine Reihe von Detailregelungen bzw. Erleichterungen für z. B. kleine Kapitalgesellschaften, die aufgrund ihrer Größe das Vermögen und die Schulden nicht so differenziert wie große Gesellschaften darstellen müssen. Detailliert ist dies alles im Handelsgesetzbuch geregelt (§ 267). Und natürlich orientieren sich auch Einzelunternehmen und Personengesellschaften (Offene Handelsgesellschaft, Kommanditgesellschaft usw.) an dieser Gliederung. Ferner unterscheiden sich die Gliederungen branchenspezifisch. Eine Versicherung hat naturgemäß andere Positionen als z. B. ein Produktionsunternehmen.

Aktiva

Ausstehende Einlagen auf das gezeichnete Kapital

A. Anlagevermögen:

I. Immaterielle Vermögensgegenstände:
1. Konzessionen, gewerbliche Schutzrechte und ähnliche Rechte und Werte sowie Lizenzen an solchen Rechten und Werten;
2. Geschäfts- oder Firmenwert;
3. geleistete Anzahlungen;

II. Sachanlagen:
1. Grundstücke, grundstücksgleiche Rechte und Bauten einschließlich der Bauten auf fremden Grundstücken;
2. technische Anlagen und Maschinen;
3. andere Anlagen, Betriebs- und Geschäftsausstattung;
4. geleistete Anzahlungen und Anlagen im Bau;

III. Finanzanlagen:
1. Anteile an verbundenen Unternehmen;
2. Ausleihungen an verbundene Unternehmen;
3. Beteiligungen;
4. Ausleihungen an Unternehmen, mit denen ein Beteiligungsverhältnis besteht;
5. Wertpapiere des Anlagevermögens;
6. sonstige Ausleihungen.

B. Umlaufvermögen:

I. Vorräte:
1. Roh-, Hilfs- und Betriebsstoffe;
2. unfertige Erzeugnisse, unfertige Leistungen;
3. fertige Erzeugnisse und Waren;
4. geleistete Anzahlungen;

II. Forderungen und sonstige Vermögensgegenstände
1. Forderungen aus Lieferungen und Leistungen;
2. Forderungen gegen vebundene Unternehmen;
3. Forderungen gegen Unternehmen, mit denen ein Beteiligungsverhältnis besteht;
4. sonstige Vermögensgegenstände;

III. Wertpapiere:
1. Anteile an verbundenen Unternehmen;
2. eigene Anteile;
3. sonstige Wertpapiere;

IV. Schecks, Kassenbestand, Bundesbank- und Postgiroguthaben, Guthaben bei Kreditinstituten.

C. Rechnungsabgrenzungsposten:

Bilanzsumme

Passiva

A. Eigenkapital:

I. Gezeichnetes Kapital;
II. Kapitalrücklage;
III. Gewinnrücklagen;
IV Gewinnvortrag/Verlustvortrag;
V. Jahresüberschuss/Jahresfehlbetrag.

B. Rückstellungen:
1. Rückstellungen für Pensionen und ähnliche Verpflichtungen;
2. Steuerrückstellungen;
3. sonstige Rückstellungen.

C. Verbindlichkeiten:
1. Anleihen;
2. Verbindlichkeiten gegenüber Kreditinstituten;
3. Erhaltene Anzahlungen aus Bestellungen;
4. Verbindlichkeiten aus Lieferungen und Leistungen;
5. Verbindlichkeiten aus der Annahme gezogener Wechsel und der Ausstellung eigener Wechsel;
6. Verbindlichkeiten gegenüber verbundenen Unternehmen;
7. Verbindlichkeiten gegenüber Unternehmen, mit denen ein Beteiligungsverhältnis besteht;
8. Sonstige Verbindlichkeiten.

D. Rechnungsabgrenzungsposten:

Bilanzsumme

Abbildung 7: Gliederung der Bilanz

Im Folgenden wird jede Position, angefangen ganz vorn oben links beim Begriff Aktiva, beschrieben. Bei der Darstellung der einzelnen Bilanzpositionen orientieren wir uns an der Systematik der Abbildung 7: Gliederung der Bilanz.

Aktiva:
Die Aktivseite der Bilanz zeigt das Vermögen, aufgeteilt nach der Schnelligkeit, mit der es verfügbar gemacht werden kann, man sagt auch: nach dem Grad der Liquidität. Es gibt Vermögenswerte, die zunächst überhaupt nicht flüssig gemacht werden können, z. B. ausstehende Einlagen eines Gesellschafters oder immaterielle Vermögensgegenstände wie z. B. einen zugekauften Firmenwert. Dann kommen Vermögenswerte, die grundsätzlich liquide gemacht werden können, z. B. Gebäude oder Maschinen, das Anlagevermögen. Dies ist aber erstens in der Regel nicht ratsam, da damit ja gewirtschaftet wird, zum anderen ist die Veräußerung schwierig. Wer kauft z. B. schon Spezialmaschinen oder Einbauten in Gebäuden? Dann kommen die Vermögensgegenstände, die sich schon etwas leichter verflüssigen lassen, die Vorräte, also fertige Waren oder Rohstoffe. Und schließlich die wirklich flüssigen Mittel, Bargeld, Bankguthaben usw.

Auf der Aktivseite ist sozusagen die Passivseite als Vermögen gebunden. Das Eigen- und Fremdkapital ist in das Vermögen geflossen, wurde damit finanziert.

Wenn nun ein Unternehmer stolz auf die Aktivseite seiner Bilanz zeigt und sagt: „Das ist mein Vermögen", heißt es immer, die Frage zu stellen, was im Notfall, nämlich bei eventueller Liquidation aller Vermögensgegenstände, unter dem Strich wirklich zu realisieren ist.

Auf der anderen Seite kann das Vermögen höher sein, als auf der Aktivseite ausgewiesen ist. Wir werden unten sehen, dass Vermögensgegenstände immer nur mit ihrem Anschaffungswert bewertet und in die Bilanz eingestellt werden dürfen. Nun gibt es aber Vermögen, das im Laufe der Zeit gestiegen ist, z. B. das Grundstück in der Frankfurter Innenstadt, das in den 50er-Jahren gekauft wurde und mittlerweile mindestens das Zwanzigfache wert ist. Dieses steht noch mit dem Kaufpreis in der Bilanz. Oder Aktien, die im Wert gestiegen sind. Dies sind die sogenannten stillen Reserven, die im ersten Ansatz gar nicht aus der Bilanz ersichtlich sind.

Fazit: Das wirkliche zu realisierende Vermögen ist kaum aus der Bilanz ersichtlich. Dies muss man wissen, wenn man beginnt, eine Bilanz zu lesen,

und genau diese Sachverhalte schaut sich eine Bank an, wenn sie die Sicherheiten des Unternehmens bei der Kreditvergabe prüft.
Achtung: Wir befinden uns immer noch ausschließlich im deutschen Bilanzrecht. Nach internationaler Regelung werden viele Positionen anders bewertet.

Ausstehende Einlagen auf das gezeichnete Kapital:
Diese Position findet man in nur wenigen Bilanzen, es ist ein Sonderfall. Die ausstehenden Einlagen stehen noch vor dem Anlagevermögen, da diese Position noch keinen echten Vermögenswert darstellt. Worum geht es?
Auf der Passivseite steht als erste Position das gezeichnete Kapital. Dies ist das Haftungskapital, die Einlage der Gesellschafter, Eigenkapital. Diese Position gezeichnetes Kapital sagt aber nichts darüber aus, ob das Kapital tatsächlich schon voll eingezahlt wurde. Und damit diese Position keine „Mogelpackung“ ist, weil das Geld schlicht noch nicht da ist, sieht der Gesetzgeber vor, dass der Betrag, der noch offen ist, auf der Aktivseite ausgewiesen wird, wobei die *eingeforderten* Einlagen gesondert ausgewiesen werden müssen. Jetzt weiß jeder: Aha, da kommt noch was, bzw. da muss noch was kommen. Und – warum ist noch nichts gekommen? Kann da einer nicht zahlen? Da die Bilanz immer erst einige Zeit nach dem Bilanzstichtag (meist der 31.12.) erstellt wird, fragt man sich: Ist das Geld jetzt da? Schon die erste Position der Bilanz wirft also Fragen auf. Aber wie gesagt: Dies ist ein Sonderfall. Weitere Details über den Ausweis siehe § 272 HGB (es gibt verschiedene Ausweismöglichkeiten).

A. Anlagevermögen:

Das Anlagevermögen steht im Gegensatz zum Umlaufvermögen dem Unternehmen auf Dauer zur Verfügung. Diese Gegenstände sind also nicht zur Verarbeitung oder zum Verkauf bestimmt. Zum Anlagevermögen gehören Grundstücke, Gebäude und Geschäftsausstattung, bei Produktionsunternehmen im Wesentlichen aber auch Maschinen.
Das Anlagevermögen wird mit den Anschaffungs- oder Herstellungskosten vermindert um die Abschreibungen in die Bilanz gestellt. Ganz wichtiger Punkt hierbei sind die Abschreibungen. Abschreibungen werden in der Praxis AfA genannt = **A**bsetzung **f**ür **A**bnutzung (nicht Abschreibung für Anlagen, wie es fälschlicherweise oft genannt wird). Die Abschreibungen

verteilen die Anschaffungs- oder Herstellungskosten auf den Zeitraum der Nutzung des Anlagegutes. Die Abschreibungsdauer ist im Wesentlichen durch die Steuerbehörden festgelegt, es gibt sogenannte AfA-Tabellen. Kostet z. B. eine Maschine 100.000 EUR und ist sie rund 10 Jahre nutzbar, werden bei der sogenannten linearen Abschreibungsmethode jedes Jahr 10.000 EUR (100.000 EUR : 10 Jahre) als Kosten in der Gewinn- und Verlustrechnung (GuV) berücksichtigt. Und in jedem Jahr steht diese Maschine mit 10.000 EUR weniger in der Bilanz. Auch hier wieder der Zusammenhang zwischen Bilanz und GuV.
Warum Abschreibungen? Es gibt eine Reihe von Aspekten:

1. Ein Anlagegut altert. Deswegen muss im Sinne eines realistischen Vermögensausweises diese Alterung berücksichtigt werden. Die Abschreibung versucht, diese Alterung mit verschiedenen Methoden abzubilden (siehe unten die verschiedenen Methoden).
2. Da sich der Wert des Vermögens mindert, muss dies zu Lasten des Gewinnes gehen. Das soll auch steuerlich berücksichtigt werden. Deswegen mindern Abschreibungen den Gewinn, man zahlt weniger Steuern. Und es bleibt dadurch Liquidität im Unternehmen.
   Auf der anderen Seite darf ein Anlagegut nicht sofort im ersten Jahr zu 100 % in die Kosten wandern, da dann der Gewinn sofort um die Anschaffungskosten gemindert würde. So verlangt der Gesetzgeber auch aus steuerlichen Gründen die Verteilung auf die Nutzungsjahre.
3. Die Abschreibungen werden als Kosten in das Produkt kalkuliert. Also neben Material- und Personalkosten beinhalten die Selbstkosten eines Produktes auch die Abschreibungen und werden somit Teil des Verkaufspreises. Dadurch wird über den Verkaufspreis der Wertverlust wieder erlöst. Am Ende der Nutzungsdauer hat man die Anschaffungskosten durch die kalkulierten Verkaufspreise (so man durch die Verkaufspreise die Abschreibungen wieder „hereinholen" konnte) wieder erlöst. Die alte Maschine ist verbraucht, durch die erlösten Abschreibungen kann eine neue Maschine angeschafft werden. Die Substanz, der Wert des Maschinenparks, kann so durch Abschreibungen erhalten werden.

Es gibt verschiedene Abschreibungsmethoden (hier ein kleiner Vorgriff auf die Bewertungsmethoden, die im nächsten Kapitel behandelt werden):

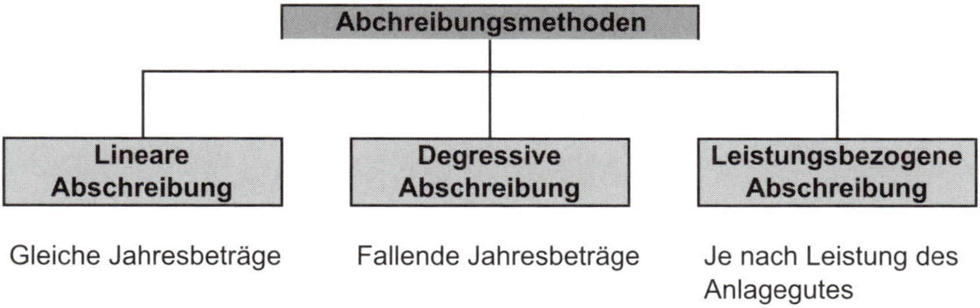

Abbildung 8: Abschreibungsmethoden

Lineare Abschreibung:

Die lineare AfA verteilt die Anschaffungskosten zu gleichen Beträgen auf die Jahre der Nutzungsdauer. Ist das Anlagegut abgeschrieben, bleibt lediglich ein sogenannter Erinnerungswert von 1,- EUR.

Lineare Abschreibung

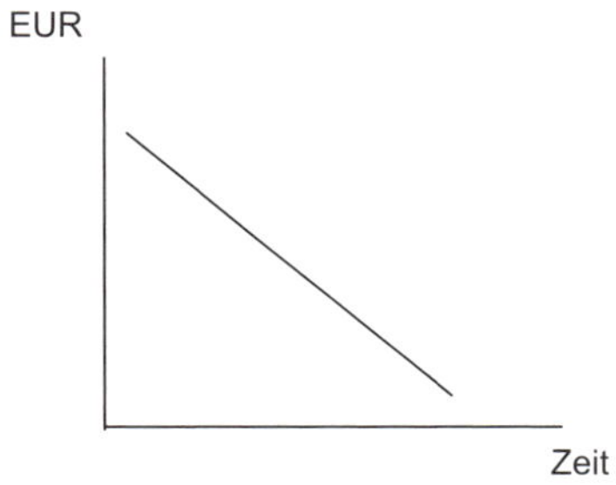

Anschaffungswert: 45.000 EUR		
Jahre	**AfA**	**Restbuchwert**
1	9.000	36.000
2	9.000	27.000
3	9.000	18.000
4	9.000	9.000
5	8.999	1

Beispiel: Klein-LKW, Anschaffungskosten 45.000 EUR, 5 Jahre Nutzungsdauer

Im letzten Jahr verbleibt ein „Erinnerungswert" von 1,- EUR.

Abbildung 9: Lineare Abschreibung

Degressive Abschreibung:

Die degressive AfA geht von sinkenden Abschreibungsbeträgen aus, das heißt, im ersten Jahr ist die Abschreibung am höchsten und sinkt in den folgenden Jahren. Der maximale Abschreibungsprozentsatz ändert sich gesetzlich je nach wirtschaftspolitischen Zielsetzungen. So ist er vor einigen Jahren von 30 % auf

20 % reduziert, dann wieder auf maximal 30 % erhöht worden. Im Rahmen des Unternehmenssteuerreformgesetzes 2008 ist sie z.B. ganz abgeschafft worden. Grundsätzlich funktioniert sie so: Es werden im ersten Jahr vom Anschaffungswert z. B. 30 % abgeschrieben und dann jeweils immer 30 % vom jeweiligen Restbuchwert. Theoretisch führt diese Methode nie auf 0. In der Praxis wird deswegen nach einigen Jahren auf die lineare AfA übergegangen oder es erfolgt eine Totalabschreibung nach der Nutzungsdauer.

Degressive Abschreibung

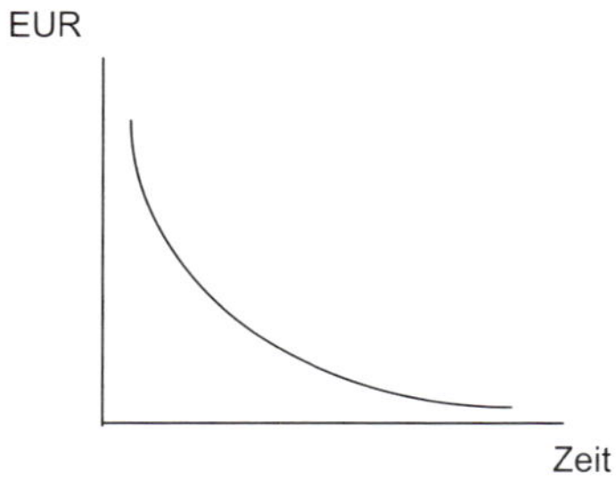

Anschaffungswert: 45.000 EUR		
Jahre	**AfA**	**Restbuchwert**
1	13.500	31.500
2	9.450	22.050
3	6.615	15.435
4	4.631	10.804
5	3.441	7.363

Beispiel: Klein-LKW, Anschaffungskosten 45.000 EUR, 30 % AfA

Basis für die Abschreibung des nächsten Jahres ist jeweils der Restbuchwert.
Beispiel 3. Jahr: Restbuchwert 2. Jahr = 22.050 EUR
30 % v. 22.050 = 6.615 EUR

Abbildung 10: Degressive Abschreibung

Kombination mehrerer Methoden

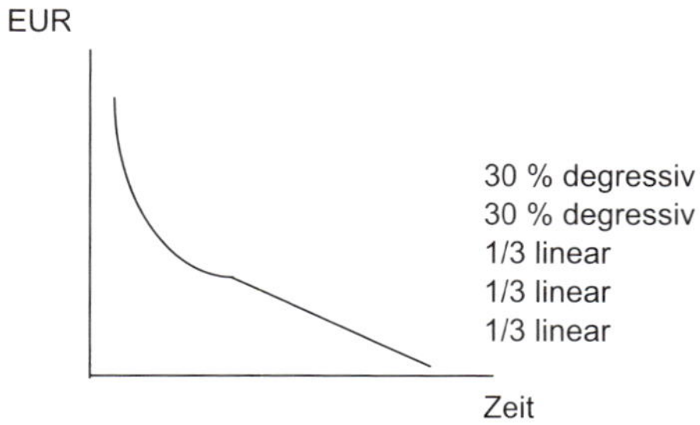

Anschaffungswert: 45.000 EUR		
Jahre	**AfA**	**Restbuchwert**
1	13.500	31.500
2	9.450	22.050
3	7.350	14.700
4	7.350	7.350
5	7.349	1

Beispiel: Klein-LKW, Anschaffungskosten 45.000 EUR, im 3. Jahr Übergang zur linearen AfA

Abbildung 11: Methodenkombination

Es wird argumentiert, dass die degressive Abschreibung betriebswirtschaftlich gesehen den Werteverzehr realistischer wiedergibt als die lineare AfA. An diesem Argument ist was dran, denkt man z. B. an Kraftfahrzeuge. In den ersten Jahren sinkt der Wert tatsächlich am meisten. Auch kann es sein, dass die Gebrauchsfähigkeit einer Maschine in den ersten Jahren am höchsten ist. Aber darum geht es nicht. Es geht darum, was für das Unternehmen günstiger ist. Warum also sollte man die eine oder andere Methode nehmen? Die degressive Methode mindert in den ersten Jahren den Gewinn mehr als die lineare Methode, da die Abschreibungsbeträge höher sind. Das bedeutet eine Steuerersparnis gegenüber der linearen Methode. Zwar gehen letztlich bei beiden Methoden die Anschaffungskosten in die Abschreibungen ein und werden so steuerlich berücksichtigt. Das bedeutet, dass bei der degressiven Methode eben in späteren Jahren mehr Steuern bezahlt werden müssen. Die Steuerlast ist doch dann dieselbe. Aber jetzt ist Folgendes zu bedenken: Es ist ein Unterschied, ob ich jetzt Geld ausgeben muss oder vielleicht in ein paar Jahren. Das, was ich jetzt einspare bzw. habe, kann ich entweder gewinnbringend anlegen, bis ich es für Steuern ausgeben muss (die Zinsgewinne bleiben mir!), oder es steht mir jetzt zur Finanzierung von vielleicht neuen Geschäftsfeldern zur Verfügung, die ich sonst vielleicht mit teuren Krediten finanzieren müsste. Deswegen greifen die meisten Unternehmen – wenn rechtlich möglich – zur degressiven Abschreibung, obwohl die lineare Methode den Gewinn höher ausfallen lassen würde und damit das Unternehmen im besseren Licht dargestellt würde.

In der Praxis wird häufig – wenn rechtlich möglich – mit der degressiven AfA begonnen und dann auf die lineare umgestellt, wenn die gleichmäßige Verteilung des Restbuchwertes auf die verbleibende Nutzungsdauer zu höheren Abschreibungen führt.

In der Wahl der Methode ist das Unternehmen abhängig von gesetzlichen Vorgaben. Wenn aber die degressive AfA erlaubt ist, sollte immer Aufmerksamkeit erregen, wenn das Unternehmen von der degressiven AfA von Anfang der Nutzungsdauer an auf die lineare umstellt. Warum will man sich besser darstellen? Warum nutzt man nicht die Steuer- bzw. Zinsvorteile?

Leistungsbezogene Abschreibung:

Aus betriebswirtschaftlicher Sicht bzw. aus Sicht des internen Rechnungswesens ist die sogenannte leistungsbezogene Abschreibung die beste. Hier wird der Werteverlust realistisch abgebildet. Es wird eine Gesamtleistung über die

Nutzungsdauer unterstellt. Je nach Leistung der Maschine wird nun nach Beanspruchung abgeschrieben.

Leistungsbezogene Abschreibung

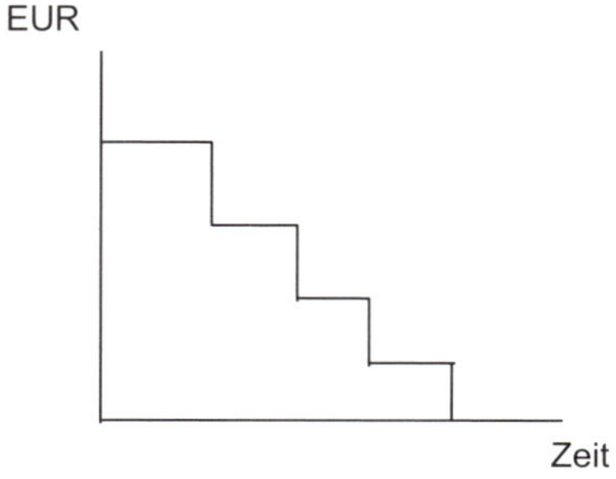

Anschaffungswert 100.000 EUR			
Produktion Stück	**Jahre**	**AfA**	**Restbuch-wert**
200	1	25.000	75.000
300	2	37.500	37.500
200	3	25.000	12.500
100	4	12.499	1
0	5		

Beispiel: Maschine, Anschaffungskosten 100.000 EUR

Rechenweg: Beispiel 3. Jahr
Gesamtproduktion = 800 Stück
AfA: Stück = 100.000,- EUR : 800 = 125,- EUR
200 Stück * 125,- EUR = 25.000,- EUR

Abbildung 12: Leistungsbezogene Abschreibung

Diese Methode findet man in der Praxis recht selten und wenn, dann nur bei größeren Anlagen, PKW oder LKW, wo nach Kilometerleistung abgeschrieben werden kann. Meist wird die leistungsbezogene AfA auch nur im Bereich des internen Rechnungswesen angewandt, um genauer kalkulieren zu können. Auch wenn intern diese relativ genaue Methode angewandt wird, wird dann in der externen Rechnungslegung im Hinblick auf Optik oder Steuervorteil bilanziert.

Geringwertige Wirtschaftsgüter (GWG):

Wirtschaftsgüter unter 410,- EUR Anschaffungskosten (Stand Frühjahr 2007; auch solche Eckdaten können sich ändern) dürfen sofort im ersten Jahr abgeschrieben werden, auch wenn ihre Nutzungsdauer länger ist.

Sonderabschreibungen:

Sonderabschreibungen sind besondere Möglichkeiten, zusätzlich zu den normalen Abschreibungen abzuschreiben. Durch Sonderabschreibungen hat man einen Steuervorteil. Damit sollen bestimmte wirtschafts- oder sozialpolitische Maßnahmen gefördert werden. Bekanntes Beispiel ist die Förderung des Immobilienbaus in den neuen deutschen Bundesländern. Bauherren hatten dort die Möglichkeit, schnell abzuschreiben. Die Steuerlast der Bauherren wurde gemindert, der Immobilienbau dadurch angeregt.

Abschreibungen auf den Wiederbeschaffungswert?

Ein kleiner Ausflug in betriebswirtschaftliche Fragestellungen. Häufig wird argumentiert, dass Abschreibungen auf Basis der Anschaffungs- und Herstellungskosten (nur dies ist zulässig) problematisch sind. Grund: Es gibt eine laufende Teuerung, wenn z. B. eine Maschine abgeschrieben ist, ist die Ersatzbeschaffung teurer als die alte Maschine. In den Kosten und damit steuerlich berücksichtigt wurde aber lediglich der geringere Wert der alten Maschine auf Basis der Anschaffungskosten. Somit verliert das Unternehmen an Substanz, da der tatsächliche Werteverzehr nicht berücksichtigt wird. Der Gesetzgeber verneint seit Jahrzehnten die Zulässigkeit der Abschreibungen auf den Wiederbeschaffungswert.
Freilich bleibt es den Unternehmen frei, im internen Rechnungswesen, z. B. in der Kalkulation, Abschreibungen und damit Kosten auf Basis von Wiederbeschaffungswerten anzusetzen. Zur Erinnerung: Das externe Rechnungswesen ist gesetzlich geregelt, im internen Rechnungswesen „können Sie machen, was Sie wollen".

Der Anlagespiegel:

Hier wird das Anlagevermögen bzw. dessen Veränderung im Zeitablauf differenziert dargestellt. Geregelt in § 268 des Handelsgesetzbuches. Man erfährt die ursprünglichen Anschaffungs- und Herstellkosten, die Investitionen des Jahres, die Abschreibungen usw. Dies für jede Position des Anlagevermögens. Man sieht also, wo investiert wurde, wichtiger fast noch, wo eventuell nichts investiert wurde. Eine Faustregel z. B. lautet: Investitionen = Abschreibungen. Das heißt, der Wertverlust, den ja die Abschreibungen widerspiegeln, sollte durch Neuinvestitionen ausgeglichen werden. Insbesondere im Bereich wichtiger Maschinen. Ansonsten verliert das Unternehmen an Substanz.

Grundsätzlich: Wird nicht mehr investiert, stimmt meist was nicht! Fehlt es an Geld? Werden Produkte aufgegeben?
Nachdem jetzt recht ausführlich das Anlagevermögen als Gesamtposten beleuchtet wurde, geht es weiter mit den Einzelpositionen (wir orientieren uns an der Bilanzgliederung nach § 266 HGB).

I. Immaterielle Vermögensgegenstände:

Dies sind sogenannte „körperlich nicht fassbare" Gegenstände, die vom Unternehmen käuflich erworben wurden, z. B. Software. Wichtig: Sie müssen käuflich erworben sein, selbst erstellte immaterielle Vermögensgegenstände, z. B. selbst programmierte Software darf nicht aktiviert werden (siehe § 248 Handelsgesetzbuch). Hier gibt es ein ausdrückliches Aktivierungsverbot (Aktivierung = Einstellung in die Bilanz als Vermögensgegenstand).

1. Konzessionen, gewerbliche Schutzrechte und ähnliche Rechte und Werte sowie Lizenzen an solchen Rechten und Werten

Eine Konzession ist z. B. ein Wege- oder Wassernutzungsrecht. Bekannt sind z. B. Konzessionen für Taxiunternehmen oder Tankstellen. Gewerbliche Schutzrechte umfassen Patente oder Urheberrechte, Nutzungsrechte u. Ä. Diese Posten müssen gekauft worden sein, wenn sie in die Bilanz eingestellt werden dürfen. Irgendwelche geschätzten Werte dürfen nicht aktiviert werden.

2. Geschäfts- oder Firmenwert

Der Geschäfts- oder Firmenwert ist der Unterschiedsbetrag zwischen dem Wert der Vermögensgegenstände abzüglich der Schulden eines gekauften Unternehmens und dem gezahlten Kaufpreis. In der Praxis ist dies meist der eigentliche Wert des Unternehmens, denn man kauft im Grunde ja weniger die Vermögensgegenstände, Maschinen usw., sondern den guten Ruf, den Kundenstamm, letztlich die zukünftig erwarteten Erträge.
Dieser Unterschiedsbetrag kann (darf) aktiviert werden, ist dann aber in den folgenden Jahren abzuschreiben (§ 255 Absatz 4 bzw. § 7 Absatz 1 Einkommenssteuergesetz).

3. geleistete Anzahlungen

Auch eine Anzahlung gehört zum Vermögen, allerdings darf sie sich nur auf aktivierungspflichtige Gegenstände beziehen. Anzahlungen können planmäßig nicht abgeschrieben werden.

II. Sachanlagen

Die Sachanlagen stehen dem Unternehmen dauernd zur Verfügung. Sie sind ein ganz wesentlicher Teil des Anlagevermögens, wird doch z. B. mit ihnen das Produktionsprogramm des Unternehmens erstellt. Somit ist die Veränderung oder vielleicht Stagnation der Sachanlagen immer eine wesentliche Information für den Bilanzleser. Wenn sich z. B. im Maschinenpark ewig nichts mehr tut, lässt dies ein wenig auf die Geschäftspolitik schließen. Umgekehrt zeigen rasante Veränderungen der Sachanlagen, dass hier wahrscheinlich einiges im Umbruch ist. Warum z. B. Umbruch? Woher kommt er? Was tut die Konkurrenz? Also Ansatzpunkte für weitergehende Fragen.
Ferner ist immer wichtig, die Frage zu stellen, wie die ausgewiesenen Werte eingeschätzt werden. Lässt sich alles im Notfall verflüssigen? Oder: Ist zwar der Wert hoch, war alles aber letztlich eine Fehlinvestition, die nicht zukunftstauglich ist? So sind letztlich die Sachanlagen immer vor dem gesamten Hintergrund des Unternehmens zu beurteilen. Nur auf den Wert zu schauen ist zu wenig.
Also jede Menge Material für kritische Fragen aus diesem Bereich.

1. Grundstücke, grundstücksgleiche Rechte und Bauten einschließlich der Bauten auf fremden Grundstücken

Grundstücke haben fast regelmäßig einen anderen Wert als der, der in der Bilanz steht, denn dort muss mit Anschaffungskosten bilanziert werden. Ist es ein älteres Grundstück, noch dazu in guter Lage, wird der aktuelle Wert deutlich höher sein. Grundstücke sind ein typisches Beispiel für die sogenannten stillen Reserven.
Grundstücksgleiche Rechte sind z. B. Abbau- oder Erbbaurechte.

2. technische Anlagen und Maschinen

Auch hier stellt sich die Frage, wie viel die Maschinen tatsächlich wert sind. In der Bilanz steht der um die Abschreibungen verringerte Wert der Maschinen. Nun müssen aber Abschreibungen nicht den tatsächlichen Verschleiß widerspiegeln. Und der in der Bilanz gezeigte Wert zeigt schon gar nicht, für wie viel die Maschinen auf dem freien Markt zu verkaufen wären. Eine Spezialmaschine vielleicht gar nicht mehr.

3. andere Anlagen, Betriebs- und Geschäftsausstattung

Hier stehen Anlagen, die ansonsten keiner anderen Position zugeordnet werden können, z. B. Transportanlagen. Insbesondere aber die Betriebs- und Büroausstattungen, auch die gesamte EDV-Ausstattung. Auch hier wieder die Frage, was sie tatsächlich noch wert sind, wie modern sie sind, z. B. insbesondere EDV-Hardware.

4. geleistete Anzahlungen und Anlagen im Bau

Dies sind geleistete Vorauszahlungen auf die Sachanlagen und Anlagen, die noch im Bau sind. In der Bilanz ist immer der Status zum Bilanzstichtag gezeigt, d. h., der Bau einer Anlage kann mittlerweile abgeschlossen sein.

III. Finanzanlagen

Hier handelt es sich um *dauerhafte* Anlagen. Finanzanlagen haben manchmal nicht viel mit dem eigentlichen Betriebszweck zu tun. Man sollte immer untersuchen, was dies für Unternehmen sind, denn ein Anteil oder eine Beteiligung an einem Unternehmen ist im Zweifel immer nur so gut wie das Unternehmen selber.

1. Anteile an verbundenen Unternehmen

Verbundene Unternehmen sind solche Unternehmen, zwischen denen ein Mutter-Tochter-Verhältnis besteht oder Tochtergesellschaften untereinander. Nach § 271 Absatz 2 HGB sind verbundene Unternehmen solche, die in einen Konzernabschluss einzubeziehen wären.

Bei diesen Anteilen handelt es sich grundsätzlich um sogenannte Mitgliedschaftsrechte, die Vermögensrechte (Anspruch auf Gewinn) und Verwaltungsrechte (Mitspracherechte) einschließen.

2. Ausleihungen an verbundene Unternehmen

Hier wurde Geld geliehen. Ausleihungen können eine Unterstützung des verbundenen Unternehmens sein. Dann die Frage: Warum musste das Unternehmen gestützt werden? Wie sicher ist die Rückzahlung der Ausleihe? Gibt es Sicherheiten, z. B. Hypotheken? Grundsätzlich beinhalten Ausleihungen langfristige Finanzforderungen.
Ausleihungen entziehen dem bilanzierenden Unternehmen Finanzmittel, die auf sehr lange Sicht gebunden bleiben und meist nur schwer flüssig zu machen sind.

3. Beteiligungen

Beteiligungen sind Anteile an anderen Unternehmen, *die dem eigenen Geschäftsbetrieb* dienen. Es muss also mehr verfolgt werden, als lediglich die Verzinsung einer Kapitaleinlage. Die Herstellung einer Verbindung muss dauerhaft sein, und es muss ein gewisser Einfluss auf das Unternehmen ausgeübt werden. Im Zweifel gelten Anteile von mehr als 20 % des Stammkapitals als Beteiligung.
Auch hier gilt: Eine Beteiligung ist nur so gut wie das Unternehmen selber, an dem man beteiligt ist.

4. Ausleihungen an Unternehmen, mit denen ein Beteiligungsverhältnis besteht

Auch hier wird wieder Geld geliehen. Es werden zwei Seiten beleuchtet: Zum einen handelt es sich um Ausleihungen an das Unternehmen, das die Beteiligung hält, zum anderen an das Unternehmen, an dem die Beteiligung gehalten wird. Hier wird also auch eine gegenseitige Verflechtung offenbart.

5. Wertpapiere des Anlagevermögens

Hierzu gehören festverzinsliche Wertpapiere, z. B. Bundesanleihen und Wertpapiere mit Gewinnbeteiligungsansprüchen, z. B. Aktien. Diese Wertpapiere

müssen langfristigen Charakter haben. Eine Beteiligung an den Unternehmen, von denen Wertpapiere gehalten werden, ist nicht beabsichtigt.
Diese Wertpapiere haben einen anderen Charakter als die Finanzbeziehungen zu verbundenen Unternehmen oder Beteiligungsunternehmen. Bei diesen Wertpapieren dominiert in der Regel eindeutig die Gewinnerzielungsabsicht. So haben diese Wertpapiere meist echten Vermögenscharakter im Gegensatz zu z. B. Beteiligungen, wo es vielleicht „lediglich" um die Beherrschung eines Tochterunternehmens geht.

6. Sonstige Ausleihungen

Alle Ausleihungen, die nicht gegenüber verbundenen Unternehmen oder Beteiligungsunternehmen bestehen. Das können z. B. langfristige Darlehen an Betriebsangehörige oder Geschäftsfreunde sein.

B. Umlaufvermögen

Das Umlaufvermögen dient der Verarbeitung im Rahmen der Produktion oder dem Verkauf. Im Gegensatz zum Anlagevermögen „dreht" es sich, es schlägt sich um. Aber auch Umlaufvermögen bindet Kapital, und aus betriebswirtschaftlicher Sicht sollte es so gering wie möglich gehalten werden.

I. Vorräte

Vorräte sind das, was man umgangssprachlich unter dem Lager versteht. Rohstofflager oder Vertriebslager o. Ä. Der Bilanzleser sollte bei den Vorräten immer auf die Bewertung achten. Sind Bestände abgewertet worden? Warum, welche Produkte betrafen diese Abwertungen? Grundsätzlich sind Vorräte ebenfalls mit Anschaffungs- oder Herstellkosten zu bewerten. Es gilt aber das strenge Niederstwertprinzip aus kaufmännischer Vorsicht: Auch bei vorübergehender Wertminderung muss abgewertet werden (Details siehe nächstes Kapitel: Bewertungsfragen).

1. Roh-, Hilfs- und Betriebsstoffe

In der Praxis regelmäßig „RHBs" genannt. Rohstoffe gehen unmittelbar in die unfertigen Produkte ein und sind deren Hauptbestandteile. Hilfsstoffe

gehen ebenfalls in die Produkte ein, haben aber lediglich eine Hilfsfunktion. Klassisches Beispiel sind z. B. Lacke und Leime bei der Möbelherstellung. Betriebsstoffe sind nicht Bestandteil der Produkte, sondern werden bei deren Herstellung verbraucht, z. B. Schmiermittel, Kraftstoffe usw.
Wichtig insbesondere bei den Rohstoffen ist, dass sie „gängig" sind, also noch verbraucht werden können. Ansonsten Abwertung.

2. unfertige Erzeugnisse, unfertige Leistungen

Dies sind noch nicht verkaufsfertige Produkte bzw. Leistungen, die zum Bilanzstichtag noch nicht abgeschlossen sind, z. B. ein unfertiger Bau eines Bauunternehmens. Problematisch ist immer die Bewertung der noch unfertigen Erzeugnisse, da zum Bilanzstichtag diverse Anarbeitungsgrade der Produkte vorliegen. Unfertig ist ein Produkt, wenn an dem Rohstoff ein erster Arbeitsschritt getan wurde, unfertig ist aber auch noch, wenn lediglich ein letzter kleiner Arbeitsschritt fehlt und sei es nur noch die letzte Kontrolle. Somit kann ein unfertiges Erzeugnis sehr unterschiedlich werthaltig sein. Gelöst wird dies heute mittels entsprechender EDV-Organisation.
Wie wir im nächsten Kapitel bei den Bewertungsfragen sehen werden, gibt es auch unterschiedliche Bewertungsmethoden, z. B. auf Vollkosten- oder Teilkostenbasis. Und somit sind wir wieder bei den Gestaltungsspielräumen, und hier kann man bei dieser Bilanzposition eine ganze Menge drehen.
Für die Liquidität sind unfertige Erzeugnisse nur wenig zu gebrauchen, wer kauft schon unfertige Produkte? Und auch bei Zerschlagung des Unternehmens wird man diese Positionen nur schwer flüssig machen können.

3. fertige Erzeugnisse und Waren

Fertig sind Erzeugnisse, wenn der letzte Arbeitsschritt getan wurde und das Erzeugnis eine verkaufsfertige Ware ist. Unter Waren versteht man Handelswaren, die bereits fertig gekauft wurden.
Fertige Erzeugnisse dürfen nicht etwa mit ihrem Verkaufspreis bewertet werden sondern auch hier gelten die Anschaffungs- und Herstellungskosten als Obergrenze (wieder das Vorsichtsprinzip). Somit kann der bilanzielle Wertansatz des Lagers in der Realität ganz anders sein, wenn dem Unternehmen z. B. die Waren förmlich aus der Hand gerissen werden und der Verkaufspreis deutlich über dem Lagerwert liegt.

Aber auch hier immer die Frage nach der Gängigkeit. Können die Erzeugnisse, die auf Lager liegen, überhaupt noch verkauft werden?

4. geleistete Anzahlungen

Dies sind Anzahlungen auf Vorräte.

II. Forderungen und sonstige Vermögensgegenstände

Dies sind Geldforderungen, die meist aus den Umsatzerlösen kommen. Forderung heißt schlicht: Das Geld ist noch nicht eingegangen. Deswegen ist bei Forderungen immer wichtig zu betrachten, wie sicher es ist, dass das Geld kommt. Ist absehbar, dass ein Kunde nicht zahlen kann, wird die Forderung wertberichtigt, das heißt abgeschrieben. Da erfahrungsgemäß immer eine Reihe von Forderungen ausfällt, bildet man eine pauschale Wertberichtigung in Höhe eines gewissen Prozentsatzes. Dieser Prozentsatz ist allerdings aus der Bilanz nicht erkennbar.

1. Forderungen aus Lieferungen und Leistungen

Das sind die Forderungen aus den verkauften Produkten. Steigen diese Forderungen bei gleichen Verkaufszahlen an, ist dies ein Hinweis dafür, dass die Zahlungsmoral der Kunden schlechter geworden ist. In diesem Zusammenhang gibt es eine interessante Kennzahl: die Debitorendauer (Debitoren = Schuldner bzw. Kunden). Sie gibt an, wie viele Tage zwischen der Rechnungsstellung und dem Eingang des Geldes verstreichen. Je schneller die Kunden bezahlen, desto besser ist es für die Liquidität, umso weniger muss die Produktion vorfinanziert werden.

2. Forderungen gegen verbundene Unternehmen

Hier verlangt der Gesetzgeber einen separaten Ausweis dieser Forderungen. Häufig geht es hier um beträchtliche Summen, da es oft erhebliche Leistungsverflechtungen innerhalb eines Unternehmensverbundes gibt. Ein Unternehmen ist Zulieferer eines anderen. Letztlich gehört aber alles oft zusammen, und somit sind Forderungen nur fiktiv entstanden, und verdient wurde an den Forderungen im Unternehmensverbund schon rein gar nichts. Des einen Forderungen sind des anderen Verbindlichkeiten, es sind lediglich interne Forderungen. Deswegen werden derartige Verbundgeschäfte im Konzernsabschluss konsolidiert, das heißt gegenseitig aufgerechnet und lösen sich so in Luft auf. Was im Einzelabschluss noch als Vermögensgegenstand erscheinen mag, ist bei Gesamtbetrachtung nichts mehr wert (Details siehe Kapitel Konzernrechnungslegung).

3. Forderungen gegen Unternehmen, mit denen ein Beteiligungsverhältnis besteht

Diese Forderungen sind meist „mehr wert" als die von verbundenen Unternehmen. Hier liegen meist echte Forderungen vor. Im Zweifel ist dies zu prüfen.

4. sonstige Vermögensgegenstände

Hier kommen alle Forderungen hinein, die keiner anderen Position zuzurechnen sind, z. B. Lohnvorschüsse.

III. Wertpapiere

Diese Wertpapiere sind im Gegensatz zu Wertpapieren des Anlagevermögens nur vorübergehender Natur. Eine Absicht der Einflussnahme auf das Unternehmen, von dem Wertpapiere gehalten werden, liegt nicht vor.

1. Anteile an verbundenen Unternehmen

Diese sind nicht als strategische Daueranlage gedacht, sondern z. B. zur Weiterveräußerung an Geschäftspartner.

2. eigene Anteile

Der Erwerb ist nur beschränkt zulässig (§ 71 Aktiengesetz und § 33 GmbH-Gesetz). Eigene Anteile können z. B. zur Ausgabe an die Arbeitnehmer des Unternehmens gehalten werden.

3. sonstige Wertpapiere

Diese Position stellt einen echten Vermögenswert und in der Regel Liquidität dar. Hier sind häufig durch die strengen Bewertungsregeln stille Reserven entstanden. Details siehe Kapitel stille Reserven. Hier nur so viel: Wertpapiere müssen mit Anschaffungskosten bewertet werden. Ist nun z. B. ein Aktienkurs gestiegen, stehen die Aktien immer noch mit den Anschaffungskosten in der Bilanz. Die Differenz zwischen Anschaffungskosten und dem tatsächlichen Wert sind die stillen Reserven.

IV. Schecks, Kassenbestand, Bundesbank- und Postgiroguthaben, Guthaben bei Kreditinstituten

Diese Positionen sind alle schnell flüssig zu machen. Hierzu gehören auch z. B. kleinste Positionen wie ausländische Zahlungsmittel bis hin zu Briefmarken. Da sich diese flüssigen Mittel kaum verzinsen, wird jedes Unternehmen diese Position auf das operativ Notwendige beschränken und nicht übermäßig Reserven schaffen. Im Zweifel hat man ja seine Kreditlinien bei der Bank. So ist es von geringer Aussagekraft, wenn z. B. der Kassenbestand extrem gering ist oder stark schwankt.

C. Rechnungsabgrenzungsposten

Hier geht es um Ausgaben vor dem Bilanzstichtag, die Aufwendungen betreffen, die erst nach dem Bilanzstichtag anfallen, also in eine andere Periode gehören. Somit hat man im alten Jahr bereits Aufwendungen bezahlt, die das nächste Jahr betreffen, man hat quasi eine „Forderung an das nächste Jahr“. Beispiel: Es wird im Oktober eine Versicherungsjahresprämie gezahlt, die die Forderungen der Versicherung für ein Jahr abdeckt, also noch neun Monate des nächsten Jahres. Somit ist im alten Jahr für neun Monate zu viel gezahlt worden. Dies wird bei der Rechnungsabgrenzung berücksichtigt.

Zu den Rechnungsabgrenzungsposten zählt auch das sogenannte Disagio oder Damnum. Bei der Aufnahme eines Darlehens wird z. B. ein Disagio von 5 % vereinbart, das heißt, von einem aufgenommenen Kredit über 100.000 EUR werden nur 95.000 ausgezahlt, der Kreditnehmer muss aber 100.000 EUR zurückzahlen. Bei einem Disagio wird der Zinssatz immer niedriger sein als bei der Auszahlung von 100.000. Somit ist ein Disagio letztlich eine Zinsvorauszahlung und darf somit bei der Rechnungsabgrenzung berücksichtigt werden und wird dort gleichmäßig abgeschrieben.

Bilanzsumme

Die Bilanzsumme ist die Summe aller Aktivposten (aber auch aller Passivposten). Die Bilanzsumme ist auf beiden Seiten der Bilanz gleich. Ist die Aktivseite größer als die Passivseite, ist eben ein Gewinn entstanden, der unter Eigenkapital ausgewiesen werden muss, und die Bilanzsummen sind wieder identisch. Eine Bilanz „geht immer auf".
Auf die Bilanzsumme beziehen sich einige Kennzahlen der Bilanzanalyse, z. B. die Eigenkapitalquote.

Passiva

Die Passivseite zeigt die verfügbaren Kapitalien und deren Herkunft. Es wird transparent, mit welchen Mitteln die Werte auf der Aktivseite angeschafft wurden, somit ist die Passivseite die Finanzierungsseite der Bilanz. Im Wesentlichen wird unterschieden zwischen Eigen- und Fremdkapital. Ein bedeutender Unterschied, denn Eigenkapital steht dem Unternehmen in der Regel dauerhaft zur Verfügung, während Fremdkapital irgendwann zurückgezahlt werden muss. Deswegen sagt die sogenannte „Goldene Bilanzregel", dass Anlagevermögen, das ja ebenfalls sehr langfristig dem Unternehmen zur Verfügung steht, am besten mit Eigenkapital finanziert sein sollte. Dies verhindert, dass Anlagevermögen flüssig gemacht werden muss, weil Fremdkapital fällig ist. Also Anlagevermögen = Eigenkapital? Derartige goldene Regeln sind allerdings mit großer Skepsis zu bewerten, da z. B. bei niedrigen Zinsen eine Fremdfinanzierung günstig sein kann und man sein Kapital vielleicht besser anderweitig anlegt. Z. B. in Aktien, die bei niedrigen Zinsen in der Regel eher die Tendenz haben, zu steigen.

A. Eigenkapital

Das Eigenkapital ist das vom Unternehmer oder von den Gesellschaftern eingebrachte Kapital. Das Eigenkapital haftet auf jeden Fall für die Schulden des Unternehmens (in Einzelunternehmen oder Personengesellschaften haftet darüber hinaus auch der Unternehmer mit seinem Privatvermögen). Es setzt sich relativ kompliziert aus mehreren Einzelpositionen zusammen und wird auf verschiedene Weise erhöht oder im negativen Fall gesenkt. Grundsätzlich ist anzumerken, dass Eigenkapital nicht nur die Erstmittel sind, sondern dass es auch durch den laufenden Geschäftsbetrieb erhöht wird, wenn z. B. Gewinne anfallen oder Aktien ausgegeben werden.

I. Gezeichnetes Kapital

Dies sind die Einlagen des Unternehmers oder der Gesellschafter, auch Aktionäre. Bei der Aktiengesellschaft heißt es Grundkapital und muss bei Gründung mindestens 50.000,- EUR betragen, bei der GmbH heißt es Stammkapital und beträgt mindestens 25.000,- EUR. Einzelunternehmen oder Personengesellschaften haben keine vorgeschriebene Kapitalhöhe, dafür haften diese allerdings auch mit dem Privatvermögen, während ansonsten nur das Grund- und Stammkapital haftet, die Haftung also beschränkt ist. Deswegen ist auch eine GmbH (Gesellschaft mit beschränkter Haftung) eine so beliebte Gesellschaftsform. Im Notfall bleibt das Privatvermögen außen vor. Grundsätzlich kann man sagen, je höher das gezeichnete Kapital, umso besser für die Gläubiger des Unternehmens, denn das gezeichnete Kapital steht dem Unternehmen letztlich für immer zur Verfügung und muss nicht, im Gegensatz zu einem Bankkredit, zurückgezahlt werden. Ferner kostet eigenes Kapital keine Zinsen, belastet also nicht das Unternehmen mit Fremdkapitalkosten.
Fragt man sich nun: Wo ist denn nun das Eigenkapital, muss man sagen. Nun ja – es ist in der Regel weg. Nämlich „rübergewandert" auf die Aktivseite und dort im Vermögen gebunden. Trotzdem bleibt es für die Laufzeit des Unternehmens auf der Passivseite ausgewiesen.

II. Kapitalrücklage

Die Kapitalrücklage gehört zum Kapital. Hintergrund: Aktien haben einen Nennwert, z. B. 5,- EUR (lt. Aktiengesetz mindestens 1 EUR). Dies ist der Anteil einer Aktie am gezeichneten Kapital. Will eine Gesellschaft z. B. das Kapital um fünf Millionen EUR erhöhen, werden eine Million Aktien ausgegeben. Nun werden diese Aktien aber nicht für 5,- EUR an der Börse verkauft, sondern natürlich höher, über Pari, wie es heißt. Der Wert des

Unternehmens wird vor Aktienausgabe geschätzt und in diese Schätzung gehen auch zukünftige Ertragserwartungen ein. So wird eine Aktie z. B. für 20,- EUR verkauft. Die Käufer, also die Aktionäre, sind bereit, über Pari zu zahlen, weil sie z. B. hohe Zukunftserwartungen an das Unternehmen haben oder meinen, es lässt sich vortrefflich mit diesen Aktien spekulieren. Auf jeden Fall liegt der Wert der verkauften Aktie jetzt um 15,- EUR über dem Nennwert von 5,- EUR pro Aktie. So finanzieren sich Aktiengesellschaften! Nun geht der Wert der Überpari-Emission, wie es heißt, nicht in das gezeichnete Kapital, dort gehen nur die 5,- EUR hinein, sondern in die Kapitalrücklage. Natürlich steht diese Kapitalrücklage wie das Eigenkapital dem Unternehmen voll zur Verfügung.
Ähnliches gilt für sogenannte Wandel- oder Optionsanleihen.

III. Gewinnrücklagen

Gewinnrücklagen sind Reserven, sozusagen Notgroschen für schlechte Zeiten. Gewinnrücklagen werden aus Gewinnen gebildet, sie kommen also nicht von außen, sondern stammen aus dem Jahresüberschuss. Bei Aktiengesellschaften gibt es eine gesetzliche Gewinnrücklage. Gewöhnlich muss diese Rücklage aufgefüllt werden, bis 10 % des Grundkapitals erreicht sind. Oft gibt es neben den gesetzlichen noch satzungsmäßige Gewinnrücklagen. Alle Gewinnrücklagen werden aus nicht ausgeschütteten Gewinnen gebildet. Oft wird diese Rücklage, wenn sie beträchtlich ist, in gezeichnetes Kapital umgewandelt.
Bei GmbHs gibt es keine gesetzlichen Rücklagen. Deswegen ist es bei der Analyse eines Jahresabschlusses einer GmbH immer interessant, ob freiwillig Rücklagen gebildet wurden, was dann ein wenig auf die Solidität des Unternehmens hinweist.

IV. Gewinnvortrag/Verlustvortrag

Ein Gewinnvortrag stammt ebenfalls aus dem Gewinn. *Es sind Gewinne früherer Geschäftsjahre.* Dieser Gewinne sind *bewusst* nicht in die Gewinnrücklage eingestellt worden, aber auch nicht an die Gesellschafter ausgeschüttet. Sie sind sozusagen zunächst erst einmal „geparkt" und warten auf Verwendung. Somit sind sie eigentlich kein verlässlicher Eigenkapitalanteil, denn im nächsten Jahr verschwinden sie vielleicht durch Ausschüttung an die Gesellschafter. Beschlossen wird der Gewinnvortrag bei der Hauptver-

sammlung, der Versammlung der Aktionäre. Häufig murren dann die Kleinaktionäre, die Gewinne lieber ausgeschüttet sehen würden.
Ein Verlustvortrag entsteht, wie der Name schon sagt, aus Verlusten des Unternehmens. Er wird eingestellt und man hofft, dass er in den nächsten Perioden ausgeglichen werden kann. Auf jeden Fall geht ein Verlustvortrag zu Lasten des Eigenkapitals. Unnötig zu sagen, dass es ausgesprochen negativ für das Unternehmen ist, wenn Verluste in Folge produziert werden. Ist durch die Folge von Verlusten das Eigenkapital aufgebraucht, muss das Unternehmen Insolvenz beantragen.

Jahresüberschuss/Jahresfehlbetrag

Dies ist nun endlich der Gewinn (oder Verlust) des abgelaufenen Geschäftsjahres. Allerdings ist bei Ausweis dieser Position noch keine Entscheidung getroffen worden, was mit diesem Gewinn passiert. Er kann teilweise in die Gewinnrücklagen gehen, teilweise ausgeschüttet werden. Ein Verlust wird ebenfalls hier gezeigt.
Es gibt auch einen alternativen Möglichkeit der Darstellung (§ 268, Absatz 1 HGB). Danach darf ein Bilanzgewinn/Bilanzverlust ausgewiesen werden. Hier ist der Jahresüberschuss/Jahresfehlbetrag schon teilweise oder vollständig verwendet worden. Der Bilanzgewinn/Bilanzverlust ergibt sich wie folgt:

Jahresüberschuss/Jahresfehlbetrag
+/- Gewinnvortrag/Verlustvortrag
+/- Ergebnisverwendung
= Bilanzgewinn/Bilanzverlust

Die beiden Möglichkeiten des Ausweises werden hier gegenübergestellt (siehe Abb. 13).
Bei der Aktiengesellschaft ist der ausgewiesene Bilanzgewinn identisch mit der Dividendenzahlung, die einen Tag nach der Hauptversammlung fällig ist.
Im obigen Fall wurden Gewinnvortrag und Jahresüberschuss wie folgt verwendet: 10 in die Gewinnrücklage, 25 werden ausgeschüttet. Das Eigenkapital wurde erhöht.
Ferner gibt es die Möglichkeit, einen negativen Jahresüberschuss aus den Rücklagen auszugleichen, sodass immer noch ein positiver Bilanzgewinn

1. Möglichkeit		2. Möglichkeit	
Eigenkapital		**Eigenkapital**	
- Gezeichnetes Kapital	100	- Gezeichnetes Kapital	100
- Kapitalrücklage	200	- Kapitalrücklage	200
- Gewinnrücklage	40	- Gewinnrücklage	50
- Gewinnvortrag/Verlustvortrag	20	- Bilanzgewinn/Bilanzverlust	25
- Jahresüberschuss/Jahresfehlbetrag	25		

Abbildung 13: Möglichkeiten des Ausweises des Eigenkapitals

entsteht. All diese Möglichkeiten schlägt der Vorstand vor, und die Hauptversammlung entscheidet.

Sonderposten mit Rücklageanteil

Diese Position hat steuerliche Hintergründe. Im Wesentlichen handelt es sich dabei um die sogenannte § 6b-Einkommenssteuer-Rücklage. Wenn ein Anlagegut verkauft wird und ein Veräußerungsgewinn entsteht, ist dieser vorläufig steuerfrei, wenn der Veräußerungsgewinn später auf andere Anlagegüter übertragen wird.

Jetzt aber ganz langsam, denn derartige steuerliche Raffinessen sind manchmal nicht leicht zu verstehen:

- Ein Veräußerungsgewinn entsteht, wenn ein Anlagegut, z. B. ein Grundstück, über Buchwert verkauft wird.
- Damit werden stille Reserven aufgedeckt. Das Anlagegut durfte nur mit den Anschaffungskosten bilanziert werden, war aber mehr wert (was sich durch den Verkauf zeigte).
- Dieser Veräußerungsgewinn müsste nun eigentlich, wie alle Gewinne, versteuert werden.
- Wird jetzt aber diese aufgedeckte stille Reserve auf andere Anlagegüter übertragen, bleibt der Gewinn steuerfrei.
- In den Sonderposten mit Rücklageanteil wandert der Veräußerungsgewinn.

Allerdings ist das neue Anlagegut mit dem um die aufgelöste stille Reserve verminderten Buchwert anzusetzen und damit auch nur von diesem verringerten Wert abzuschreiben. Somit findet letztlich nur eine Steuerstundung statt. Aber das Geld, dass ich erst später ausgeben muss, kann jetzt entweder gewinnbringend angelegt werden oder es dient der Finanzierung, und eventuell spart man sich teure Kredite.
Interessant bei diesem Posten ist insbesondere, dass er, wenn man ihn in einer Bilanz findet, schlaglichtartig das Vorhandensein stiller Reserven beleuchtet. Aha, da gab es also stille Reserven; gibt es noch ähnliche dieser Art?
Den Sonderposten mit Rücklageanteil findet man in der offiziellen Bilanzgliederung nicht, er wird aber, wenn er denn anfällt, trotzdem separat ausgewiesen. Es ist so ein Mittelding zwischen Rücklage und Rückstellung. Rücklage deswegen, weil es eine Art Reserve ist, die durch den Veräußerungsgewinn gebildet wurde und später zur Verfügung steht. Rückstellung deswegen ein bisschen, weil dieser Sonderposten später irgendwann aufgelöst wird, auch wenn Zeitpunkt und Höhe noch ungewiss sind. So werden diese Posten bei der Bilanzanalyse jeweils zur Hälfte dem Eigenkapital und den Rückstellungen zugeordnet.

B. Rückstellungen

Zuerst das Wichtigste: Rückstellungen verkleinern den Gewinn und mindern die Steuerlast. Was ist eine Rückstellung? Rückstellungen sind letztlich Verbindlichkeiten, die schon verursacht sind. Nur – man weiß entweder noch nicht genau, in welcher Höhe genau eine Verbindlichkeit auf das Unternehmen zukommt oder wann genau die Verbindlichkeit kommt. Man weiß nur: Es kommt was. Damit ist hinreichend begründet, warum Rückstellung recht beliebt sind bei der Bilanzgestaltung. Man kann sich also mittels Rückstellungen besser oder schlechter darstellen, es gibt Ermessensspielräume. Und da gern an dieser Schraube gedreht wird, hat der Gesetzgeber Riegel davor geschoben und lässt Rückstellungen nur in begrenztem Umfang zu (§ 249 HGB). Da es aber eine wichtige Information für Bilanzleser ist, was für Verpflichtungen noch auf das Unternehmen zukommen, werden gewisse Rückstellungen zwingend vorgeschrieben:
Rückstellungen *müssen* lt. § 249 HGB gebildet werden für:

- Ungewisse Verbindlichkeiten und für drohende Verluste aus schwebenden Geschäften. Ferner für
- im Geschäftsjahr unterlassene Aufwendungen für Instandhaltung, die im folgenden Geschäftsjahr nachgeholt werden,
- Gewährleistungen, die ohne rechtliche Verpflichtungen erbracht werden.

Rückstellungen *dürfen* gebildet werden für:

- unterlassene Aufwendungen für Instandhaltung, die nach Ablauf von drei Monaten im neuen Geschäftsjahr ausgeführt werden,
- weitere Aufwendungen, die dem abgelaufenen Geschäftsjahr oder früheren Geschäftsjahren zuzurechnen sind und am Abschlussstichtag wahrscheinlich oder sicher sind.

Fallen die Gründe für eine Rückstellung weg, muss diese aufgelöst werden. Der Gewinn steigt, und damit die Steuerlast.
In der Bilanz werden Rückstellungen wie folgt ausgewiesen:

1. Rückstellungen für Pensionen und ähnliche Verpflichtungen

Verpflichtet sich ein Unternehmen, dem Mitarbeiter später nach seinem Ausscheiden eine Altersversorgung zu gewähren, so muss zumindest in der Steuerbilanz dafür eine Rückstellung gebildet werden. Denn: Es steht fest, dass etwas gezahlt werden muss, nur Zeit und Höhe sind ungewiss. Meist sind diese Pensionsrückstellungen von beträchtlicher Höhe. Neben dem sozialen Aspekt haben die Pensionsrückstellungen noch eine erhebliche betriebswirtschaftliche Bedeutung. Durch den gewinnmindernden Effekt der Rückstellung ergibt sich ein erheblicher Finanzierungseffekt über Jahrzehnte. Ferner können die Zuführungen in die Rückstellungen nicht als Gewinn ausgeschüttet werden.
Ansonsten sind Pensionsrückstellungen ein kompliziertes Kapitel im Bilanzsteuerrecht, es gibt eine Reihe von Voraussetzungen für deren Bildung und ein Fülle von Urteilen zu ihrer Behandlung. Wirklich ein Thema für Spezialisten.
Relativ kompliziert ist auch deren Berechnung. Die Zuführung zu den Rückstellungen muss nach versicherungsmathematischen Grundsätzen erfolgen. So muss die künftige Pensionsleistung abgezinst werden. Das bedeutet, dass heute weniger zugeführt wird, als später gezahlt wird, da man in der Zwischenzeit mit dem Geld arbeiten kann. Es wird auf den Barwert abgezinst. Vereinfacht erklärt: Wenn mir in zehn Jahren 10.000 EUR zur Verfügung

stehen sollen und sich eine Einlage mit 6 % verzinst, dann muss ich heute lediglich 5.584 EUR anlegen. In diesem Sinne werden analog in etwa die Zuführungen zu den Pensionsrückstellungen berechnet.

2. Steuerrückstellungen

Rückstellungen für Steuern werden separat ausgewiesen.

3. sonstige Rückstellungen

Hierzu gehören typischerweise:

- Prozesskosten, eine typische Rückstellung. Man weiß nicht, ob man den Prozess gewinnt oder verliert und wie hoch die Prozesskosten ausfallen werden
- Garantieverpflichtungen. Man weiß nicht, wie hoch sie sein werden, nur – gewisse Garantieleistungen wird es geben

  Ferner eine (unvollständige) Aufzählung von möglichen Rückstellungen:
- Bürgschaftsverpflichtungen
- Ausgleichsanspruch von Handelsvertretern
- Rabatte
- Boni
- Drohende Verluste aus schwebenden Geschäften
- Unterlassene Instandhaltung
- Abraumbeseitigung
- Produzentenhaftung

Welche Rückstellung auf keinen Fall möglich sind: z. B. Rückstellungen für unternehmerische Risiken wie z. B. zukünftige Verluste. Oder Rückstellungen für zukünftige Kostensteigerungen, für Konjunkturschwankungen, Geldentwertungen u. Ä.

C. Verbindlichkeiten

In der Regel die größte Position im Fremdkapital. Verbindlichkeiten müssen mit ihren Rückzahlungsbeträgen angesetzt werden. Ursprung ist eine entstandene Geldschuld. Im Gegensatz zu Rückstellungen ist die Schuld exakt definiert in ihrer Höhe und ihrer Fälligkeit. Das Dumme an Verbindlichkeiten ist, dass sie nicht nur zurückgezahlt werden müssen, sondern meist auch

noch eine zusätzliche Belastung darstellen, z. B. in Form von Zinsen. Verzögert sich die Rückzahlung, wird eine Verbindlichkeit noch teurer.
Verbindlichkeiten sind ein Finanzierungsinstrument, wie das Eigenkapital auch. Nur ist dieses Kapital irgendwann wieder zurückzuzahlen, es ist also auf die Fälligkeiten zu achten, insbesondere darauf, dass zur Fälligkeit auch genügend Geld aus der Aktivseite flüssig ist, damit die Verbindlichkeit befriedigt werden kann. Wer kennt nicht die Fälle, wo Kredite aufgenommen werden müssen, um andere Kredite zu tilgen. Ganz schlecht ist es, wenn z. B. Anlagevermögen verkauft werden muss, um Verbindlichkeiten zu befriedigen. An derartigen Fällen erkennt man dann die Finanzierungsfehler, und schon sagt man: „Siehst du, finanziere dein Anlagevermögen mit Eigenkapital, dann muss du es nicht verkaufen, um Fremdkapital zurückzuzahlen". So gilt die Regel, dass mit kurzfristigen Verbindlichkeiten auch nur Vermögen finanziert wird, das kurz im Unternehmen bleibt und das schnell wieder flüssig wird, z. B. Vorräte. Mit dem Verkauf der Produkte kann dann das kurzfristige Fremdkapital zurückgezahlt werden. Fristigkeiten sind also wichtig. Deswegen müssen bei größeren Gesellschaften die Verbindlichkeiten bis zu einem Jahr separat ausgewiesen werden. Schließlich muss man wissen, was in nächster Zeit fällig ist.

1. Anleihen

Anleihen sind Schuldverschreibungen, langfristig angelegt und werden am Kapitalmarkt platziert (z. B. Wandelobligationen, Schuldverschreibungen usw.).
Sie sind in der Regel mit festen Zinsen ausgestattet und somit gut kalkulierbar und damit ein verlässliches Finanzierungsinstrument.

2. Verbindlichkeiten gegenüber Kreditinstituten

Dies sind Kredite mit unterschiedlichen Laufzeiten. Interessant wäre regelmäßig, wofür letztlich die Kredite aufgenommen wurden. Leider ist dies aus der Bilanz nicht erkenntlich. Denn es ist schon ein Unterschied, ob ein Kredit aufgenommen wurde, um kurzfristig Liquidität zu schaffen, um vielleicht sogar die Löhne bezahlen zu können (bei diesem Kreditgrund wird sich die Bank das Unternehmen allerdings sehr genau anschauen) oder ob Zukunftsinvestitionen getätigt wurden. Und dann wäre es wiederum interessant, wie sich diese Zukunftsinvestitionen entwickeln, ob sich nämlich letztlich der Kredit amortisiert, soll heißen: Hat sich die Investition und damit der Kredit gelohnt?

3. Erhaltene Anzahlungen auf Bestellungen

Voraussetzung für Anzahlungen sind abgeschlossene Lieferungs- und Leistungsverträge. Anzahlungen sind bei längerfristigen Auftragsfertigungen, z. B. bei Errichtung ganzer Fabriken, üblich. Anzahlungen müssen deswegen als Verbindlichkeit aufgenommen werden, da die Lieferungen und Leistungen noch ausstehen bzw. nicht voll erbracht wurden. Es bleibt die Pflicht zur Leistung, und es besteht ja immer noch Gefahr, dass die Leistung nicht erbracht wird (und damit die Anzahlung wieder zurückgezahlt werden muss).

Betriebswirtschaftlich gesehen sind Anzahlungen eine Finanzierungshilfe für das Unternehmen. Es muss die Leistung nicht vorfinanzieren bzw. kann mit dem Geld arbeiten.

4. Verbindlichkeiten aus Lieferungen und Leistungen

Die klassische Verbindlichkeit, in der Praxis auch Verbindlichkeiten aus LL genannt. Einfacher Zusammenhang: Die Ware ist da, aber noch nicht bezahlt.

Im Kaufvertrag heißt dies in etwa so: 2 % Skonto innerhalb von zehn Tagen oder 30 Tage netto. Man sollte sich immer vor Augen halten, dass die Ausnutzung von Skonto meist günstiger ist, als die Zahlung herauszuzögern. Die Nichtausnutzung von Skonto ist letztlich die Inanspruchnahme eines Kredites vom Lieferanten; und dies ist ein sehr teurer Kredit. Wird die Zahlung mit Skonto nicht genutzt, sollte man hellhörig werden, aber leider erfährt man dies nicht aus der Bilanz. Was man aber erfahren kann, ist eine Steigerung der Verbindlichkeiten aus Lieferungen und Leistungen z. B. gegenüber dem Vorjahr. Und jetzt gibt es gewisse Zusammenhänge: Bleibt der Materialverbrauch in etwa gleich (sieht man in der Gewinn- und Verlustrechnung) und erhöhen sich die Vorratsbestände im Lager auch nicht wesentlich (sieht man aus der entsprechenden Aktivposition), steigen aber die Verbindlichkeiten aus Lieferungen und Leistungen, dann wird wahrscheinlich später gezahlt. Warum? Diese Steigerung der Verbindlichkeiten muss nichts Schlimmes sein, vielleicht war sie nur am Stichtag so hoch, am nächsten Tag wurde gezahlt, aber man wird doch mal fragen dürfen.

5. Verbindlichkeiten aus der Annahme gezogener Wechsel und der Ausstellung eigener Wechsel

Dies ist eine Verbindlichkeit, die durch Wechsel gesichert wurde. Für das bilanzierende Unternehmen bedeutet der Wechsel einen Zahlungsaufschub, da Wechsel in der Regel erst nach drei Monaten eingelöst werden.
Der Empfänger, hier der Lieferant, hat jetzt den Vorteil, diesen Wechsel zu diskontieren, d. h. einer Bank zu verkaufen, um sofort zu Geld zu kommen. Somit sind Wechsel auch Finanzierungsinstrumente.

6. Verbindlichkeiten gegenüber verbundenen Unternehmen

Hier werden Verbindlichkeiten gegenüber Dritten bewusst abgesetzt. Denn eine Verbindlichkeit gegenüber verbundenen Unternehmen ist vielleicht gar keine echte Schuld, weil sie im Rahmen der Konzernkonsolidierung verschwindet (siehe hierzu Näheres unter der Position Forderungen gegen verbundene Unternehmen auf der Aktivseite). Somit muss hier nicht zwingend eine tatsächliche Zahlungspflicht bestehen.

7. Verbindlichkeiten gegenüber Unternehmen, mit denen ein Beteiligungsverhältnis besteht

Auch hier der separate Ausweis von Verbindlichkeiten. Wenn das Unternehmen nicht in den Konsolidierungskreis eingebunden ist, ist diese Verbindlichkeit „echter“ als eine gegenüber verbundenen Unternehmen, somit dann auch eine „echte“ Schuld.

8. Sonstige Verbindlichkeiten

Dies ist ein Sammelposten. Alles das, was oben nicht untergebracht werden konnte, landet hier, z. B. Verbindlichkeiten gegenüber Mitarbeitern oder gegenüber den Krankenversicherungen usw.

D. Rechnungsabgrenzungsposten

Von der Systematik ähnlich dem auf der Aktivseite (siehe dort), nur umgekehrt. Hier geht es jetzt darum, dass Einnahmen in das Unternehmen geflossen sind, die aber letztlich leistungsmäßig in das nächste Jahr gehören. So hat z. B. jemand im Oktober die Miete für das nächste halbe Jahr bezahlt. Also gehören drei Monate Mietzahlung in das Folgejahr. Letztlich ist eine Verbindlichkeit entstanden. Aus Gründen der periodengerechten Erfolgsermittlung muss nun abgegrenzt werden.

Damit sind die Bilanzposten erklärt, als Nächstes geht es nun an die Gewinn- und Verlustrechnung.

Gewinn- und Verlustrechnung (im Folgenden GuV abgekürzt)

Die GuV zeigt, wie sich das Ergebnis des Unternehmens im Einzelnen zusammensetzt, wie bzw. durch welche Aktivitäten es entstanden ist. Im Wesentlichen entsteht ja ein Ergebnis durch den Verkauf von Produkten abzüglich der Kosten. Genau dies wird in der GuV differenziert gezeigt. Somit eignet sich die GuV auch für weitergehende betriebswirtschaftliche Analysen und ist ein erster Schritt Richtung Controlling. Hier werden Umsätze und Kosten gezeigt, und diese Gegenüberstellung öffnet Analysemöglichkeiten.
Allerdings ist die GuV eben ein Instrument des externen Rechnungswesens, und Controlling ist internes Rechnungswesen. So eignet sich die GuV nicht optimal für Analysen, da betriebliche und nicht betriebliche Erträge und Aufwendungen (sogenannte neutrale Posten) durcheinandergeworfen werden. In der Kostenrechnung bzw. im Controlling trennt man also die GuV noch zusätzlich in ein Betriebsergebnis und ein neutrales Ergebnis. Dieses ergibt erst das Gesamtergebnis lt. GuV. Für unsere Zwecke wollen wir diesen Punkt aber nicht vertiefen, zumal es strittig ist, was letztlich betrieblich und neutral ist, und meist interessiert ja, was unter dem Strich als ganzes herauskommt, nämlich das Gesamtergebnis. Nur noch so viel: Betriebliche Erlöse und Kosten sind Posten, die mit der definierten Leistungserstellung des Unternehmens zusammenhängen, also z. B. bei Volkswagen die Erlöse und Kosten der KFZ-Produktion. Daneben gibt es aber auch Posten, die überhaupt

nichts mehr mit dem eigentlichen Betriebszweck, der KFZ-Produktion, zu tun haben. So bezeichnet man Volkswagen auch als Bank mit angeschlossener Autoproduktion. Warum? VW hat derart viele Aktivitäten neutraler Art, also z. B. Finanzgeschäfte, Beteiligungen usw., dass ein Großteil des Ergebnisses eben nicht aus der KFZ-Produktion kommt. Dies möchte man transparent haben, man möchte eben beurteilen können, welches Ergebnis aus der Produktion und welches aus sonstigen Geschäften kommt. Kostenrechnung und Controlling interessieren sich übrigens nur für das betriebliche Geschehen. Das Betriebsergebnis ist meist ein internes Ergebnis, und diese internen Erkenntnisse gehen häufig nicht aus dem Jahresabschluss hervor. Basis für alles aber ist die GuV. Abbildung 14 zeigt die Grundstrukturen, wobei diese aus Übersichtlichkeitsgründen etwas grob dargestellt sind.
Die GuV kann auf zwei Arten erstellt werden: nach dem sogenannten Gesamtkostenverfahren und dem Umsatzkostenverfahren. In Deutschland wendet man viel häufiger das Gesamtkostenverfahren an, in den USA das Umsatzkostenergebnis. Im Ergebnis sind beide gleich, das Ergebnis wird aber etwas anders ermittelt. Hier eine kurze Gegenüberstellung (siehe Abb. 15).
Beim Gesamtkostenverfahren werden alle Kosten der Periode gezeigt, also nicht nur die für die verkauften Produkte. Somit sind die Kosten vollständig ausgewiesen. Die Kosten sind eben nicht nur für die verkauften Produkte entstanden, sondern auch für Produkte, die z. B. zunächst ins Lager gewandert sind oder auch für die Anlagegüter, die wir selber erstellt haben (aktivierte Eigenleistungen). Sind Waren vom Lager entnommen worden, sind natürlich Kosten in der Periode angefallen. Auch dies muss als sogenannte Bestandsminderung berücksichtigt werden (siehe Position 2 bei der Darstellung der GuV-Positionen).
Beim Umsatzkostenverfahren gibt es nur eine Gegenüberstellung der verkauften Produkte mit den dafür angefallenen Kosten. Verkäufe und deren Kosten dafür sind also direkt vergleichbar, was dieses Verfahren im z. B. Controlling etwas beliebter macht. Denn beim Gesamtkostenverfahren wird immer gefragt, welche Kosten denn nun auf die Bestandsveränderungen entfallen. Das Umsatzkostenverfahren setzt eine funktionierende interne Kostenrechnung voraus, denn es muss kalkuliert werden, was denn die verkauften Produkte auch tatsächlich gekostet haben. Beim Gesamtkostenverfahren ist dies nicht zwingend notwendig, da die gesamten Kostenblöcke zum Ansatz kommen.

Grundstruktur einer Gewinn- und Verlustrechnung	
Umsatzerlöse und sonstige betriebliche Leistungen	100
- Materialaufwand	-25
- Personalaufwand	-35
- betriebliche Abschreibungen	-10
- sonstige betriebliche Aufwendungen	-5
+ neutrale Erträge	3
+ Zinserträge und ähnliches	4
- neutrale Abschreibungen	-2
- Zinsen, meist betrieblich	-8
= Ergebnis der gewöhnlichen Geschäftstätigkeit	22
+/-außerordentliches Ergebnis	3
- Steuern v. Einkommen und Ertrag	-4
- sonstige Steuern	-2
= Jahresüberschuss/ Jahresfehlbetrag	**19**

Trennung Betriebsergebnis/neutrales Ergebnis			
Betriebsergebnis		**Neutrales Ergebnis**	
Umsatzerlöse und sonstige betriebliche Leistungen	100	+ neutrale Erträge	3
		+ Zinserträge und ähnliches	4
		- neutrale Abschreibungen	-2
- Materialaufwand	-25	+/- außerordentliches Ergebnis	3
- Personalaufwand	-35		
- betriebliche Abschreibungen	-10		
- sonstige betriebliche Aufwendungen	-5		
- Zinsen, meist betrieblich	-8		
- sonstige Steuern	-2		
= Betriebsergebnis	**15**	**= Neutrales Ergebnis**	**8**

Bei betriebswirtschaftlichen Untersuchungen weist man häufig ein Ergebnis vor Steuern vom Einkommen und Ertrag aus, da diese Steuern wenig betriebswirtschaftlichen Hintergrund haben, sondern abhängig von der besonderen Steuersituation von Unternehmen, Einzelpersonen oder Rechtsformen sind.

- Steuern vom Einkommen und Ertrag	-4
= Jahresüberschuss/ Jahresfehlbetrag	**19**

Abbildung 14: Ergebnisausweise

Gesamtkostenverfahren	Umsatzkostenverfahren
- Ansatz der gesamten Kosten	- nur die Kosten der umgesetzten (verkauften) Produkte
- Ansatz von Bestands-veränderungen	- kein Ansatz von Bestands-veränderungen

GRUNDSCHEMA

Gesamtkostenverfahren		Umsatzkostenverfahren	
Umsatz	100	Umsatz	100
+/- Bestandsveränd.	15	---	---
+ aktivierte Eigenleist.	10	---	---
= Gesamtleistung	125	= Gesamtleistung	100
- gesamte Kosten	105	- Kosten des Umsatzes	80
= Ergebnis	20	= Ergebnis	20

Abbildung 15: Grundstrukturen Gesamtkosten-/Umsatzkostenverfahren

Für die Spezialisten oder besonders Neugierigen hier einmal ein schematisches Beispiel einer Berechnung. Man sieht: Das Ergebnis bleibt gleich (siehe Abb. 16). Im Folgenden werden die Positionen der GuV beginnend mit dem Gesamtkostenverfahren dargestellt. Beim Umsatzkostenverfahren dann jeweils nur die Positionen, die vom Gesamtkostenverfahren abweichen (siehe Abb. 17).

Gesamtkostenverfahren

1. Umsatzerlöse

Dies ist der Verkauf von Produkten und Dienstleistungen. Die Erlöse werden netto gezeigt, d. h., dass die Umsatzsteuer sowieso schon abgezogen ist, aber auch schon Rabatte, Skonti usw. Die Umsatzerlöse spiegeln zwar die verkauften Produkte wider, was aber nicht heißt, dass schon alles bezahlt ist. So kommt es manchmal zu der dummen Situation, dass zwar die Umsätze in Ordnung sind, das Unternehmen aber trotzdem in Probleme kommt, weil die Kunden schlicht nicht zahlen. So ist bei der Analyse dieser Position insbesondere bei in dieser Hinsicht kritischen Branchen, z. B. der Baubranche, zu hinterfragen, wie sicher man auch mit diesen Umsatzerlösen rechnen kann.

Umsatz:			
Stück	600		
Verkaufspreis	90,00 €		
Bestandsminderung unfertige Erzeugn.		-60	Stück, Anarbeitungsgrad 50 %
Bestandserhöhung fertige Erzeugn.		25	Stück
Einzelmaterial pro Stück		18,00 €	
Einzellohn pro Stück		26,00 €	
Materialgemeinkosten		9 %	
Fertigungsgemeinkosten		110 %	
Verwaltungsgemeinkosten		5.000,00 €	in Summe
Vertriebsgemeinkosten		3.000,00 €	in Summe
Basis für Bestandsbewertung: Herstellkosten			

	Gesamtkostenverfahren	**Umsatzkostenverfahren**	
Umsatz	54.000,00	54.000,00	600 x 90,-
BV unfertige Erzeugnisse	-2.226,60		60 x 37,11 (50 % v. 74,22 Herstellkosten)
BV fertige Erzeugnisse	1.855,50		25 x 74,22
Summe Leistung	**53.628,90**	**54.000,00**	
Materialeinzelkosten	10.710,00	10.800,00	595 x 18,- bzw. 600 x 18,-
Materialgemeinkosten	963,90	972,00	9 % auf die Materialeinzelkosten
Materialkosten	**11.673,90**	**11.772,00**	
Fertigungseinzelkosten	15.470,00	15.600,00	595 x 26,- bzw. 600 x 26,-
Fertigungsgemeinkosten	17.017,00	17.160,00	110 % auf die Fertigungseinzelkosten
Fertigungskosten	**32.487,00**	**32.760,00**	
Herstellkosten	**44.160,90**	**44.532,00**	
Herstellkosten pro Stück	*74,22*	*74,22*	$\frac{\text{Einzelkosten + Gemeinkosten}}{\text{Stückzahl}}$
Verwaltungsgemeinkosten	5.000,00	5.000,00	
Vertriebsgemeinkosten	3.000,00	3.000,00	
Selbstkosten	**52.160,90**	**52.532,00**	
ERGEBNIS	**1.468,00**	**1.468,00**	

Rechenhilfen/Hinweise

1. Ermittlung der Stückzahl beim Gesamtkostenverfahren

Absatz	600
Bestandsvermind. (60 Stück/ 50 % angearbeitet)	-30
Bestandserhöhung	25
	595

2. Ermittlung Bestandsveränderungen
   - Zunächst Ermittlung Herstellkosten pro Stück
   - Dann Bewertung der Bestandsveränderungen

Abbildung 16: Rechenwege Gesamt-/Umsatzkostenverfahren

Gesamtkostenverfahren

1. Umsatzerlöse
2. Erhöhung oder Verminderung des Bestands an fertigen und unfertigen Erzeugnissen
3. Andere aktivierte Eigenleistungen
4. Sonstige betriebliche Erträge
5. Materialaufwand:
   a) Aufwendungen für Roh-, Hilfs- und Betriebssstoffe und für bezogene Waren
   b) Aufwendungen für bezogene Leistungen
6. Personalaufwand
   a) Löhne und Gehälter
   b) soziale Abgaben und Aufwendungen für Altersversorgung und für die Unterstützung, davon für Alterversorgung
7. Abschreibungen:
   a) auf immaterielle Vermögensgegenstände des Anlagevermögens und Sachanlagen sowie auf aktivierte Aufwendungen für die Ingangsetzung und Erweiterung des Geschäftsbetriebs
   b) auf Vermögensgegenstände des Umlaufvermögens, soweit diese die in der Kapitalgesellschaft üblichen Abschreibungen überschreiten
8. Sonstige betriebliche Aufwendungen
9. Erträge aus Beteiligungen
   davon aus verbundenen Unternehmen
10. Erträge aus anderen Wertpapieren und Ausleihungen des Finanzanlagevermögens
    davon aus verbundenen Unternehmen
11. Sonstige Zinsen und ähnliche Erträge
    davon aus verbundenen Unternehmen
12. Abschreibungen auf Finanzanlagen und auf Wertpapiere des Umlaufvermögens
13. Zinsen und ähnliche Aufwendungen
    davon aus verbundenen Unternehmen
14. Ergebnis der gewöhnlichen Geschäftstätigkeit
15. außerordentliche Erträge
16. außerordentliche Aufwendungen
17. außerordentliches Ergebnis
18. Steuern vom Einkommen und Ertrag
19. sonstige Steuern
20. Jahresüberschuss/Jahresfehlbetrag

Abbildung 17: Gewinn- und Verlustrechnung nach dem Gesamtkostenverfahren

2. Erhöhung oder Verminderung des Bestandes an fertigen und unfertigen Erzeugnissen

In der Praxis kommt es regelmäßig vor, insbesondere in Produktionsbetrieben, dass nicht alle betrieblichen Leistungen, also z. B. die produzierten Waren, verkauft wurden. Es wird auf Lager produziert. In den Umsatzerlösen zeigt sich aber als Leistung nur die verkauften Stück. Nur – die auf Lager produzierte Ware ist auch eine Leistung, und die angearbeiteten Produkte sind ebenfalls eine Leistung. Und für diese Leistungen sind natürlich auch Kosten entstanden. Also muss doch diese Leistung in einer Erfolgsrechnung gezeigt werden. Und so ist diese Leistung, so sie denn anfällt, eine sogenannte Bestandserhöhung.
Auf der anderen Seite kann auch einmal weniger produziert werden als verkauft wurde. Man hat eben Waren aus dem Lager verkauft. Für diese Leistungen sind allerdings in der Periode keine Kosten angefallen. Leistung ohne Kosten? Dafür gibt es den Ausgleichsposten Bestandsverminderungen. Hier werden letztlich die Leistungen in der Periode vermindert, da man ja auf Kosten z. B. der letzten Periode gelebt hat (dort gab es wahrscheinlich eine Bestandserhöhung).

Bestandserhöhung:		**Bestandsverminderung:**	
Anfangsbestand Lager	100	Anfangsbestand Lager	100
Verkaufte Stück	150	Verkaufte Stück	150
Produzierte Stück	180	Produzierte Stück	130
Endbestand Lager	130	Endbestand Lager	80
Bestandserhöhung	**+ 30**	Bestandsminderung	**- 20**
(Endbestand – Anfangsbestand)		(Endbestand – Anfangsbestand)	

Diese Bestandsveränderungen werden mit Herstellungskosten bewertet, nicht etwa mit dem Wert des Verkaufspreises des Produktes oder des anteiligen Verkaufspreises bei unfertigen Produkten (Achtung, bei internationaler Rechnungslegung kann dies anders sein, siehe Kapitel 5). Diese Herstellungskosten werden wir im nächsten Kapitel genauer beleuchten, denn wie bei vielen anderen Positionen auch gibt es auch hier einige Gestaltungsmöglichkeiten. Mit dieser Bewertung kann man sich ein bisschen besser oder auch schlechter darstellen.

Die Analyse der Bestandsveränderungen lässt erkennen, ob nicht vielleicht Absatzschwierigkeiten bestehen. Wird regelmäßig der Lagerbestand erhöht, fragt man sich, warum die Produkte nicht verkauft werden. Aber warum wird fleißig weiter produziert? Ist die Produktion auf Lager nur noch eine Arbeitsbeschaffungsmaßnahme für die Mitarbeiter? Macht das alles noch Sinn? Oder gibt es bereits Aufträge für die produzierten Bestände? Durch Bestandsverminderungen erkennt man, ob das Lager geräumt wird. Gibt es eine erhöhte Nachfrage? Und kommt die Produktion überhaupt noch nach? Was, wenn das Lager leer ist, aber die Kapazitäten des Unternehmens die Nachfrage nicht mehr schafft?
An derartigen Fragen sieht man, wie aus an sich eher trockenen Buchhaltungsdaten interessante betriebswirtschaftliche Fragen abgeleitet werden können.

3. andere aktivierte Eigenleistungen

Die meisten Leistungen im Unternehmen werden gleich verbraucht, z. B. die Leistungen der Mitarbeiter in der Produktion oder der Verwaltung. Mit diesen Leistungen wird kein Gut geschaffen, das dem Unternehmen über längere Zeit zur Verfügung steht. Bei den aktivierten Eigenleistungen handelt es sich aber um Leistungen, die sehr wohl längere Zeit genutzt werden, z. B. selbst erstellte Anlagen; wenn z. B. die Instandhaltungsabteilung eine Maschine baut. Diese Leistungen müssen aktiviert werden, das heißt in die Bilanz eingestellt werden. Dort werden sie behandelt wie zugekaufte Wirtschaftsgüter und werden abgeschrieben. Hintergrund ist, dass der Gesetzgeber sagt, dass Leistungen, die dem Unternehmen länger dienen, nicht sofort als Kosten abgerechnet werden dürfen und somit die Steuerlast im laufenden Jahr in voller Höhe der Kosten vermindern. Wenn sie länger benutzt werden können, dann dürfen auch die Kosten erst nach und nach (Abschreibungen) die Gewinne mindern.
Aktivierte Eigenleistungen werden zu Herstellungskosten bewertet.

4. sonstige betriebliche Erträge

Der Name dieser GuV-Position ist ein wenig irreführend. Denn schaut man sich die Inhalte im Detail an, ist es ein Sammelsurium von betrieblichen Positionen, die wenig betrieblich bedingt sind auch im Sinne des oben beschriebenen Betriebsergebnisses. Mit den typischen betrieblichen und vor allem regelmäßigen Leistungen haben sie wenig zu tun. Auch dass sie im Rahmen der gewöhnlichen Geschäftstätigkeit genannt sind, ist nicht immer plausibel, sind sie doch oft Sonderfälle, die nicht im *regulären* Geschäftsbetrieb entstanden sind. Auch sind sie oft einmalig und noch dazu periodenfremd. Dann zwar letztlich irgendwo betrieblich, aber mit geringer Aussagekraft, da sie nicht zu den Leistungen der Periode gehören. Also unter dem Strich eine etwas obskure Position. Was gehört z. B. dazu?

- Erträge aus der Auflösung von Rückstellungen
  Diese sind in der Regel periodenfremd. Die Rückstellung kann vor längerer Zeit gebildet worden sein. Jetzt hat man erkannt, dass sie vielleicht unnötig war.
- Gewinne aus dem Verkauf von Anlagegegenständen
  Das sind Sonderfälle. Hier wird Anlagevermögen über Buchwert verkauft. Demnächst müssen aber vielleicht Anlagen unter Buchwert verkauft werden oder es werden eben gar keine Anlagen mehr verkauft. Diese Erträge sind mehr zufälliger Natur.
- Erträge aus der Auflösung von Sonderposten mit Rücklageanteil
  Hier ist es vielleicht nicht gelungen, die „geparkten" stillen Reserven unterzubringen. Jetzt müssen die Sonderposten aufgelöst werden (und dummerweise versteuert werden, denn das „Parken" war steuerfrei).
- Kursgewinne
  Ein Wertpapier wird z. B. zum höheren Kurs als eingekauft wieder verkauft. Das kann auch mal umgekehrt vorkommen; Glück gehabt.
- Eingänge aus abgeschriebenen Forderungen
  Wider Erwarten hat doch ein Kunde bezahlt, an den wir nicht mehr geglaubt haben. Aber auch dies ist Zufall.

In diesem Sinne gibt es noch eine Reihe möglicher Fälle. Man sieht zweierlei: Zum einen sind diese Erträge periodenfremd, sie sind in früheren Perioden entstanden, man zeigt sie aber jetzt. Zum anderen, dass man sich auf diese Erträge für die Zukunft nicht verlassen kann. Ist ein Ergebnis durch hohe sonstige betriebliche Erträge bedingt, heißt dies nicht, dass das Unternehmen erfolgreich war!

5. Materialaufwand

Diese Position ist wenig erklärungsbedürftig. Es sind Roh-, Hilfs- und Betriebsstoffe (Definition siehe unter Vorräte bei den Bilanzpositionen), die

für die Leistungserstellung verbraucht wurden, nicht also die gekauften, sondern die verbrauchten (!) Materialien.
Betriebswirtschaftlich interessant kann es sein, wenn der Materialaufwand steigt, ohne dass die Produktion ausgeweitet wurde. Woran liegt das? Preissteigerungen? Mehr Ausschuss? Auch hier sieht man wieder, dass die GuV Fragen aufwirft, die man mittels der Bilanz nicht erkennen kann.

6. Personalaufwand

Auch wenig erklärungsbedürftig. Es erfolgt eine Trennung in Löhne/Gehälter und Sozialabgaben, das sind im Wesentlichen die Aufwendungen des Arbeitgebers für Kranken-, Renten- und Arbeitslosenversicherung, freilich nur der Arbeitgeberanteil. Ferner muss ein gesonderter Ausweis für Altersversorgung erfolgen. Dies ist im Unternehmensvergleich interessant; man erkennt Unternehmen, die in diesem Bereich etwas tun.
Betriebwirtschaftlich wieder interessant, wenn z. B. die Leistung gleich bleibt, die Personalaufwendungen aber steigen. Ist es nur die Tarifsteigerung oder gibt es Probleme z. B. in der Fertigung? Interessant wäre z. B. auch, in welchen Bereichen die Personalkosten gestiegen bzw. abgebaut wurden. Wo fanden Rationalisierungen statt? Derartige Detailinformationen findet man im Jahresabschluss nicht.

7. Abschreibungen

Sinn und Zweck von Abschreibungen sind bereits unter der Position Anlagevermögen auf der Aktivseite der Bilanz erklärt. Details der Abschreibungen sieht man im Anlagenspiegel.
Hier in der GuV werden weitere Details ausgewiesen. Man trennt in Abschreibungen auf das Anlagevermögen und auf das Umlagevermögen, soweit diese die üblichen Abschreibungen überschreiten. Das verwundert zunächst. Warum werden die außerplanmäßigen Abschreibungen des Anlagevermögens mit den planmäßigen ausgewiesen, die außerplanmäßigen des Umlaufvermögens aber separat gezeigt? Aus Vorsicht! Entwertungen der Vorräte oder gar der Forderungen berühren das Unternehmen auf ganz empfindliche Weise und können gar die Liquidität beeinträchtigen. Sie sind als Alarmzeichen zu werten. So können Abwertungen auf Lagerbestände bedeuten, dass früher produzierte Lagerbestände nunmehr unverkäuflich sind.

Ansonsten sind Abschreibungen betriebswirtschaftlich zu analysieren. Spiegeln sie den tatsächlichen Werteverzehr wider? Zur Erinnerung. Abschreibungen mindern die Steuerlast, und mit z. B. degressiven Abschreibungen verfolgt man nicht unbedingt das Ziel, den Wertverlust realistisch wiederzugeben, sondern will so hoch wie möglich abschreiben. Das bedeutet, dass durch Abschreibungen stille Reserven gebildet werden können. Eine Maschine kann schon längst abgeschrieben sein, mit ihr wird aber immer noch produziert, und im Zweifel ist sie sogar noch verkäuflich, obwohl sie ihre Kosten über die Verkaufspreise längst hereingeholt hat.
Interessant ist es auch, regelmäßig die Höhe der Abschreibungen zu betrachten. Sinken die Abschreibungen permanent, wurde nichts mehr investiert. Warum? Es gibt eine berühmte Faustregel: Abschreibungen = Investitionen. Das heißt, es soll immer in Höhe der Abschreibungen investiert werden. Hintergrund ist, dass die Abschreibungen den Wertverlust der Anlagen widerspiegeln. Dadurch verliert das Unternehmen an Substanz. Und diese verlorene Substanz sollte durch Neuinvestitionen wieder aufgefüllt werden. Wird also nichts mehr investiert, ist dies ein schlechtes Zeichen, das Unternehmen „blutet aus".

8. sonstige betriebliche Aufwendungen

Dies ist ein Sammelposten für alle Aufwendungen, die oben nicht untergebracht werden können. Dazu gehören alle Kostenarten, angefangen von Mieten über Reisekosten und Reparaturen bis hin zu Kleinigkeiten wie Porto. Also alles, was in einem Unternehmen an Kosten noch denkbar ist.

9. Erträge aus Beteiligungen, davon aus verbundenen Unternehmen

Dies sind Dividenden, Gewinnanteile oder Ähnliches. Hier stellen sich einige Fragen: Haben sich die Beteiligungen gelohnt, wenn es Ziel war, an der Beteiligung zu verdienen? Ist es noch vertretbar, die Beteiligungen zu halten? Bindet eine Beteiligung Kapital, das anderweitig besser „arbeiten" könnte?

10. Erträge aus anderen Wertpapieren und Ausleihungen des Finanzanlagevermögens, davon aus verbundenen Unternehmen

Zinsen und Gewinne aus Kapitalanlagen, die keine Beteiligungen darstellen. Separate Darstellung der Erträge aus verbundenen Unternehmen.

11. sonstige Zinsen und ähnliche Erträge, davon aus verbundenen Unternehmen

Hier erscheinen Zinsen für Einlagen bei Banken, Erträge aus Aktien usw.

12. Abschreibungen auf Finanzanlagen und auf Wertpapiere des Umlaufvermögens

Hier soll deutlich gemacht werden, welche Abschreibungen im Finanzsektor vorgenommen werden müssen. Bewusste Trennung also von den betrieblich veranlassten Abschreibungen. Hierunter fällt z. B. der Kursverlust bei Aktien, wenn also der Wert der Aktie unter den Kaufpreis gefallen ist (Vorsichtsprinzip). Da nützt es gar nichts, wenn argumentiert wird, dass der Kurs wieder steigen wird.

13. Zinsen und ähnliche Aufwendungen, davon an verbundene Unternehmen

Dies sind Zinsen für Kredite aller Art, Diskontbeträge für Wechsel usw. Interessant sind regelmäßig die Zinsbelastungen des Unternehmens. Was kostet die Fremdfinanzierung? Betriebswirtschaftlich stellt sich die Frage, wie hoch jedes Produkt mit Zinsen belastet ist. Zinsen stellen in vielen Unternehmen einen erheblichen Kostenfaktor dar. Zwar kann man die Entwicklung der Kredite in der Bilanz verfolgen, aber was dies tatsächlich für die Kalkulation und damit für die Produktpreise bedeutet, sieht man an der Zinsentwicklung. Vorsicht bei regelmäßig steigenden Zinsbelastungen.

14. Ergebnis der gewöhnlichen Geschäftstätigkeit

Dies ist ein Zwischenergebnis der GuV und beinhaltet alle obigen Positionen. Wie oben bereits angedeutet, ist die Bezeichnung ein wenig irreführend. Wir haben gesehen, dass hier jede Menge Positionen enthalten sind, die eben nicht dem gewöhnlichen Geschäft entsprechen, die zum Teil aus anderen Perioden kommen und schon gar nichts mit der betrieblichen Leistungserstellung zu tun haben.

15. außerordentliche Erträge

Dies sind letztlich alle Erträge, die oben nicht untergebracht werden können und die nicht regelmäßig anfallen. Z. B. Zuschüsse des Staates, Entschädigungszahlungen o. Ä. Ein Ergebnis, welches durch außerordentliche Erträge (in der Praxis sagt man kurz a. o. Erträge) geprägt ist, sagt nicht viel über die tatsächliche wirtschaftliche Situation des Unternehmens aus. Im nächsten Jahr gibt es ja diese a. o. Erträge nicht mehr.

16. außerordentliche Aufwendungen

Seit Jahrzehnten wird als Beispiel für diese Position immer wieder der berühmte Feuerschaden genannt. Dem ist auch kaum etwas hinzuzufügen. Hier findet man aber z. B. auch Positionen, die bei der Auflösung bzw. Stilllegung von Betriebsteilen anfallen. Oder ein Unternehmen stellte hier die einmaligen Kosten für die Sanierung eines Grundstückes ein, da dieses von chemischen Resten im Boden befreit werden musste.

17. Außerordentliches Ergebnis

Hier werden die a. o. Aufwendungen und Erträge saldiert gezeigt, damit man in einer Summe den Ergebniseinfluss sieht, den diese a. o. Posten haben.
Übrigens: In vielen Unternehmen gibt es kein a. o. Ergebnis, da unter diesen Positionen schlicht nichts angefallen ist.

18. Steuern vom Einkommen und Ertrag

In Personengesellschaften werden diese Steuern vom Unternehmer persönlich geschuldet, deswegen wird man dort diese Position nicht finden.
Ansonsten sind dies im Wesentlichen die Körperschafts- und Gewerbesteuer, Steuern, die (im Wesentlichen) auf den Jahresgewinn gezahlt werden. Streng genommen ist dies jetzt schon Gewinnverwendung und kein Aufwandsposten mehr. Deswegen wird auch häufig separat ein GuV-Ergebnis vor Steuern vom Einkommen und Ertrag ermittelt. So machen es auch Kostenrechnung und/oder Controlling (siehe oben Abbildung 14: Betriebsergebnis/neutrales Ergebnis).

19. sonstige Steuern

Dies sind die sogenannten Kostensteuern, die betrieblichen Steuern wie Grundsteuer, Kraftfahrzeugsteuer usw. Diese Steuern stellen einen echten Aufwand dar, der in die Produkte einkalkuliert wird. Sonstige Steuern haben also einen ganz anderen Charakter wie die Steuern vom Einkommen und Ertrag.

20. Jahresüberschuss/Jahresfehlbetrag

Dies ist der Gewinn oder der Verlust des laufenden Jahres.
In dieser Position ist nun alles enthalten, wahrlich alles. Es sind alle Gestaltungsspielräume enthalten, also Bewertungsmöglichkeiten, die sich gesetzlich ergeben. Sie enthält aperiodische, außerordentliche Positionen. Ferner betriebsbedingte, neutrale Elemente usw.
Wir werden in den nächsten Kapiteln noch intensiver beleuchten, was dieser Wert tatsächlich aussagt. Denn wie vielleicht schon deutlich geworden ist: Neben der tatsächlichen Leistung des Unternehmens gibt es jede Menge Möglichkeiten, den Gewinn oder Verlust zu beeinflussen. Und wenn es nur auf dem Papier ist!

Umsatzkostenverfahren

Hier werden jetzt nur die vom Gesamtkostenverfahren abweichenden Positionen erklärt.

2. Herstellungskosten der zur Erzielung der Umsatzerlöse erbrachten Leistungen

Dies sind die Herstellungskosten ausschließlich der *verkauften* Produkte, also nicht der Produkte, die z. B. auf Lager produziert wurden. Wer sich für rechnerische Details interessiert, siehe obige Abbildung Gesamtkosten-/Umsatzkostenverfahren. Um diesen Wert zu ermitteln, braucht man eine ausgebaute Kostenrechnung, während beim Gesamtkostenverfahren eine einfache Kostenartenrechnung genügt. Denn man muss nun *kalkulieren* können, was genau die verkauften Stückzahlen in der Herstellung gekostet haben. Zu diesen Kosten gehören im wesentlichen Material- und Personalkosten, die für die Produktion notwendig sind.

Umsatzkostenverfahren

1. Umsatzerlöse
2. Herstellungskosten der zur Erzielung der Umsatzerlöse erbrachten Leistungen
3. Bruttoergebnis vom Umsatz
4. Vertriebskosten
5. allgemeine Verwaltungskosten
6. sonstige betriebliche Erträge
7. sonstige betriebliche Aufwendungen
8. Erträge aus Beteiligungen, davon aus verbundenen Unternehmen
9. Erträge aus anderen Wertpapieren und Ausleihungen des Finanzanlagevermögens, davon aus verbundenen Unternehmen
10. sonstige Zinsen und ähnliche Erträge, davon aus verbundenen Unternehmen
11. Abschreibungen auf Finanzanlagen und auf Wertpapiere des Umlaufvermögens
12. Zinsen und ähnliche Aufwendungen, davon an verbundene Unternehmen
13. Ergebnis der gewöhnlichen Geschäftstätigkeit
14. außerordentliche Erträge
15. außerordentliche Aufwendungen
16. außerordentliches Ergebnis
17. Steuern vom Einkommen und Ertrag
18. sonstige Steuern
19. Jahresüberschuss/Jahresfehlbetrag

Abbildung 18: Gewinn- und Verlustrechnung nach dem Umsatzkostenverfahren

3. Bruttoergebnis vom Umsatz

Umsatzerlöse minus Herstellungskosten der zur Erzielung der Umsatzerlöse erbrachten Leistungen.

Für die Analyse eine wichtige Kennzahl. Geht man davon aus, dass die Herstellungskosten einigermaßen direkt den Umsatzerlösen zugerechnet werden können und die Kostenrechnung hier sauber gearbeitet hat, dann ist dies eine Art erstes Betriebsergebnis, ein erster Indikator für die Wirtschaftlichkeit. Teilt man dies jetzt noch alles auf Produkte oder Produktgruppen auf, sieht man z. B., welche Produkte profitabel und welche problematisch sind. Nun könnte man in die Analyse einsteigen und Produkt für Produkt auseinandernehmen. Dummerweise liefert der Jahresabschluss nicht genügend Details für eingehende Analysen. Aber im Zeitablauf zeigt ein Steigen oder Sinken dieser Position interessante Entwicklungen der Produktivität an.

4. Vertriebskosten

Hier werden alle Vertriebskosten des Geschäftsjahres gezeigt. Dazu gehören Personalkosten des Vertriebes, z. B. der Innendienst, die Kosten für Vertreter, Transportkosten, anteilige Abschreibungen usw.
Diese Kosten werden auf der Kostenstelle Vertrieb gesammelt. Auch hier sieht man wieder, dass für das Umsatzkostenverfahren eine Kostenstellenrechnung (siehe oben unter internes Rechnungswesen) erforderlich ist.
Auch zeigt sich wieder ein Vorteil des Umsatzkostenverfahrens. Man kann den Vertriebskostenblock verfolgen. Wie entwickeln sich die Vertriebskosten? Z.B. zum Umsatz. Sinkender Umsatz bei steigenden Vertriebskosten? Das wäre schlecht.

5. Allgemeine Verwaltungskosten

Dies sind Kosten angefangen von der Unternehmensleitung über Finanz- und Rechnungswesen, Personalabteilung bis hin zum Betriebsrat. Auch hier interessante Analysemöglichkeiten. Wie entwickeln sich die Verwaltungskosten, viele sagen auch mit einem Anflug von Humor „Wasserkopf des Unternehmens" dazu. Aber was sagt man zu einer Entwicklung, bei der die Umsätze sinken, der „Wasserkopf" aber gleich bleibt? Natürlich sind die „Wasserkopftätigkeiten" nicht immer umsatzabhängig, aber kann sich das Unternehmen dies alles noch leisten? Auch hier sieht man, wie aus der GuV Fragen generiert werden können, die sich so aus der Bilanz heraus nicht stellen können.

Der Rest der Positionen des Umsatzkostenverfahrens ist identisch mit dem Gesamtkostenverfahren.
Damit sind jetzt die Bilanz und die GuV zunächst abgeschlossen. Es geht weiter mit dem Anhang.

Anhang

Zunächst: Bei der Kapitalgesellschaft ist der Anhang zwingend vorgeschrieben, allerdings gibt es größenbedingte Erleichterungen. Das heißt, kleine Kapitalgesellschaften müssen weniger Angaben machen. Geregelt ist alles im Handelsgesetzbuch (§§ 264 und 284 – 288 HGB). Personengesellschaften und Einzelkaufleute sind von der Erläuterungspflicht im Anhang befreit.
Der Anhang ist für den Bilanzleser außerordentlich wichtig. Denn hier werden wichtige Positionen der Bilanz und der Gewinn- und Verlustrechnung erläutert. Im Handelsgesetzbuch gehen die Vorschriften für den Anhang über einige Seiten. Zusammengefasst die wesentlichen Dinge: Es geht um

- Bewertungsmethoden und Wertansätze in der Bilanz einschließlich Konsolidierungsmethoden beim Konzernabschluss
- weitere Aufgliederungen und Ergänzungen zu Jahresabschlusspositionen einschließlich weiterer Zahlenangaben
- Erläuterungen bzw. Begründungen zu bestimmten Darstellungsweisen
Beispiele:
- Nennung der Abschreibungsmethode bzw. ob die Methode gewechselt wurde (dies ist nur in Ausnahmefällen möglich und darf nicht laufend passieren)
- Wie werden Vorräte bewertet?
- Bewertung von Pensionsrückstellungen
- Aufschlüsselung von Forderungen und Verbindlichkeiten
- Diverse Aufschlüsselungen z. B. über Beteiligungen
- Kapitalerhöhungen und ähnliche wesentliche Ereignisse
- Informationen über die Mitarbeiterzahl

Im Anhang wird der Jahresabschluss um einiges transparenter. Deswegen sollte beim Lesen eines Geschäftsberichtes immer gleichzeitig der Anhang im Auge behalten werden. Häufig machen es die Unternehmen in ihren Geschäftsberichten so, dass schon recht leserfreundlich in der Bilanz und GuV hinter den einzelnen Positionen in Klammern Ziffern genannt werden, unter denen dann im Anhang die Details zu diesen Positionen erklärt sind.
Von besonderem Interesse ist für viele, dass im Anhang die Gesamtbezüge der Vorstände und Aufsichtsräte genannt werden müssen.
Nehmen wir die Vorstandsbezüge: Jetzt teilt man die Bezüge durch die Anzahl der Vorstände und erhält dadurch die *durchschnittlichen* Bezüge der Vorstandsmitglieder (die natürlich unterschiedliche Bezüge haben). Aber die

Größenordnungen sind eben interessant. Oder? Aber Vorsicht. Hier sind auch Bezüge ehemaliger Vorstände enthalten, der Vorstandsvorsitzende erhält meist weit höhere Bezüge als die „normalen" Vorstände.

Lagebericht

Dies ist ein außerordentlich interessanter Bestandteil des Jahresabschlusses, und es empfiehlt sich, diesen Teil immer als Erstes zu betrachten, bekommt man doch so einen ersten Eindruck über das Unternehmen.
Die Informationen werden wie der Jahresabschluss selber vom Wirtschaftsprüfer geprüft und sind somit einigermaßen verlässlich. Einigermaßen deswegen, weil Wirtschaftsprüfer zum einen auch nicht immer intime Kenner der Branche oder der wirtschaftlichen Entwicklung sind und zum anderen, weil immer noch gewisse Möglichkeiten bleiben, die Lage zu beschönigen. Denn wer kann schon z. B. verlässliche Aussagen über die voraussichtliche Entwicklung der Gesellschaft machen?
Im Wesentlichen soll der Lagebericht auf folgende Punkte eingehen (vgl. § 289 HGB):

- Vorgänge von besonderer Bedeutung, die nach dem Schluss des Geschäftsjahres eingetreten sind. Dies ist ganz klar, denn ein Jahresabschluss kommt Monate nach dem Stichtag, und bis dahin kann schon wieder eine Menge passiert sein
- Mögliche zukünftige Risiken
- Voraussichtliche Entwicklung der Gesellschaft
- Forschungs- und Entwicklungsaktivitäten
  Dies bedeutet im Einzelfall z. B.
- Position des eigenen Unternehmens in der Branche
- Umsatz- und Auftragsentwicklung
- Angaben zur Produktion des Unternehmens
- Angaben bzw. Erklärungen zu Investitionsobjekten
- Finanz- und Liquiditätslage, insbesondere bei Problemen
- Außergewöhnliche Vorkommnisse im Geschäftsjahr, z. B. ein Brand
- Alle möglichen Risiken, z. B. Verschlechterung der Rohstofflage, Einbrüche durch politische Krisen in wichtigen Absatzgebieten
- Forschungs- und Entwicklungsaktivitäten, insbesondere wenn es um neue Betätigungsfelder geht
- Sozialberichterstattung, z. B. Einführung besonderer Vergütungssysteme, Gründe für z. B. größere Entlassungen, aber auch Einstellungen
- Umweltschutzbericht, insbesondere bei umweltsensiblen Produkten

Ferner unter Umständen weitere freiwillige Erklärungen z. B. zur Unternehmenspolitik.
Der Lagebericht ist nicht zu verwechseln mit den teilweise in Hochglanz verpackten Geschäftsberichten, die häufig lediglich Auszüge des Jahresabschlusses bringen und ansonsten eher eine Imagebroschüre oder Werbeträger des Unternehmens sind.

Wie all dies, was wir auf den vorherigen Seiten besprochen haben, in der Praxis aussieht, finden Sie im Anhang unter *Beispiel für einen Jahresabschluss.*

Bewertungsfragen: Grundlagen fürs Bilanzlifting

Wir haben oben bei der Erklärung der einzelnen Positionen bereits teilweise angesprochen, zu welchen Wertansätzen einzelne Positionen in den Jahresabschluss, insbesondere in die Bilanz, eingestellt werden. Es gibt also gewisse Spielräume. Diese erkennt man schon an den Formulierungen einzelner Gesetze im Handelsgesetzbuch. Dort heißt es z. B. „ist, darf, kann, sind, muss ... usw." Beispiel: Rückstellungen **sind** für ungewisse Verbindlichkeiten ... zu bilden. Oder: Bei der Berechnung der Herstellungskosten **dürfen** auch angemessene Teile der Materialgemeinkosten ... eingerechnet werden. Oder: Kleine Kapitalgesellschaften **brauchen** nur eine verkürzte Bilanz aufzustellen ...
Das ist vielleicht etwas verwirrend und soll hier einmal übersetzt werden:

... ist .... = es ist zwingend und es besteht kein Wahlrecht
... hat .... = ebenfalls verbindlich
... muss........ = ebenfalls verbindlich
... darf .... = man kann, aber muss nicht
... braucht ... = man kann, aber muss nicht

Das Thema Bewertung soll hier nicht überstrapaziert werden, es ist eine knochentrockene Angelegenheit, aber um einige Grundbegriffe bzw. Grundkenntnisse kommt man nicht herum, will man die Bilanz lesen und vor allem erkennen, wo und wie eine Bilanz gestaltet wurde.
Zunächst gibt es einige Generalnormen wie die berühmten Grundsätze ordungsmäßiger Buchführung (§ 243 HGB) oder das Vollständigkeitsgebot (§ 246 HGB) usw.

Jetzt wird es ein wenig formalistisch, aber die folgenden Regelungen gehören zumindest ansatzweise in ein Buch hinein, das von Bilanzen handelt:

- **Grundsatz der Bilanzwahrheit und Vollständigkeit**
  Der Jahresabschluss hat komplett abzubilden. Man kann also nicht einzelne Posten einfach weglassen (vielleicht weil sie einem nicht gefallen).
- **Grundsatz der Klarheit**
  Alles muss übersichtlich sein, die Posten müssen deutlich bezeichnet sein
- **Grundsatz der Bilanzkontinuität und Bewertigungsstetigkeit**
  Die Wertansätze der Eröffnungsbilanz müssen mit denen der Schlussbilanz des alten Jahres übereinstimmen. Man kann also nicht einfach zum Jahreswechsel z. B. die Bewertung ändern.
- **Going-concern-Prinzip**
  Bei der Bewertung wird davon ausgegangen, dass das Unternehmen weitergeführt wird. Gerade bei der Bewertung der Vermögensgegenstände ist es ein Unterschied, ob alles notverkauft wird oder ob weiterhin damit gearbeitet wird.

Des Weiteren gibt es allgemeine Bewertungsgrundsätze, die sich durch den gesamten Jahresabschluss ziehen:

- **Grundsatz der Vorsicht (§ 252 Absatz 4 HGB)**
  Vorsichtige Bewertung ist ausdrücklich vorgeschrieben. Dies ist auch ein Ergebnis des sogenannten Gläubigerschutzes in der Bilanz. Die Positionen sollen eher pessimistisch dargestellt werden. Nicht zuletzt auch deswegen, damit zum Schutze anderer Gläubiger keine Gewinne ausgeschüttet werden, die möglicherweise nicht sicher oder nur vorübergehender Natur sind. Dieser Grundsatz der Vorsicht konkretisiert sich insbesondere in zwei wichtigen Regelungen.
- **Realisationsprinzip**
  Es dürfen nur Gewinne ausgewiesen werden, die am Bilanzstichtag schon realisiert sind. So dürfen z. B. Aktien nicht zum Kurswert ausgewiesen werden, wenn dieser höher ist als zum Tag des Kaufes. Oder es dürfen Bestände nicht zum späteren Verkaufspreis ausgewiesen werden, sondern lediglich zu Herstellungskosten.

- **Imparitätsprinzip**
  Umgekehrt müssen nicht realisierte Verluste ausgewiesen werden. Ist also bei unseren Aktien der Kurswert gegenüber dem historischen Kurs gefallen, so muss der niedrigere Wert angesetzt werden. Forderungen müssen z. B. wertberichtigt werden, wenn abzusehen ist, dass sie nicht zu 100 % bezahlt werden.
- **Niederstwertprinzip**
  Im engen Zusammenhang mit den obigen Prinzipien steht dieser Grundsatz. Haben Vermögensgegenstände am Bilanzstichtag einen niedrigeren Wert, so ist jeweils dieser Wert anzusetzen. Dies gilt für das Anlage- und Umlaufvermögen. Beispiele: Eine Beteiligung wird wegen anhaltender Verluste teilweise abgeschrieben. Oder es gab einen Feuerschaden an einem Gebäude. Oder eine technische Entwicklung hat den Wert einer Anlage überholt, sie wird dadurch weniger wert. Oder wir haben Maschinen, mit denen nicht mehr produziert wird, da das Produkt eingestellt wurde. Alle Anlässe für außerplanmäßige Abschreibungen nach dem Niederstwertprinzip. Aber auch im Umlaufvermögen gibt es Anlässe für Abwertungen. So stellt sich vielleicht heraus, dass eingelagerte Produkte unverkäuflich sind oder es hat ein Preisverfall auf dem Markt für diese Produkte stattgefunden. Oder es liegen Vorräte für Produkte im Lager, die nicht mehr produziert werden. Oder wir müssen befürchten, dass Forderungen nicht bezahlt werden.
  Hierbei unterscheidet man jetzt das
  - **gemildertes Niederstwertprinzip (§ 253 Absatz 2 HGB)**
    Dies gilt für das Anlagevermögen. Danach besteht ein Wahlrecht zur außerplanmäßigen Abschreibung, wenn die Wertminderung nicht von Dauer oder vorübergehender Natur ist. Zum Beispiel wenn ernsthaft geplant ist, ein Produkt wieder zu aktivieren und damit eine Maschine wieder voll zu nutzen.
  - **strenges Niederstwertprinzip (§ 253 Absatz 3 HGB)**
    Ist der Wert des Umlaufvermögens auch nur vorübergehend gesunken, muss zwingend abgewertet werden. Hier gibt es keine Wahlrechte mehr.

Wenn in den Folgeperioden (Folgebilanzen) die Gründe für diese Abwertungen nicht mehr bestehen, können trotzdem die geringeren Wertansätze beibehalten werden. Auf diese Weise können stille Reserven entstehen, auf jeden Fall hat man aber dadurch Gestaltungsspielräume.

Nun zu einigen speziellen Bewertungsansätzen:

Es gilt der Grundsatz der Einzelbewertung, das heißt, Vermögensgegenstände sind einzeln zu erfassen. Bei bestimmten Gütern z. B. Massengütern entfällt aber dieses Prinzip.

- **Durchschnittsbewertung**
  Hier werden alle Einkäufe, Mengen und Einzelwerte zusammengefasst und der Durchschnitt ermittelt.
- **Verbrauchsfolgeverfahren**
  Beim Verbrauch von Wirtschaftsgütern, z. B. Vorräten, kann aber auch eine bestimmte Verbrauchsfolge unterstellt werden.
  - **Lifo-Verfahren (steuerrechtlich zulässig)**
    Lifo = Last in – first out. Hier wird unterstellt, dass die zuletzt beschafften Wirtschaftsgüter zuerst wieder verbraucht werden. Was soll das? In Zeiten von Inflation führt dieses Verfahren dazu, dass die am teuersten eingekauften Güter zuerst wieder verbraucht werden. Die Güter mit den niedrigeren Werten bleiben auf Lager, der Lagerwert bleibt gering.
  - **Fifo-Verfahren (auch handelsrechtlich zulässig)**
    Fifo = First in – first out. Hier wird unterstellt, dass die zuerst beschafften Waren auch zuerst verbraucht werden. Der Lagerwert kann tendenziell steigen.
- **Planmäßige Abschreibungen**
  Auch planmäßige Abschreibungen sind letztlich eine Bewertungsmethode. Siehe hierzu ausführlich die Position Anlagevermögen auf der Aktivseite der Bilanz.

Anschaffungs- und Herstellungskosten

Zu den Anschaffungskosten zählen auch die Anschaffungsnebenkosten, z. B. Frachtkosten oder Zölle.

Selbst erstellte fertige und unfertige Erzeugnisse werden mit den Herstellungskosten bewertet und müssen entsprechend kalkuliert werden. Hier lehnt man sich in der Praxis häufig an das Schema der Zuschlagskalkulation aus der Kostenrechnung an.

Zuschlagskalkulation der Kostenrechnung	
Materialeinzelkosten	20
+ Materialgemeinkosten	5
= Materialkosten	25
Fertigungseinzelkosten	40
+ Fertigungsgemeinkosten	45
+ Sondereinzelkosten der Fertigung	10
= Fertigungskosten	95
= Herstellkosten	**120**
+ Verwaltungsgemeinkosten	15
+ Vertriebsgemeinkosten	10
+ Sondereinzelkosten des Vertriebs	5
= Selbstkosten	**150**
+ Gewinnaufschlag	15
= Verkaufspreis	**165**

Nun darf aber diese Kalkulation nicht in dieser Form für die Ermittlung der Herstellungskosten übernommen werden. § 255 Handelsgesetzbuch und Abschnitt 33 der Einkommenssteuerrichtlinien regeln die Wertansätze für das Handels- und Steuerrecht:

	Wertobergrenze	Wertuntergrenze
Handelsrecht	Fertigungsmaterial + Materialgemeinkosten Fertigungslöhne + Fertigungsgemein-kosten + Sondereinzelkosten der Fertigung + Verwaltungsgemein-kosten	Fertigungsmaterial Fertigungslöhne + Sondereinzelkosten der Fertigung
Steuerrecht	Fertigungsmaterial + Materialgemeinkosten Fertigungslöhne + Fertigungsgemein-kosten + Sondereinzelkosten der Fertigung + Verwaltungsgemein-kosten	Fertigungsmaterial + Materialgemeinkosten Fertigungslöhne + Fertigungsgemein-kosten + Sondereinzelkosten der Fertigung

Der Ansatz von Vertriebskosten und Fremdkapitalzinsen ist nicht möglich. Gleiches gilt für Forschungs- und Entwicklungskosten.

So ergeben sich nach Handelsrecht an unserem Beispiel zwei mögliche Bewertungsansätze:

	1. Alternative	2. Alternative
Materialeinzelkosten	20	20
+ Materialgemeinkosten	5	---
= Materialkosten	**25**	**20**
Fertigungseinzelkosten	40	40
+ Fertigungsgemeinkosten	45	---
+ Sondereinzelkosten der Fertigung	10	10
= Fertigungskosten	**95**	**50**
= Herstellkosten lt. Kostenrechnung	**120**	**70**
+ Verwaltungsgemeinkosten	15	---
+ Vertriebsgemeinkosten	Ansatz nicht möglich	
+ Sondereinzelkosten des Vertriebs	Ansatz nicht möglich	
= Herstellungskosten für die Bewertung	**135**	**70**
+ Gewinnaufschlag	Ansatz nicht möglich	
= Verkaufspreis	Ansatz nicht möglich	

Abbildung 19: Ermittlung von Herstellungskosten

Nicht nur in unserem Beispiel, auch in der Praxis gibt es bei der Bewertung erhebliche mögliche Wertdifferenzen. Durch das Wahlrecht ist wieder eine Möglichkeit gegeben, sich ein wenig reicher oder ärmer zu rechnen.

Stille Reserven: Verborgene Schönheiten

Den stillen Reserven muss man einfach ein Kapitel widmen, auch wenn sie oben ab und zu bereits einmal erwähnt wurden.
Innerhalb des Bilanzrechts gibt es schon so einige Widersprüche. Zum einen soll eine Bilanz „die Wahrheit" wiedergeben, sprich ein realistisches Bild des Vermögens wiedergeben, auf der anderen Seite ist dies schlicht durch gewisse einschränkende Bewertungsgrundsätze verboten. Bestes Beispiel ist immer das Innenstadtgrundstück, das 1950 gekauft wurde und immer noch mit den Anschaffungskosten in der Bilanz stehen *muss*, obwohl es mittlerweile mindestens um das Zwanzigfache des Wertes gestiegen ist.
Was sind stille Reserven? Dies sind Posten in der Bilanz, die mehr wert sind als ausgewiesen. In der Bilanz im ersten Ansatz unsichtbar, „still". Sie erscheinen nicht. Ein unsichtbares Finanzpolster. Und doch wird mit ihnen argumentiert. Z. B. wenn ein Unternehmen einen Kredit haben möchte, die Bilanzdaten aber nicht gerade gut ausschauen. Die Bank fragt nach Sicherheiten, findet aber auf der Aktivseite nur wenig. Jetzt kommt die große Zeit der stillen Reserven. Jetzt wird argumentiert, wie viele versteckte (stille) Werte doch im Verborgenen schlummern. Zum Beispiel unser Innenstadtgrundstück.
Wobei man jetzt drei grundsätzliche Arten von stillen Reserven unterscheiden muss:

- Stille Reserven, die zwar vorhanden sind, aber bei Liquidation den Fortbestand des Unternehmens gefährden würden. Eigentlich ist dies keine Reserve mehr. Denn was nützen z. B. abgeschriebene Maschinen, die zwar noch gewinnbringend zu verkaufen wären, wenn man diese noch zwingend für die Produktion braucht? Im Ernstfall also immer fragen, wie werthaltig die stille Reserve tatsächlich ist.
- Stille Reserven, die ohne Beeinträchtigung des Geschäftes liquidierbar sind; *echte* stille Reserven. Und wieder unser Innenstadtgrundstück, was unbenutzt ist und sofort verkaufbar wäre.

- **Stille Reserven, die zwar zurzeit bestehen, aber deren langfristiger Bestand fraglich ist. So bilden z. B. im Kurs gestiegene Aktien eine wunderbare stille Reserve, aber ob diese morgen früh eine Stunde nach Börseneröffnung überhaupt noch vorhanden ist, kann fraglich sein. Also muss immer die Solidität der Reserve eingeschätzt werden.**

Wie werden stille Reserven gebildet, wo bestehen Spielräume? Nachfolgend einige Beispiele:

- Durch den Ansatz von Anschaffungskosten
  Anschaffungskosten bilden grundsätzlich die Obergrenze alles Anlagevermögens. Steigende Werte werden nicht berücksichtigt. So kann man vor allem in Grundstücken und Gebäuden stille Reserven vermuten. Auch Beteiligungen, die vor langer Zeit vielleicht billig erworben wurden, können recht werthaltig sein und jedes Jahr eine anständige Gewinnbeteiligung abwerfen.
- Durch den Grundsatz der Vorsicht
  Das Realisationsprinzip verbietet unrealisierte Gewinne, fordert also auch z. B. den Ansatz lediglich der Herstellungskosten für gut verkäufliche Lagerware. Der Gegensatz, das Imparitätsprinzip, fordert dagegen die sofortige Abwertung bei Wertverlusten, ohne dass später, wenn der Wert u. U. gestiegen ist, wieder aufgewertet werden muss. Konkretisiert wird der Grundsatz der Vorsicht auch durch das Niederstwertprinzip: Im Zweifel kommt der niedrigere Wert zum Ansatz. Forderungen werden wertberichtigt, wenn man der Zahlungsfähigkeit des Schuldners nicht mehr traut. Wenn sich dieser aber doch nicht als so schwach erweist, ist eine stille Reserve entstanden (die dann bei Zahlung allerdings schon wieder weg ist).
- Durch Sammelbewertungsverfahren
  Z. B. durch das Lifo-Verfahren (Last in – first out). Wenn die teureren Vorräte das Lager (zumindest rechnerisch) verlassen, bleibt ein geringerer Lagerwert. Dieser kann aber mehr wert sein, da die Preise gestiegen sind.
- Durch Abschreibungsmethoden
  Wird schnell abgeschrieben (z. B. durch die degressive Abschreibung), können Anlagegüter mehr wert sein, als in der Bilanz steht.

- Durch immaterielles Vermögen
  So kann man z. B. immaterielles Anlagevermögen wahlweise aktivieren und dann abschreiben. Eine Reserve kann entstehen, wenn entweder nicht aktiviert wurde oder immaterielle Werte abgeschrieben wurden. Ein Firmenwert eines gekauften Unternehmens kann z. B. ungleich höher sein als die übernommenen Vermögensgegenstände (z. B. Maschinen). Allerdings ist hier immer zu fragen, ob im Notfall auch wirklich diese Reserve zu Geld zu machen ist. Findet sich immer ein Käufer? Und auch noch für ein ganzes Unternehmen? Und zahlt er auch die immateriellen Werte. Und warum wollen wir das Unternehmen überhaupt verkaufen, wenn es so werthaltig ist?
  Ferner gibt es gewisse Reserven von Lizenzen, Exklusivrechten oder Patenten. Noch nicht genutzte Patente können z. B. eine stille Reserve sein. Fraglich ist allerdings immer, wie derartige Reserven bewertet werden.

Wie werden nun stille Reserven aufgespürt? Ist man intimer Kenner des Unternehmens, fällt dies relativ leicht, kennt man doch zumindest die ausgenutzten Bewertungsspielräume (die allerdings auch für Externe häufig transparent sind, müssen sie doch im Anhang zumindest teilweise erläutert werden).
Als Bilanzleser geht man am besten systematisch durch die Bilanz und stellt dem ausgewiesenen Wertansatz die möglichen Tages- oder Verkehrswerte gegenüber. Die Differenz sind die stillen Reserven. Diese Aufstellung muss allerdings noch durch die Frage erweitert werden, wie sicher diese Reserve ist. Ist sie überhaupt zu realisieren oder ist sie letztlich Augenwischerei (siehe Abb. 20)?
Ein derartiges Schema ist beliebig erweiterbar und muss je nach Unternehmen individuell gestaltet werden. Natürlich ist es im Detail regelmäßig schwierig, und unter Umständen auch aufwendig, stille Reserven zu ermitteln. Aber auch wenn man zunächst mit dem „großen Daumen" herangeht, ist es interessant, auf welche Größenordnung man kommt. Spätestens jetzt sieht man, ob es sich lohnt, hier einmal etwas in die Tiefe zu gehen. Frage: Was ist das Unternehmen tatsächlich wert?!

	Ansatz lt. Bilanz	Realistischer Wertansatz	Stille Reserven	
			absolut	in %
Anlagevermögen:				
Immaterielle Anlagegüter	100	110	10	10 %
Sachanlagen	900	900	0	0 %
Finanzanlagen	200	410	210	105 %
Summe Anlagevermögen	**1.200**	**1.420**	**220**	**18 %**
Umlaufvermögen:				
Roh-, Hilfs- und Betriebsstoffe	150	150	0	0 %
Unfertige und fertige Erzeugnisse	120	175	55	46 %
Forderungen	220	225	5	2 %
Sonstige Vermögensgegenstände	80	80	0	0 %
Wertpapiere	25	30	5	20 %
Summe Umlaufvermögen	**595**	**660**	**65**	**11 %**
Summe gesamt	**1.795**	**2.080**	**285**	**16 %**

Abbildung 20: Ermittlungsschema für stille Reserven

Publizität und Prüfung: Einmal muss man sich offenbaren

Jeder Bilanzleser steht letztlich vor einem großen Problem, das er aber nicht beeinflussen kann: Alles ist Schnee von gestern. Jede Bilanz, die man in den Händen hält, ist in der Regel einige Monate alt. Und dies in dieser schnelllebigen Zeit, in der zwischen Erfolg und Misserfolg eines Unternehmens manchmal nur wenige Wochen liegen. Aber immerhin gibt es überhaupt die Möglichkeit, Einsicht in Jahresabschlüsse zu nehmen. Denn die Jahresabschlüsse von Unternehmen bestimmter Rechtsformen und Größenordungen

müssen beim Handelsregister eingereicht werden. Das Handelsregister ist öffentlich, und so hat man immer die Möglichkeit der Einsichtnahme. Die Frage, wie umfangreich veröffentlicht werden muss, ist kompliziert in vielen Paragraphen geregelt und abhängig von der Frage, ob es sich um z. B. eine kleine, mittelgroße oder große Kapitalgesellschaft handelt. Und die Definition hierüber ändert sich alle paar Jahre. Die Publizitätsvorschriften sind also verwirrend.
Um einmal die Größenordungen (Stand: Frühjahr 2007) zu veranschaulichen (nach § 267 HGB):

	Kleine Kapital-gesellschaften	Mittelgroße Kapital-gesellschaften	Große Kapital-gesellschaften
Bilanzsumme EUR	< 4,015 Mio.	> 4,015 < 16,060 Mio.	> 16,060 Mio.
Umsatzerlöse EUR	< 8,030 Mio.	> 8,030 < 32,120 Mio.	> 32,120 Mio.
Beschäftigte	< 50	> 50 < 250	> 250

Es gelten obige Kriterien, von denen jeweils zwei in zwei aufeinanderfolgenden Geschäftsjahren erfüllt sein müssen.

Abbildung 21: Größenklassen von Kapitalgesellschaften

Die meisten, zumindest die größeren Unternehmen, müssen sich von einem Wirtschaftsprüfer prüfen lassen (siehe § 316 HGB). Sie sind unabhängige und vereidigte Sachverständige in Sachen Jahresabschluss. Was diese Prüfung betrifft, unterliegen viele einer Täuschung. Sie meinen, dass ein vom Wirtschaftsprüfer geprüftes Unternehmen auch wirtschaftlich in Ordnung ist, dass also die Wirtschaftsprüfung z. B. bescheinigt, dass es sich hier um ein gesundes Unternehmen handelt. Dies ist ein großer Irrtum. Die Wirtschaftsprüfung prüft lediglich die Übereinstimmung des Jahresabschlusses mit den gesetzlichen Vorschriften. Ist z. B. richtig bewertet worden, sind z. B. erkannte Risiken durch Rückstellungen erfasst worden usw. Es wird all das geprüft, was wir oben in den einzelnen Bilanzpositionen erwähnt haben. Die Übereinstimmung mit den gesetzlichen Vorschriften wird durch ein Testat bescheinigt. Hier wird dem Unternehmen vom Wirtschaftsprüfer bescheinigt, dass der Jahresabschluss mit den gesetzlichen Bestimmungen übereinstimmt. Wird dieses Testat nicht erteilt, ist etwas faul! Das Unternehmen hat den Jahresabschluss teilweise falsch aufgestellt. Das kommt aber sehr selten vor.

Falls jetzt jemand sagen sollte: „Bei uns hat ein Wirtschaftsprüfer aber auch andere Untersuchungen gemacht", dann kann dies durchaus richtig sein. Wirtschaftsprüfer können auch für andere Aufgaben, z. B. betriebswirtschaftliche Beratungsaufträge, engagiert werden. Das ist aber dann ein anderes Thema.

Übrigens ist die Prüfung des Jahresabschlusses eine ernste Angelegenheit. Versäumnisse oder Fehler des Wirtschaftsprüfers können strafrechtliche Folgen für den Prüfer haben. Schließlich sind Prüfer vereidigt.

Bilanzarten: Für jeden Zweck eine andere Bilanz?

Möglicherweise verwundert es zunächst, dass es mehrere Bilanzen geben soll. Es gibt gesetzliche Vorschriften, und an die hat man sich zu halten. Es kann doch nur eine Wahrheit geben. Die Wirklichkeit ist ein bisschen komplizierter. Was ist möglich?

- **Externe und interne Bilanzen**

  Externe Bilanzen sind der mittlerweile bekannte Jahresabschluss, aber auch die im Folgenden außerordentlichen Bilanzen und auch insbesondere die Steuerbilanz. Darüber hinaus gibt es in vielen Unternehmen noch interne Bilanzen. Diese stehen den externen Bilanzlesern leider nicht zur Verfügung. Hier handelt es sich um Bilanzen, die außerhalb des normalen Jahresabschlusses aufgestellt werden. Viele erstellen auch unterjährig für interne Kontroll- und Steuerungszwecke Bilanzen. Man argumentiert, dass man öfters Informationen braucht als einmal im Jahr. Häufig findet man interne Quartalsbilanzen. Manche Unternehmen, insbesondere die größeren, erstellen sogar Monatsbilanzen. Mittels moderner EDV-Technik ist dies kein größeres Problem mehr. Diese Bilanzen werden analog der Bewertungskriterien des Jahresabschlusses erstellt. Dies muss aber nicht sein. Es gibt auch die Möglichkeit, intern mit anderen Bewertungskriterien zu arbeiten und zum Beispiel intern die erkannten stillen Reserven auszuweisen.

- **Ordentliche und außerordentliche Bilanzen**
  Die ordentliche Bilanz ist die am Jahresende. Es gibt aber auch Sonderbilanzen, die für bestimmte Zwecke oder zu außerordentlichen Anlässen aufgestellt werden. Wir gehen hier nicht ins Detail. Hier nur eine Aufzählung möglich außerordentlicher Bilanzen:

- Gründungsbilanz
- Umwandlungsbilanz
- Auseinandersetzungsbilanz
- Fusionsbilanz
- Sanierungsbilanz
- Liquidationsbilanz
- Vergleichsbilanz
- Insolvenzbilanz

- **Einzel- und Konzernbilanz**
  Jedes Unternehmen muss zunächst eine Einzelbilanz aufstellen. Konzerne sind ein Verbund zwar rechtlich selbstständiger Unternehmen, die aber wirtschaftlich in einem Über- oder Unterordnungsverhältnis stehen. Durch die wirtschaftliche Verflechtung der Unternehmen fordert der Gesetzgeber eine gemeinsame Bilanz dieses Konzernverbundes. Dabei werden alle Vermögensgegenstände und Schulden zusammengeführt, die Verflechtungen untereinander dabei aber besonders berücksichtigt.
- **Handels- und Steuerbilanz**
  Sicherlich die beiden wichtigsten Bilanzarten. Die Handelsbilanz wird nach den Grundsätzen des Handelsgesetzbuches erstellt, das für alle Kaufleute gilt. In den Geschäftsberichten der Unternehmen finden wir nur die Handelsbilanzen.
  Steuerbilanzen richten sich nach den Vorschriften des Steuerrechts. Sie dienen dem Finanzamt als Grundlage der Besteuerung und haben teilweise abweichende Vorschriften zu den Handelsbilanzen, was insbesondere Bewertungsfragen betrifft. Im Steuerrecht achtet der Staat eben darauf, dass der Gewinn nicht zu sehr gedrückt wird, und so sind die Vorschriften etwas strenger. Das bedeutet, dass z. B. Aktivierungswahlrechte im Handelsrecht zu Aktivierungsverboten im Steuerrecht werden.

Abweichende Regelungen gibt es auch bei Sonderabschreibungen. Rückstellungen für unterlassene Reparaturen können z. B. nach Handelsrecht gebildet werden, nicht aber nach Steuerrecht.
Es gibt aber einen engen Zusammenhang zwischen Handels- und Steuerbilanz. So ist die Handelsbilanz maßgeblich für die Steuerbilanz, das sogenannte Maßgeblichkeitsprinzip. Danach müssen handelsrechtliche Wertansätze in die Steuerbilanz übernommen werden, wenn sie im Rahmen der steuerlichen Bewertungsvorschriften liegen (§ 5 Absatz 1 Einkommenssteuergesetz). Daraus ergibt sich im Grunde aber auch eine umgekehrte Maßgeblichkeit: Will man in der Steuerbilanz Wahlrechte nutzen, müssen diese bereits in der Handelsbilanz ausgeübt worden sein.

- Kennt man sich jetzt in der Bilanz aus und kennt die Zusammenhänge und Inhalte, ist der nächste Schritt die Bilanzpolitik oder die Bilanzanalyse.
- Bei der Bilanzpolitik geht es um die Gestaltung der Bilanz nach verschiedenen Zielsetzungen:
- Information der interessierten Adressaten
- Reduzierung der Steuerbelastung
- Steuerung der Gewinnausschüttung an die Anteilseigner

Bilanzanalyse, d. h. Bilanzen lesen, bedeutet, sich ein Bild vom Unternehmen zu machen. Und dazu muss man auch wissen, welche Gestaltungsmöglichkeiten es gibt, eine Bilanz zu beeinflussen, auf was man im Zweifel achten muss und *wie man hinters Licht geführt werden kann*. Dies war teilweise schon Thema dieses Kapitels, im nächsten wird dies aber noch konkretisiert.

3. Hitliste der beliebtesten Gestaltungsposten

Traue nie einer Bilanz, die du nicht selber aufgestellt hast

Schon immer hat es die Fantasie von Geschäftsführern, Finanzvorständen und Buchhaltern angeregt, wie man die vom Gesetz zur Verfügung gestellten Instrumente im Sinne einer positiven (oder auch manchmal negativen) Gestaltung von Bilanzen anwenden kann. Und man ist dabei immer noch gewaltig kreativ. Es geht also darum, die Bilanz im Hinblick auf bilanzpolitische Zielsetzungen zu gestalten. Sehr häufig geht es um die Verschönerung der Bilanz, um „Bilanzlifting".

Bilanzlifting: Mehr Schein als Sein?

Die Versuche, sich ein bisschen reicher zu rechnen oder solider darzustellen, kann man grob wie folgt einteilen:

- **Ergebnisverbessernde Maßnahmen durch Bewertung**
  Hier werden Spielräume genutzt, die der Gesetzgeber im Rahmen der Bewertung zulässt. Es geht darum, einen Aufwand entweder ganz zu verhindern oder zumindest zu reduzieren. Je geringer der Aufwand, umso besser das Ergebnis. Umgekehrt: Unternimmt man diese Möglichkeit nicht, stellt man sich schlechter dar als möglich.
- **Sachverhaltsgestaltung**
  Hier werden nicht nur die Bewertungsspielräume ausgenutzt, sondern es werden bewusst Maßnahmen getroffen, den Ausweis von Positionen zu beeinflussen. Ziel ist es meist, durch Einfluss auf die Bilanzstruktur das Ergebnis besser darzustellen, obwohl die Maßnahmen gar nicht so dramatisch sind. Das Weglassen dieser Maßnahmen hat wieder den umgekehrten Effekt. Man stellt sich schlechter dar als möglich.

Im Folgenden werden natürlich nur legale Möglichkeiten gezeigt, obwohl natürlich manche Möglichkeit die Grenze zum Erlaubten schon mal zart streift.
Und zum Trost für alle, die meinen, dass in dieser Welt an nichts mehr zu glauben ist: Auch Bilanzgestaltungen haben ihre Grenzen, und ein marodes Unternehmen wird sich auch durch die trickreichsten Gestaltungen nicht mehr retten lassen. Und – das ist das Wichtigste: Wenn man eben diese Tricks kennt, sind sie fast wirkungslos, und diese zu erkennen, ist ja auch ein Ziel dieses Buches.

Gestaltung durch Bewertung: Spielräume nutzen!

In den obigen Kapiteln wurde gezeigt, was der Inhalt der Bilanzpositionen ist und wie die Bewertung zu erfolgen hat bzw. erfolgen kann, soll, darf ...
Auf diesem Klavier können wir jetzt spielen. Die Darstellungen folgen der Bilanzgliederung.

Wie man Forschungs- und Entwicklungskosten eben doch aktivieren kann

Die Aktivierung von Forschungs- und Entwicklungskosten ist verboten, da diese ein selbst erstelltes immaterielles Wirtschaftsgut darstellen (Achtung, anders nach internationaler Rechnungslegung). Aktiviert (Aktivierung = Einstellung als Aktivposten in die Bilanz) werden dürfen nur gekaufte immaterielle Güter. Durch den Nichtaktivierung gehen die Kosten von Forschung und Entwicklung sofort in den Aufwand, eine Aktivierung hätte bis zur endgültigen Abschreibungen einen ergebnisverbessernden Ausweis zur Folge.
Was tun? Eine Möglichkeit der Aktivierung von Forschung und Entwicklung: Der Versuch, die Kosten für Forschung und Entwicklung nach § 269 Handelsgesetzbuch (Aufwendungen für die Ingangsetzung und Erweiterung des Geschäftsbetriebes) als Erweiterung des Geschäftsbetriebes zu erfassen. Dies wird nicht immer gelingen, und der externe Betrachter wird dieser Position skeptisch gegenüberstehen. Ziel der Aktivierung ist es, nach außen zu dokumentieren, dass hier intern Werte geschaffen wurden, die längerfris-

tig dem Unternehmen dienen, ja dass man überhaupt aktiv auf diesem Gebiet ist. Und dieses Ziel wird damit erreicht.
Ein kleiner Vorgriff auf eine Sachverhaltsgestaltung, aber es gehört zu diesem Thema: Man kauft einfach seine selbst erstellten Forschungs- und Entwicklungsaktivitäten, z. B. Konstruktionsaufwendungen! Wie? Entweder man gründet eine Gesellschaft und verlagert dorthin die Forschungsaktivitäten. Und dann kann man das Know-how dieses Unternehmen kaufen und aktivieren. Gleiches gilt für Software. Natürlich darf selbst erstellte Software nicht aktiviert werden. Wohl aber zugekaufte Software. Man lässt also in einem neu, aber selbst gegründeten Unternehmen, z. B. einer Software GmbH, programmieren oder verlagert Programmieraufwand in eine Tochterfirma. Und dann kauft man komplette Softwareprogramme. Und die dürfen aktiviert werden.
Ferner ist eine Aktivierung von Forschung und Entwicklung möglich, wenn sie ganz konkret an einem definierten Kundenauftrag stattfindet. Dies sind dann sogenannte Sondereinzelkosten der Fertigung, die aktiviert werden dürfen.

Umwandlung von Erhaltungsaufwand in nachträglicher Herstellungsaufwand

Reparaturen laufen sofort in die Kosten. Ist die Reparatur aber tatsächlich lediglich eine Reparatur oder ist sie nicht doch werterhöhend? Insbesondere im Gebäudebereich kann die Grenze zwischen *Aus*besserung und *Ver*besserung fließend sein. Auch die Reparatur einer größeren Maschine kann mit einer Wirkungsverbesserung kombiniert sein. Dies alles ist dann nachträglicher Herstellungsaufwand und der darf aktiviert werden.

Konsequent genutzte aktivierte Eigenleistungen

Selbst erstellte Anlagen müssen aktiviert werden. Dies kann z. B. der Fall sein, wenn die Instandhaltungsabteilung eine voll funktionsfähige Maschine gebaut hat, die dem Unternehmen länger und wie eine zugekaufte dient. Manche Unternehmen haben spezielle Abteilungen für solche Zwecke, vor allem wenn es um Spezialmaschinen geht, die es auf dem Markt gar nicht zu kaufen gibt.
Häufig gibt es aber Grauzonen. Muss die selbst erstellte Leistung aktiviert werden? Ist es lediglich eine Reparatur oder nachträglicher Herstellungsaufwand? Was ist mit Werkzeugen oder Formen, die einem schnellen Ver-

schleiß unterliegen? Ist dies nicht eher Verbrauchsmaterial? Häufig möchte das Unternehmen gar nicht aktivieren, denn ohne Aktivierung wandern die Kosten sofort in den Aufwand, und der Gewinnausweis der Periode bleibt geringer. Will aber das Unternehmen durch Aktivierung den Gewinn verbessern, wird „auf Teufel komm raus“ aktiviert. Oder wie war es früher in Berlin? Ein Geschäftsführer beschrieb es so: „Wir haben aktiviert, dass die Heide wackelt“. Warum? Auf alle Investitionen gab es ein Investitionszulage von 25 %. Steuerfrei. Und aktivierte Eigenleistungen sind Investitionen. So hat man versucht, übertrieben ausgedrückt, selbst aus dem eingeschlagenen Nagel in die Wand eine Aktivierung zu machen. Ich war damals für die Aktivierung in einem Unternehmen zuständig und kann dies nur bestätigen. Man muss sagen, dass es trotz Prüfung der Finanzbehörden auf Kosten der Steuerzahler seinerzeit sehr viele – um es einmal vorsichtig auszudrücken – zweifelhafte Aktivierungsfälle gab.
Wenn man nun durch aktivierte Eigenleistungen den Gewinnausweis verbessern will, werden zunächst alle Möglichkeiten zur Aktivierung geprüft. Selbst ein im Lager selbst gebautes Holzregal darf aktiviert werden. Notwendig ist allerdings eine plausible Erfassung der Leistung. Dies ist mindestens zum einen das verbrauchte Material, zum anderen die Arbeitsleistung, die mit einem Stundensatz bewertet wird. Idealerweise hat man jetzt eine ausgebaute Kostenrechnung. Die Verbräuche werden jetzt möglichst lückenlos gesammelt. Dazu gehören z. B. auch Hilfsmaterialien, die von der Kostenrechnung über Zuschlagssätze eingerechnet werden. Eine wunderbare Möglichkeit, schnell und ohne viel Aufwand den Aktivierungswert zu erhöhen. Ferner gehören zur Aktivierung alle Stunden (Stundenaufschreibung der Mitarbeiter!), Kosten für Maschinenstunden, Energieverbrauch usw. Wenn man ein wenig sucht, wird man einiges an Kosten finden, was eingerechnet werden kann. Und auch die Wahlrechte können dann ausgenutzt werden, so z. B. Kosten der allgemeinen Verwaltung. Auch hier liefert eine Kostenrechnung auf einfache Weise einen Verwaltungsgemeinkostenzuschlag, der aktiviert werden kann. Ferner dürfen Kosten für soziale Einrichtungen des Betriebes angesetzt werden, freiwillige soziale Leistungen usw. Am besten, man bildet für derartige Zwecke Stundensätze, die dies alles schon beinhalten.

Wir hatten damals in Berlin sogar einen Stundensatz für den Hausmeister und haben systematisch geprüft, ob der gute Mann nicht doch „irgendwie" langfristig nutzbares Anlagevermögen schafft. Er tat es!
Wer einmal auf diesem Terrain aktiv war, weiß, wie Fördermittel bzw. Subventionen genutzt werden, ohne dass die wirtschaftspolitische Zielsetzung (nämlich z. B. Schaffung von Arbeitsplätzen) letztlich erreicht wird.

Verlängerung der Nutzungsdauer von Anlagen

Je länger die Nutzungsdauer, umso geringer die Abschreibungen pro Jahr. Man weist also länger Werte aus, ein Gewinn bleibt so länger erhalten.
So kann argumentiert werden, dass eine Nutzungsdauer bei Einsatz der Maschine zu kurz angesetzt war, in der Realität hat sich eine längere Nutzungsdauer ergeben. Oder eine Anlage wurde nicht so intensiv wie erwartet genutzt und wurde darüber hinaus vielleicht sogar verbessert oder erweitert. Im Zweifel ist es auch möglich, dass eine Anlage vorübergehend stillgelegt war und somit kaum verschliss. Auf jeden Fall muss eine Verlängerung der Nutzungsdauer begründet werden, was aber nicht sonderlich schwer ist.

Wechseln der Abschreibungsmethode

Die degressive Abschreibungsmethode schreibt schneller ab, das Vermögen verringert sich schneller. Dies hat in den ersten Jahren einen niedrigen Gewinnausweis zur Folge, was ja steuerlich mit der Wahl dieser Methode auch erwünscht ist. Nun ist es zulässig, auf die lineare Methode zu wechseln (ein Hin- und Herspringen ist nicht willkürlich von Jahr zu Jahr möglich). Dieser Wechsel hat nun den Effekt, dass langsamer abgeschrieben wird, das Ergebnis bleibt tendenziell höher.
So wirksam diese Methode gerade bei hohen Investitionen sein kann; sie hat einen außerordentlich schlechten Ruf. Und das mit Recht. Denn wer freiwillig auf steuersenkende Maßnahmen verzichtet, dem muss es sehr schlecht gehen und der braucht wohl Maßnahmen, um die Optik zu verbessern. Koste es, was es wolle! Abschreibungswechsel ist eine sehr umstrittene Maßnahme.

Ausnutzungen von Zuschreibungen

Sind gemäß Niederstwertprinzip außerplanmäßige Abschreibungen im Anlagevermögen vorgenommen worden, können diese wieder zugeschrieben werden. Höchstgrenze dafür sind die Anschaffungs- und Herstellungskosten vermindert um die Abschreibungen. Im Einzelfall können durch Zuschreibungen erhebliche Werte wieder geschaffen werden, wenn z. B. seinerzeit hochwertige und vielleicht sogar relativ neuwertige Anlagen sonderabgeschrieben wurden.

Übrigens erkennt man an dieser Vorgehensweise immer recht eindeutig das Ziel der Bilanzpolitik. Wird kräftig wieder zugeschrieben, soll bewusst der Gewinn erhöht werden. Frage dann immer: Warum braucht das Unternehmen diesen Gewinnausweis? Stimmt ansonsten was nicht?

Anmerkung: Bei Fragen, wie werthaltig das Anlagevermögen ist, speziell Maschinen, ist technischer Sachverstand gefragt. Und so erlebt man in der Praxis immer wieder Versuche, Wirtschafts- oder Steuerprüfer „hinters Licht zu führen“. Man argumentiert, dass eine Maschine entweder nichts mehr wert ist oder umgekehrt, dass eine Zuschreibung wegen Werterhöhung notwendig ist. Und in der Tat ist es für technische Laien manchmal schwierig, dies beurteilen zu können. Stellen Sie sich vor, Sie müssen als Kaufmann beurteilen, ob ein bestimmter Farbeffekt mit einer Maschine aufgerollt wird, ob dieser Effekt farbgespritzt oder gar mit einer sogenannten Tamponprintmaschine gestempelt wird. Sämtliche Maschinen gibt es im Unternehmen und mit allen Maschinen ist grundsätzlich der gleiche Effekt möglich. Und jetzt geht es an die Beurteilung, welche Anlage eventuell sonderabgeschrieben werden oder wieder aufgewertet werden soll. Selbst im Unternehmen gibt es vielleicht nur ein oder zwei Mitarbeiter, die letztlich eine derartige technische Beurteilung machen können.

Des Weiteren kann es hier um Absatzbeurteilungen gehen. Jetzt argumentiert der Vertriebschef, dass ein Produkt wieder gängig wird und somit in Folge der Produktionsleiter eine abgewertete Anlage wieder anwerfen will. Kann ein Prüfer, der nie in Marketing und Vertrieb tätig war und vielleicht die Branche nicht kennt, nun beurteilen, ob die Argumentation stimmt?

Im Zweifel kann ein Unternehmen auch den Wirtschaftsprüfer wechseln. Während der alte Prüfer mit dem Unternehmen vertraut war, kann man vielleicht dem neuen Prüfer „noch das Blaue vom Himmel erzählen“.

Auf der anderen Seite machen sich viele Unternehmen Illusionen über das Know-How von Prüfern. In der Regel sind dies erfahrene Leute, die nicht nur ein Unternehmen kennen und vielen Tricks bereits einmal begegnet sind. Und im Zweifel kann der Prüfer durchsetzen, dass er ausführlich – und dies im Notfall auf Kosten des Unternehmens – informiert wird.

Bewertungsverfahren, die den Materialaufwand niedrig halten
Sind z. B. die Vorräte in der Vergangenheit mit dem Lifo-Verfahren (Last in – first out) bewertet worden, sind die tendenziell teureren Vorräte in den Verbrauch gegangen. Der Posten Vorräte ist also eher niedrig bewertet. Es besteht vielleicht eine stille Reserve, da die tatsächlichen Vorräte werthaltiger sind. Wird die Bewertung jetzt auf Einzelbewertung umgestellt, z. B. auf die tatsächlichen historischen Anschaffungskosten, steigen tendenziell die Vorräte, der Bilanzausweis dieser Position steigt, es entsteht ein höherer Gewinn.

Vermeidung von Abschreibungen auf Vorräte

Nach dem strengen Niederstwertprinzip müssen Vorräte abgewertet werden, wenn deren Wert gesunken ist, z. B. wenn die Verkaufspreise unter den Anschaffungskosten liegen. Diese Abschreibungen schmälern die Gewinne. Derartige Abschreibungen führen regelmäßig zu Diskussionen mit den Wirtschaftsprüfer über die Tatsache, ob überhaupt abgeschrieben werden soll und wenn ja, wie hoch. Um übermäßige Abschreibungen zu verhindern, kann argumentiert werden, dass die zugrunde gelegten Absatzpreise nicht repräsentativ sind. So kann die Basis für die Abschreibungen nicht richtig sein, da der zuletzt erzielte Verkaufspreis nicht mit einer zukünftigen und repräsentativen Kundengruppe erzielt wurde. Wenn lediglich kleine Mengen verkauft wurden, so müssen auch diese Mengen nicht repräsentativ sein. Hier kann also verhandelt werden.

Zuschreibungen auf das Umlaufvermögen

Abschreibungen auf das Umlaufvermögen tun oft besonders weh, weil sie zum einen wegen des strengen Niederstwertprinzipes nicht mit einem Wahlrecht behaftet sind und in der Praxis nicht zuletzt deswegen oft vorkommen. Zum anderen finden sie häufig in erheblicher Höhe statt, da große Lagerposten vom Wirtschaftsprüfer als ungängig eingestuft werden. Umso dringlicher ist manchmal der Wunsch nach Zuschreibung. So werden diese Möglichkeiten – so man den Gewinn verbessern will – intensiv geprüft, und jede Abschreibung aus der Vergangenheit wird im Detail nochmals unter die Lupe genommen. Ergebnis kann dann sein, dass sich z. B. die Marktverhältnisse für z. B. fertige Erzeugnisse verbessert haben und ein alter Wertansatz, z. B. die Herstellungskosten, wieder zum Ansatz kommen. Oder eine übervorsichtige Abwertung wird revidiert, da sie als nicht mehr ganz so dramatisch eingeschätzt wird. Eine Abstimmung und damit Diskussion mit der Wirtschaftsprüfung wird hier regelmäßig stattfinden. Ein sensibles Thema!

Reduzierung von Gängigkeitsabschlägen

Häufig werden Gängigkeitsabschläge automatisch gemacht. Hat sich z. B. eine Ware über eine bestimmte Zeit wenig oder nicht gedreht, werden z. B. 10 % Abschreibungen vorgenommen, da vermutet wird, dass der Wert gesunken ist. Diese Abschläge sind teilweise schon EDV-Routinen bzw. wurden seit Jahren nicht hinterfragt. Also können die Gängigkeitsabschläge mal wieder überprüft werden, und diese Prüfung kann zu einer Reduzierung führen. Argumente:
Die zurzeit aktuellen Gängigkeitsabschläge wurden während einer anderen konjunkturellen Lage festgelegt. Hat sich die Lage gebessert, ist vielleicht die Grundlage für die damalige pessimistische Beurteilung weggefallen. Möglich ist auch, dass das Unternehmen mit Abschlägen arbeitet, die mittlerweile durch die Erfahrung überholt sind, oder aus der Branche lassen sich vielleicht niedrigere Sätze ableiten. Möglich ist auch, zu argumentieren, dass die Abschläge in der Vergangenheit sich als zu hoch erwiesen hatten und schon allein deswegen korrigiert werden müssen.
Es gibt also eine Fülle von Argumentationen.

Ansatz von Herstellungskosten

Unfertige und fertige Erzeugnisse müssen mit den Herstellungskosten angesetzt werden. Je höher dieser Ansatz, umso höher der Gewinnausweis. Also wird man, wenn man gewinnmaximierend agiert, alle möglichen Wahlrechte in Anspruch nehmen und in die Herstellungskosten auch sämtliche mögliche Gemeinkosten und einen anteiligen Verwaltungsaufwand miteinbeziehen. Dies kann in der Praxis erheblich sein (vergleiche hierzu ausführlich die Beschreibung im Kapitel Bewertungsfragen).

Vermeidung von Abwertungen auf Forderungen

Forderungen müssen wertberichtigt werden, wenn sie entweder ganz oder teilweise ausfallen. Diese Wertberichtigungen können als Einzelwertberichtigung (auf eine ganz bestimmte Forderung) oder auch pauschal (aufgrund von Erfahrungssätzen) auf alle Forderungen vorgenommen werden.
Je niedriger diese Wertberichtigung ausfällt, umso höher der Gewinnausweis. Es können also Argumente gesucht werden, damit diese Abwertung so niedrig wie möglich ausfällt (falls man in die umgekehrte Richtung gehen will, muss man halt Argumente für die andere Richtung suchen).
So kann argumentiert werden, dass in der Vergangenheit die Ausfälle zu hoch angesetzt waren und nunmehr vor dem Hintergrund neuer Erfahrungen der Satz gesenkt werden muss (dies ist allerdings auch nachzuweisen). Ferner kann sich die Struktur der Forderungen z. B. durch eine andere Kundenstruktur geändert haben, und diese neue Struktur ist nicht mehr so risikobehaftet. Ferner kann sich in der letzten Zeit das Debitorenmanagement z. B. durch Einstellung eines Mitarbeiters für diesen Problemkreis verbessert haben, sprich, die Forderungen werden jetzt besser eingetrieben (dies wäre allerdings wieder eine Sachverhaltsgestaltung).

Zuschreibungen auf Forderungen
Hier wird überprüft, ob der Grund für die Wertberichtigung der Forderung noch aktuell ist. Hat vielleicht der Schuldner Sicherheiten zur Verfügung gestellt? Hat sich seine Bonität anerkanntermaßen gebessert, z. B. weil insgesamt bekannt wurde, dass andere Gläubiger befriedigt wurden? Auch eine Teilzahlung rechtfertigt eine Zuschreibung, da wegen der Teilzahlung erwartet werden kann, dass der Rest ebenfalls beglichen wird.

Umgliederung von Wertpapieren

Nach dem Niederstwertprinzip müssen Wertminderungen gezeigt werden, z. B. bei Wertpapieren. Hier kann zum Bilanzstichtag der Kurs unter den Einstandskurs gefallen sein. Nach dem gemilderten Niederstwertprinzip, das für das Anlagevermögen gilt, müssen Wertminderungen, wenn sie lediglich vorübergehend sind, nicht berücksichtigt werden. Dies ist nur beim strengen Niederstwertprinzip verbindlich, das aber nur beim Umlaufvermögen gilt.
Das heißt: Vorübergehende Wertminderungen bei Wertpapieren müssen nur im Umlaufvermögen abgewertet werden. Wertpapiere des Anlagevermögens dienen auf Dauer dem Geschäftszweck des Unternehmens, Wertpapiere des Umlaufvermögens dienen lediglich vorübergehend dem Geschäftszweck des Unternehmens. Nun kann aber argumentiert werden, dass Wertpapiere, die im Umlaufvermögen liegen, umgewidmet werden sollen, da sich ihr Charakter von kurzfristig auf langfristig geändert hat. Ist jetzt die Wertminderung lediglich vorübergehend, muss nicht abgewertet werden. Frage dabei ist allerdings immer, wann eine Abwertung als nicht vorübergehend eingestuft werden kann. Dies ist der Fall, wenn davon ausgegangen werden kann, dass in den nächsten fünf Jahren wieder mit einiger Sicherheit eine Werterhöhung eintritt. Hier ist allerdings eine schlüssige Begründung notwendig.

Komplettierung der aktiven Rechnungsabgrenzung

Man hat schon Aufwendungen bezahlt, die in die nächste Periode gehören. Der Anteil der nächsten Periode muss abgegrenzt werden und erhöht so den Gewinnausweis.
Hier wird manchmal nicht sehr sorgfältig gearbeitet. Man hat seine Abgrenzungsposten, die man in den letzten Jahren schon immer routinemäßig eingestellt hat, vielleicht die größeren Versicherungen. In der Praxis kann man aber, wenn man sucht, manchmal einiges mehr einstellen, z. B. Provisionen und Zuschüsse, Abgaben, Gebühren usw.

Auflösung der Sonderposten mit Rücklageanteil

Hier hat das Unternehmen von einer zeitweilig steuerbefreienden Wirkung eines Verkaufes von Anlagevermögen Gebrauch gemacht, indem die stille Rücklage des Verkaufes über dem Buchwert auf andere Vermögensgegenstände übertragen werden soll (Details siehe unter dieser Position oben auf der Passivseite der Bilanz). Es besteht allerdings keine Verpflichtung, diese gespeicherten Gewinne tatsächlich zu übertragen, und so darf diese Rücklage wieder aufgelöst werden. Freilich ist sie dann zu versteuern. Falls doch irgendwann eine Übertragung einer stillen Rücklage geplant war, ist dies eine Maßnahme, die besonders weh tut, da sie teuer ist. So wird ein Unternehmen nur im Notfall davon Gebrauch machen. Etwas anderes ist es, wenn sich die Planungen derart geändert haben, dass diese Reserve sowieso keinem anderen neuen Anlagegut zugeführt werden sollte.

Kann eine Rückstellung unterbleiben?

Rückstellungen mindern den Gewinn.
Eine Reihe von Rückstellungen *müssen* gebildet werden. Da gibt es keine Wahlrechte. Z. B. für Prozessrisiken oder Sozialpläne. Trotzdem ist es manchmal eine Frage der Einschätzung, ob der Schadensfall überhaupt „bei realistischer Betrachtung" eintreten kann. Auch wenn z. B. in der Vergangenheit ab und zu bei Entlassungen Abfindungen gezahlt wurden, bedeutet dies nicht, dass nun regelmäßig für geplante Entlassungen Rückstellungen gebildet werden müssen.
In diesem Sinne geht man systematisch durch die Rückstellungen und prüft deren Notwendigkeit.

Kann eine Rückstellung niedriger bewertet werden?

Wenn es nun schon mal zwingend notwendig ist, eine Rückstellung anzusetzen, kann vielleicht der Ansatz gedrückt werden. Rückstellungen sind „nach vernünftiger kaufmännischer Beurteilung" anzusetzen. Das eröffnet Bewertungsspielräume. Eine Rückstellung muss realistisch sein, muss aber nicht zwingend pessimistisch interpretiert werden. So kann vielleicht aufgrund von Erfahrungswerten eine Standardrückstellung niedriger ausfallen, z. B. eine Rückstellung für Garantieverpflichtungen. In vielen Unternehmen sind dies Rückstellungen, die teilweise seit Jahren routinemäßig eingestellt werden. Geht es nicht auch ein bisschen niedriger? So kann argumentiert werden, dass die pauschale Garantierückstellung gesenkt werden kann, da sich das Know-how und die Erfahrung verbessert haben. Möglicherweise hat auch ein Produktwechsel stattgefunden, der weniger garantieanfällig ist, die Garantierückstellung aber immer noch auf der alten Produktpalette beruht. Ist bei der Bewertung der Rückstellung auch an mögliche Rückgriffsansprüche gedacht worden, wenn der Schaden eintritt? Hier kann dann nämlich saldiert werden. Beispiel: Besteht für einen möglichen Schaden eine Versicherung, dann fällt die Rückstellung nur in der Höhe aus, die nicht durch die Versicherung gedeckt ist.

Weglassen von freiwillig zu bildenden Rückstellungen

Da Rückstellungen den Gewinn mindern, wird man die freiwillig zu bildenden weglassen, wenn der Gewinnausweis hoch ausfallen soll. So z. B. die Rückstellungen für unterlassene Instandhaltungen.

Prüfung von Rückstellungen aus Vorperioden

Rückstellungen müssen aufgelöst werden, wenn der Grund dafür weggefallen ist. Wenn man noch Gewinne „braucht“, wird man vielleicht auch noch einmal kritisch durch alte, aber noch vorhandene Rückstellungen gehen, ob sie tatsächlich noch aktuell sind und diese „nach vernünftiger kaufmännischer Beurteilung“ eben neu beurteilen.

Pensionsrückstellungen

In der Praxis wird an dieser Schraube meist gedreht, um den Aufwand für Pensionsrückstellungen zu erhöhen. Die Pensionsverpflichtungen müssen auf den Barwert abgezinst werden. Steuerlich sind Prozentwerte vorgeschrieben, handelsrechtlich ist man hier flexibler. Es gilt, je niedriger der Abzinsungsprozentsatz, umso höher die Zuführung zur Pensionsrückstellung. Weitere Details hierzu siehe Bilanzposition Pensionsrückstellungen.

Sachverhaltsgestaltungen: Ein bisschen was geht immer

Hier wird jetzt aktiver gehandelt als bei der Ausnutzung der Bewertungsspielräume. Allerdings muss man mit den folgenden Dingen etwas vorsichtiger umgehen. Vieles passiert nicht nur „auf dem Papier" wie die Gestaltungen oben. Und vieles kann, einmal getan, nicht mehr rückgängig gemacht werden und verursacht unter Umständen auch noch zusätzliche Kosten.

An dieser Stelle ist eine Bemerkung zur bilanziellen Sachverhaltsgestaltung notwendig: Die beste Sachverhaltsgestaltung ist natürlich nicht die, die durch irgendwelche, noch dazu manchmal teure „Tricks" im Rahmen des Jahresabschlusses gemacht wird. Die beste ist die, die durch das normale Geschäft, durch Management- und Mitarbeiterleistung passiert. Letztlich ist es ein trauriges Zeichen, wenn zum Jahresabschluss hektisch Sachverhaltsgestaltung gemacht werden muss. Wenn Sachverhaltsgestaltung, dann vielleicht eine, die Gewinne reduziert und so die Steuerlast senkt. Aber eine, die „koste es, was es wolle", letztlich künstliche Gewinne produzieren soll, ist ein schlechtes Zeichen und letztlich ein bisschen ein Armutszeugnis für das Management. Wenn sich die Kreativität des Managements in verschönernden Sachverhaltsgestaltungen zeigt, dann sollte es vielleicht die kritischen Fragen sich selber stellen. Trotzdem kann es natürlich manchmal notwendig werden, auch am Jahresende aktiv zu werden, z. B. auch im Rahmen eines Krisenmanagements. Man rettet erst einmal an Optik, was noch zu retten ist, und im nächsten Jahr versucht man dann, die Situation tatsächlich zu verbessern (und nicht nur die Optik). In diesem Zusammenhang darf natürlich nicht die eher optische Sachverhaltsgestaltung zu Lasten der echten Sanierung gehen. So kann man natürlich einmal eine Investition verschieben, aber wenn dafür im nächsten Jahr aufgrund der Verschiebung Probleme auftauchen, hat man wegen kurzfristiger Schönheit strategische Versäumnisse begangen. Und natürlich ist auch alles eine Frage des Rufes. Nach dem Motto „wer einmal lügt, dem glaubt man nicht und wenn er selbst die Wahrheit spricht" darf man es nicht übertreiben. Wenn so offensichtlich gestaltet und geschönt wird, dann wird man dem Unternehmen seine Zahlen nicht mehr abnehmen, auch wenn es angefangen hat, auf derartige Möglichkeiten nicht mehr zurückzugreifen. Sachverhaltsgestaltung ist eben doch ein Unterschied zur Gestaltung durch Bewertung. Diese wird schnell verziehen. Auch nach dem Motto – um es einmal locker auszudrücken: „Die wären ja blöd, wenn sie diesen Gestaltungsspielraum nicht ausnutzen würden". Obwohl sich diese Bemerkung eher auf Gewinnreduzierung bezieht, die die Steuerlast senken soll. Natürlich wird auch jeder Bilanzleser bei der Ausnutzung von Bewertungsspielräumen Richtung Gewinnerhöhung etwas nervös. Es ist eben alles immer sensibel, was sich in diesem Bereich abspielt.

Ausgliederung von Forschungs- und Entwicklungsaktivitäten in gesonderte Gesellschaften

Dies ist oben bereits einmal kurz erwähnt. Da man selbst erstellte immaterielle Leistungen nicht aktivieren kann (und dies sind Forschungs- und Entwicklungsaktivitäten), gibt es die Möglichkeit, diese in neu gegründete oder Tochtergesellschaften zu verlagern. Dort passieren die Leistungen und diese werden dann vom Unternehmen als zugekaufte immaterielle Güter aktiviert. Nur muss das Unternehmen aufpassen, dass ihm nicht eine „verschleiernde Sachgründung" nachgewiesen wird. Also besser die Aktivitäten auf ein Tochterunternehmen übertragen.
Ein weiterer Vorteil. Man kann das vorhandene Know-how an das neue oder Tochterunternehmen verkaufen.
Kurzer Exkurs im Rahmen dieses Themas: Man darf nun Unternehmen, die eben das oben Genannte getan haben, nicht pauschal unterstellen, sie wollten nur das Ergebnis verschönern. Die Ausgliederung dieser Aktivitäten kann auch handfeste betriebswirtschaftliche Gründe haben, die im Rahmen der Unternehmensführung zu sehen sind. Man will einfach diese Aktivitäten besser steuern und mehr unternehmerische Verantwortung in diesen Bereich geben. Man macht aus dem Bereich ein Profit-Center, ja nicht nur das, man geht sogar weiter und verselbstständigt es rechtlich. Somit wird es dann eine Geschäftsführung geben, die für den Erfolg und somit letztlich für die Profitabilität der Forschung und Entwicklung zuständig ist. Häufig dürfen sich derartige Unternehmen auf dem Markt frei bewegen und ihre Leistungen auch anderweitig vertreiben. Das bedeutet allerdings auch, dass bei einer derartigen Selbstständigkeit das Mutterunternehmen auch nicht mehr zwingend sein Know-how dort einkaufen muss. Auch das Mutterunternehmen schaut sich auf dem Markt um. Mit derartigen Strukturen hat man teilweise gute Erfahrungen gemacht.
Also Vorsicht vor der zu schnellen Unterstellung, die Ausgliederung von Forschung und Entwicklung ist nur ein Trick, um die Bilanz zu schönen.

Realisierung stiller Reserven: Jetzt geht es ans Tafelsilber

Zur Erinnerung: Stille Reserven entstehen zwangsläufig durch die Vorschrift, dass man Anlagen maximal mit den Anschaffung- oder Herstellungskosten bewerten darf. Zur weiteren Erinnerung: Unser Innenstadtgrundstück, in den 50er-Jahren gekauft, steht weiterhin mit dem Anschaffungspreis in der Bilanz, obwohl es mittlerweile das Zwanzigfache wert ist. Die Auflösung, sprich Verkauf, derartiger Vermögensgegenstände bringt natürlich Ergebnis! Nun wird man das Tafelsilber aber nicht wegen der Bilanzoptik verkaufen, sondern aus Liquiditätsgründen. Man braucht Geld (übrigens hat z. B. das Haus von Thurn und Taxis in Regensburg Ende der 1990er-Jahre tatsächlich im wahrsten Sinne des Wortes ihr Tafelsilber verkauft).

Aber nun heißt es vorsichtig sein. Einerseits kann die Realisierung stiller Reserven eine Notlage signalisieren. Auf der anderen Seite kann es aber auch betriebswirtschaftlich klug sein, sich von derartigen ungenutzten Vermögensgegenständen zu trennen, um damit die Zukunft des Unternehmens zu gestalten. Was nützt das brachliegende Grundstück, wenn man woanders unternehmerische Chancen sieht. Freilich kann man derartige Chancen auch fremdfinanzieren, z. B. durch einen Bankkredit, aber dies ist teuer.

Ein anderes Argument: Möglicherweise wurde erkannt, dass gerade jetzt der beste Zeitpunkt ist, stille Reserven zu realisieren. Zum Beispiel weil die Immobilienpreise gerade hoch sind oder sich schlicht jemand für das Grundstück interessiert und bereit ist, einen Spitzenpreis dafür zu bezahlen.

Also bei der Beurteilung auch einmal an den Grundsatz denken: im Zweifel für den Angeklagten.

Sale and lease back

Hier geht es darum, dass ein Unternehmen Anlagegüter, häufig ganze Gebäude an eine Leasinggesellschaft verkauft und sofort wieder mietet. Dies wird man nun wirklich nicht wegen einer einmaligen verbesserten Optik in der Bilanz machen. Vielmehr ist dies ein Finanzierungsinstrument für Unternehmen, obgleich im Jahr der Veräußerung sich die Veräußerungsgewinne positiv in der Bilanzoptik auswirken.

Erhöhter Gewinn aus dem Verkauf von Anlagengegenständen

Eine Methode, die mit Vorsicht zu genießen und nicht mit sogenannten Scheingeschäften zu gestalten ist. Achtung!

Aber: Man kann bei der Inzahlungnahme von altem Anlagevermögen, bei gleichzeitigem Kauf von neuem, Vereinbarungen treffen, insbesondere bei Kraftfahrzeugen oder EDV-Anlagen. Die Altanlage wird „ein bisschen“

teurer verkauft. Damit steigert sich der Buchgewinn, das Unternehmen stellt sich ein bisschen besser dar. Dafür kauft man beim selben Händler die neue Anlage auch „ein bisschen“ teurer. Nun kann man sagen: Na und, das gleicht sich ja aus. Aber es ist zu bedenken, dass der Gewinn aus dem Verkauf sich gleich im Jahr der Veräußerung voll niederschlägt, der etwas überhöhte Kauf aber über die Laufzeit der Anlage abgeschrieben wird, sich also verteilt. Wer allerdings derartige Tricks nötig hat ... (und dafür auch noch mehr Steuern zahlt!).

Verschiebung von Investitionen

warum?

Falls ein bestimmtes Ergebnis zum Bilanzstichtag „gebraucht“ wird, kann es ratsam sein, Investitionen, die nicht zwingend noch im alten Geschäftsjahr getätigt werden müssen, ins nächste Jahr zu verschieben. Damit verschiebt man auch die Abschreibung in das nächste Jahr, und die Abschreibung senkt nicht die Kosten und damit den Gewinn. Gleiches gilt für die Fertigstellung selbst erstellter Anlagen. Im Zweifel ruhen die Baumaßnahmen für ein Anlagegut. Derartige Dinge wird man aber wirklich nur tun, wenn „man es wirklich nötig hat“.
In diesem Zusammenhang: Verschieben kann man natürlich alle Kosten, die das Anlagevermögen mit sich bringt, was auch gern getan wird. Also Kosten für Wartungen und Reparaturen.

Verhinderungen von Beteiligungsabschreibungen
Ein ganz sensibles Thema und an der Grenze des Erlaubten. Normalerweise muss eine Beteiligung abgeschrieben werden, wenn sie erkennbar im Wert gesunken ist. Z. B. wenn die Gewinnerwartung des Beteiligungsunternehmens sinkt. Wobei im Anlagevermögen nur die dauernde Wertminderung zwingend zur Abschreibung führt, nicht die vorübergehende.
Dieser Wertminderung kann man begegnen, wenn es möglich ist, auf die Geschäftsbeziehungen mit diesen Beteiligungen Einfluss zu nehmen. So können z. B. Waren, die an das beteiligte Unternehmen geliefert werden, mit niedrigeren Verrechnungspreisen fakturiert werden. Der Wareneinsatz des beteiligten Unternehmen sinkt, dessen Gewinn wird größer. Zwar sinkt dann der eigene Gewinn, aber eine Abschreibung wird u. U. vermieden. Ferner können z. B. eigene Aufträge an das beteiligte Unternehmen abgegeben

werden und so deren Gewinne erhöht werden. Auch gibt es die Möglichkeit der unentgeltlichen Nutzungsüberlassung. Oder Leistungen, die früher verrechnet wurden, werden nun ohne Berechnung ausgeführt. Alles, wie gesagt, etwas kritisch.

Vermeiden von Wertberichtigungen auf Forderungen

Kann man Forderungen so versichern, dass selbst der Ausfall nicht zu wesentlichen Nachteilen führt, kann die Abwertung der Forderungen vermieden oder gesenkt werden. Hier bieten sich z. B. Debitorenversicherungen an. Allerdings sind derartige Absicherungen teuer und man erkauft sich einen besseren Bilanzausweis mit teuren Versicherungskosten.
Möglicherweise kann man den Schuldner motivieren, Sicherheiten für seine Forderungen bereitzustellen. Dies kann insbesondere dann klappen, wenn der Schuldner trotz zäher Zahlungsweise weiterhin vom Unternehmen mit Waren beliefert werden will. Ein klein bisschen „Erpressung" ist das.
Ferner bietet sich grundsätzlich das sogenannte Factoring an. Dabei wird die Forderung an einen Factor verkauft. Man bekommt den Gegenwert der Forderung, natürlich gegen eine Factoringgebühr. Aber die Forderungen sind dann sicher und müssen nicht wertberichtigt werden. Das Forderungsausfallrisiko trägt dann der Factor.

Verkauf von Wertpapieren

Eine recht einfache Gestaltung. Man hat festgestellt, dass der Kurs von z. B. Aktien gestiegen ist. Man will einen höheren Gewinnausweis. Also werden diese Papiere noch im alten Jahr verkauft. Setzt man weiter auf die Zukunft dieser Papiere, können diese im neuen Jahr ja wieder gekauft werden. Allerdings eine teure Art der Bilanzoptik und wer dies nötig hat ...

Entlastung von Rückstellungen

Rückstellungen müssen nach dem Vorsichtsprinzip gebildet werden. Das heißt, dass sie eher zu hoch als zu niedrig ausfallen. So wird ein Wirtschaftsprüfer immer dazu neigen, im Rahmen seiner Sorgfaltspflicht die Rückstellung eher pessimistisch anzusetzen. Letztlich macht man immer wieder die

Erfahrung, dass Rückstellungen (schon aus steuerlichen Gründen) zu hoch ausfallen, was man spätestens bei der Auflösung dieser Rückstellungen merkt.
Will man dieser Tendenz zu hoher Rückstellungen begegnen, kann man Tatsachen schaffen. Normalerweise sind bei Rückstellungen zum einen der Zeitpunkt, zum anderen die Höhe ungewiss. Nun kann man sich aber mit dem potenziellen Gläubiger einigen und evtl. verhandeln, so dass bereits beim Bilanzstichtag nicht mehr ein höherer ungewisser Betrag zum Ansatz kommt, sondern ein vielleicht sogar vertraglich fixierter niedrigerer Betrag, der dann eine Verbindlichkeit ist. Somit wird dadurch das Ergebnis besser ausgewiesen. Möglich ist dies z. B. auch bei Verzicht bei Prozessen, dessen Ausgang man schon von vorhinein pessimistisch beurteilt.
Auch können Rückstellung durch z. B. Versicherungen reduziert werden, die im Schadensfall ganz oder teilweise einspringen. Unter Umständen eine teure Variante, aber wenn man dringend ein gutes Ergebnis braucht ...

Dies war nun eine nicht abschließende Auswahl von wichtigen Gestaltungsmöglichkeiten. Es gibt natürlich noch etliche mehr, und wer in die Feinheiten des Steuerrechts „hineinkriecht“, wird wieder einiges entdecken.

Lagebericht

Der Lagebericht ist ein weiteres Darstellungsinstrument. Hier können evtl. schlechte Zahlen relativiert werden. So kann z. B. berichtet werden, dass zwar das abgelaufene Jahr problematisch war, das Unternehmen sich aber in den ersten Monaten des neuen Jahres auf Erfolgskurs befindet. Denn der Lagebericht soll auch darüber berichten, was sich an wesentlichen Dingen nach dem Bilanzstichtag getan hat. Allerdings muss dieser Erfolgskurs auch realistisch sein, denn der Lagebericht wird ebenso wie Bilanz und GuV vom Wirtschaftsprüfer geprüft. Also keine Chance für ausschließlich Schönwetterparolen.
Aber immerhin gibt er die Chance, ein schlechtes Ergebnis zu relativieren. So kann man darauf hinweisen, dass die Konkurrenz auch Probleme hat und es überhaupt der Branche an sich schlecht geht. Ferner kann man über Maßnahmen berichten, die ein Ergebnis im neuen Jahr verbessern sollen.
Ein guter Lagebericht kann mehr bewirken als irgendwelche „windige Bewertungstricks“. Wie sagte ein leitender Bankmitarbeiter: „Besser eine

solide erstellte Bilanz, auch wenn das Ergebnis nicht glänzt und ergänzend dann im Lagebericht eine wirklich solide Kommentierung des Ergebnisses". Wenn dann allerdings neben allen ausgeschöpften Bewertungsspielräumen der Lagebericht nichtssagend ist, dann werden wohl überall die roten Lichter angehen.

Es gibt aber auch Gestaltungsmöglichkeiten, die nicht direkt mit der Bilanz zusammenhängen. So kann man Informationen an Bilanzanalytiker geben, die über die Informationsmöglichkeiten des Jahresabschlusses hinausgehen. Dazu gehören z. B. interne Planungen und Analysen. Allerdings wird man dies nicht der breiten Öffentlichkeit offenbaren und sehr restriktiv damit umgehen. Aber wenn man z. B. einen Kredit braucht, den das Jahresergebnis im ersten Ansatz nicht rechtfertigt, wird man weiter auf dem betriebswirtschaftlichen Klavier spielen. Dazu gehören auch z. B. Maßnahmen, die vertraulich zu behandeln sind, z. B. Sanierungen oder wesentliche Umstrukturierungen. Dazu gehören auch sogenannte unpopuläre Maßnahmen, zumindest unpopulär für die Mitarbeiter, die im Zuge mancher Maßnahmen ihren Arbeitsplatz verlieren.
In diesem Zusammenhang findet man in der Praxis immer wieder folgenden Zusammenhang: Viele Unternehmen, die die letzten Möglichkeiten der Gestaltung händeringend ausnutzen, greifen häufig später zu Sanierungsmaßnahmen. Und dazu gehören sehr oft „Personalmaßnahmen", wie man Entlassungen manchmal schlicht nennt. Und so sollte es die Mitarbeiter schon etwas nervös machen, wenn die Unternehmensleitung alles ausschöpft, sich besser darzustellen. Das soll nun nicht heißen, dass Bilanzgestaltung regelmäßig ein Sturmsignal ist. Es gilt aber immer zu hinterfragen, welches Ziel diese Art der Bilanzpolitik verfolgt.

Ein Bilanzprofessor über die deutsche Rechnungslegung

Karlheinz Küting ist Professor für Betriebswirtschaftslehre an der Universität in Saarbrücken und einer der führenden deutschen Bilanzexperten. Über die deutsche Rechnungslegung gibt er folgendes Urteil ab (zitiert nach der Zeitschrift *Capital*):
„Es gibt noch viele Unternehmen, die Bilanzierung als lästiges Übel betrachten. Sie haben die Notwendigkeit einer offenen, ehrlichen und ausführlichen Infor-

mationsvermittlung, mit der sie um Aktionäre werben können, nicht verstanden. Oft wenden die Finanzchefs Techniken an, deren Legalität von Professoren und Wirtschaftsprüfern bestritten wird. Aufgrund zahlreicher Wahlrechte und Ermessensspielräume können Konzerne aktiv Bilanzmarketing betrieben und ihre wirtschaftliche Lage bestmöglich kaschieren. Solche Praktiken existieren nur, weil der Gesetzgeber versäumte, sie zu verbieten.

Dazu zählen vor allem willkürliche Auflösungen von Rückstellungen, Zuschreibungen zu den Wertansätzen des Anlage- und Umlaufvermögens sowie bilanzpolitisch motivierte Veräußerung von Vermögensgegenständen. All diese Maßnahmen finden ihren Niederschlag im Bilanzposten „Sonstige betriebliche Erträge“ (Anmerkung des Autors: Dies ist eigentlich ein GuV-Posten, aber darauf kommt es bei der Aussage nicht wesentlich an)*. Steigt er stark an, liegt die Schlussfolgerung nahe, dass das Unternehmen rote Zahlen aus dem operativen Geschäft auf diese Weise kompensiert.*

Es fehlen fast immer aussagefähige Prognosen zur künftigen Entwicklung. Meist begnügen sich die deutschen Konzernchefs mit inhaltsleeren Aussagen. Der Hinweis, man erwarte eine zufriedenstellende Ertragslage, scheint derzeit besonders beliebt zu sein.“

Mit dieser Meinung steht Herr Prof. Küting nicht allein. Sehr viele Insider kritisieren das deutsche Bilanzrecht. Aber zunächst muss man damit leben. Die Internationale Rechnungslegung schränkt viele Spielräume stark ein, eröffnet aber wiederum andere (siehe Kapitel 5).

4. Bilanzanalyse

Was wirklich hinter den Zahlen steckt

Für eine effektive Bilanzanalyse gibt es zwei wesentliche Voraussetzungen:

1. **Man muss den Inhalt von Bilanzpositionen kennen**
   Im Zweifel muss man eben wissen, dass z. B. in den Sonderposten mit Rücklageanteil eine stille Reserve aufgelöst wurde.
2. **Man muss Bewertungsregeln und deren Spielräume kennen**
   Immobilien sind eben in der Regel mehr wert als in der Bilanz ausgewiesen.

Und für Detailanalysen muss man auch einige mögliche „Tricks" kennen. All diese Punkte haben wir uns auf den letzten Seiten intensiv angeschaut. Vor der Analyse ist es immer sinnvoll, sich einige *Rahmenbedingungen* des Unternehmens anzuschauen. Dazu gehören

- **Rechtsform der Unternehmung**
  So sagt die Rechtsform eine Menge darüber aus, wer „das Sagen" im Unternehmen hat bzw. wie die Entscheidungsfindung ist. So hat ein Einzelunternehmer die volle Verfügungsgewalt über sein Unternehmen, während bei einer Aktiengesellschaft letztlich die Hauptaktionäre bestimmen, wo es lang geht. Bei einer GmbH muss nicht die Geschäftsführung das Unternehmen *wirklich* leiten, sondern die Gesellschafter können im Hintergrund sein. In der Praxis ist manchmal ein GmbH-Geschäftsführer ein „besserer Sachbearbeiter", der zwar nach außen auftritt, die wahren Managementaufgaben werden aber von ihm nicht wahrgenommen.
- **Kapitalverhältnisse**
  Die Kapitalverhältnisse ergeben einen Überblick über die Gesellschafter. Wem gehört das Unternehmen wirklich? Da kommt es manchmal zu großen Überraschungen. Vor allem in der Krise des Unternehmens sieht man dann, wem das Unternehmen gehört. Denn derjenige steuert dann die wesentlichen Geschicke. Als z. B. eines der führenden Unternehmen

der optischen Industrie Insolvenz beantragte, rieb man sich verwundert die Augen, dass das Unternehmen seit Langem dem bekannten Verleger H. H. Bauer in Hamburg gehörte und das Überleben des Unternehmens nun vom ihm abhing. Das wusste fast niemand! Und in derartigen Fällen kann es natürlich interessant sein, wie es demjenigen wirtschaftlich geht, der „das Sagen“ hat.

- **Verflechtungen**
  Wer sich einmal die Stammbäume großer Unternehmen anschaut, sieht, dass hier jeder mit jedem verflochten ist. da gibt es 100 %-Beteiligungen, kleinere Beteiligungen, gegenseitige Beteiligungen usw. Auch hier wieder interessant, wer im Zweifel die eigentlichen Geschicke des Unternehmens steuert. Es ist nicht immer die bei allen bekannte Geschäftsleitung.
  Dies betrifft auch die Bilanzierungspraxis. Häufig kommen Bilanzierungsvorgaben „von oben“, von der Muttergesellschaft. Hier wird sichergestellt, dass auch im Sinne der „Familie“ bilanziert wird. Derartiges kann für die Bilanzanalyse eines Einzelabschlusses interessant sein. Falls man überhaupt nicht nachvollziehen kann, warum das Unternehmen einen bestimmten Ansatz gewählt hat, kann es sein, dass dieser Ansatz im Rahmen der Konzernrichtlinien vom Einzelunternehmen gewählt werden musste.
- **Größe des Unternehmens**
  Dies spielt insbesondere bei der betriebswirtschaftlichen Betrachtung eine Rolle. So wird es verwundern, wenn ein größeres Unternehmen keine nennenswerte Forschung und Entwicklung betreibt.
- **Produktionsprogramm**
  Ebenfalls interessant für die betriebswirtschaftliche Beurteilung. Wie zukunftsorientiert ist das Programm?
- **Marktdaten wie Marktwachstum, Konkurrenz, allgemeine Brancheninformationen**
  Dies ist besonders interessant, weil der Jahresabschluss sozusagen „die Zeitung von gestern“ ist. Gute Jahresabschlüsse der Vergangenheit müssen relativiert werden, wenn z. B. starke Konkurrenz aufgetaucht ist oder alles nur ein kurzfristiger Boom war. Bestes Beispiel ist der Technologieboom der ausgehenden 90er-Jahre bzw. der Beginn des neuen Jahrtausends. Im Bereich des sogenannten neuen Marktes, insbesondere im Internetbereich, gab es hoffnungsvolle Neugründungen mit Wachstumsraten, die schwindeln ließen. Innerhalb von – man muss

schon sagen – Wochen entwickelte sich starke Konkurrenz und hoffnungsvolle Unternehmen verschwanden in der Versenkung. Und dann kam innerhalb von Monaten der Einbruch, und wer redet heute noch vom „neuen Markt“

Vorbereitung der Analyse: Sichten, Sortieren, Jonglieren

Eine Bilanzanalyse kann über folgende Schritte erfolgen:

- Zunächst sollte man in den Lagebericht schauen, um sich ein erstes Bild vom Unternehmen zu schaffen. Wie war die Entwicklung, wo gab es Probleme, wie geht es weiter?
- Sinnvoll kann auch ein Blick ganz zu Anfang der Analyse in den Anhang sein. Fragen: Wie wurde grundsätzlich bewertet? Wurden Spielräume nach unten oder nach oben ausgenutzt? Wurden Bewertungen geändert? Gibt es Anmerkungen der Wirtschaftsprüfung?

Als Nächstes müssen bei Bedarf die Zahlen aufbereitet werden. Nicht immer kann man die Bilanzzahlen 1:1 für die Analyse übernehmen. So ist

- zu bereinigen
  Es gibt Bilanzpositionen, die auf unterschiedlichen Seiten der Bilanz stehen, zwischen denen aber ein direkter Zusammenhang besteht. Hier sollte saldiert werden. Beispiele:
- Darlehen an Gesellschafter
  Bei größeren Beträgen sollten Darlehen an Gesellschafter vom haftenden Kapital abgezogen werden. Grund: Der Gesellschafter hat sein Kapital in das Unternehmen gegeben und lässt sich jetzt einen Kredit geben. De facto hat er so weniger Kapital eingezahlt.
- Saldierung der ausstehenden Einlagen mit dem haftenden Kapital
  Wenn nicht ganz sicher ist, dass das Kapital wirklich einbezahlt wird, mindert dies das Kapital. Auf der anderen Seite kann zum Zeitpunkt der Bilanzanalyse die ausstehende Einlage schon längst bezahlt sein.
- Gewinnvorträge und Jahresüberschüsse
  Dies sind ganz unsichere Kandidaten des Eigenkapitals, wenn über diese Positionen noch keine endgültige Verwendungsentscheidung getroffen wurde. Ein Jahresüberschuss ist erst dann echtes Eigenkapital, wenn dieser oder ein Teil davon in die Gewinnrücklage überführt wurde. Hier also aufpassen!

zu kürzen:
Tun Sie sich auf keinen Fall an, mit irgendwelchen Nachkommastellen in die Analyse zu gehen. Es empfiehlt sich, in sogenannten TEUR = 1.000 EUR zu rechnen.
3.644.684,84 EUR = 3.645 TEUR.

- umzugruppieren
  Eine Umgruppierung findet statt, wenn aus einer Bilanzposition ein Betrag herausgenommen wird, um an anderer Stelle sinnvoller gezeigt zu werden. Beispiel: Wird ein Bilanzgewinn ausgewiesen und ist dies die Dividendenzahlung (wie bei der AG), so ist die Dividendenzahlung schon einen Tag nach der Hauptversammlung fällig. Der Bilanzgewinn steht noch unter dem Eigenkapital, ist aber eine kurzfristige Verbindlichkeit und sollte für die Bilanzanalyse auch dort gezeigt werden.
- aufzuspalten
  Es gibt Bilanzpositionen, die gehören nicht eindeutig zu einem Bilanzstrukturelement. Beispiel: Sonderposten mit Rücklageanteil. Dieser Posten beinhaltet Eigen- und Fremdkapital. So wird er in der Praxis zu 50 % dem Eigenkapital und zu 50 % den Rückstellungen zugeordnet. Eine Rückstellung ist dieser Posten deshalb, weil ja die dort gelagerten stillen Reserven später auf andere Anlagegegenstände übertragen werden und die Sonderposten sich dann auflösen.
- zu untergliedern und zusammenzufassen
  Dies kann je nach Bedarf geschehen. Der Anlagespiegel ist so eine Untergliederung, wo das Anlagevermögen nochmals differenziert gezeigt wird.
  Wichtig kann auch die Untergliederung nach Fälligkeiten und Laufzeiten sein. Wann sind die Forderungen fällig, wann die Verbindlichkeiten, wann die Kredite? Was nützen die höchsten Forderungen, wenn diese erst sehr spät beglichen werden, in der Zwischenzeit aber ein hohe Verbindlichkeit fällig ist bzw. ein Kredit zurückgezahlt werden muss?
  Ferner kann nach dem Inhalt der Forderungen oder Verbindlichkeiten im Detail gegliedert werden. Man weiß z. B., dass Verbindlichkeiten an Sozialversicherungsträger sofort eingetrieben werden. Da gibt es kein Pardon. Wenn also z. B. nicht einmal für derartige Verbindlichkeiten Liquidität besteht, dann ist dies ein absolutes Warnsignal.
  Ferner ist es sinnvoll, bei Bedarf einige Posten zusammenzufassen, z. B. die Finanzanlagen. Dies ist insbesondere sinnvoll, wenn in einigen Posten nur kleine Beträge enthalten sind, deren separater Ausweis keinen weiteren Erkenntnisgewinn bringen würde.

Wertmäßige Aufbereitung

Dies ist ein heikles Thema. Wir haben oben, insbesondere bei den stillen Reserven, gesehen, dass eine Bilanzposition bewertungsbedingt nicht den realistischen Wert widerspiegeln muss. Es gibt Abwertungen und unterlassene Zuschreibungen, Freiräume bei der Bewertung von Rückstellungen usw. Ein externer Analytiker wird kaum die Möglichkeit haben, die Werthaltigkeit einzelner Vermögensgegenstände oder Schulden realistisch einzuschätzen. Dies ist bei allen Bilanzanalysen ein großes Problem.

Teilweise kann der Versuch gemacht werden, einzelne Posten realistischer zu bewerten, so z. B. die Immobilien (wenn man sie kennt, was aber auch meist nicht der Fall ist). So unbefriedigend dies auch manchmal ist, die Alternative ist immer der Verzicht auf die Bilanzanalyse. Das kann es aber auch nicht sein.

So wird empfohlen, sich zumindest ein grobes Bild, eine Größenordnung der „Verzerrungen" zu schaffen. Hohes Immobilienvermögen kann z. B. auf hohe stille Reserven hindeuten. Also der Tipp: Schaffen Sie sich ein Bild von der Qualität Ihrer Bilanzanalyse bzw. analysieren Sie, welche Teile der Analyse eher von guter Qualität sind und welche Teile eher fragwürdig sind. Und dann folgt die Frage, ob die fragwürdigen Teile überhaupt so wichtig sind und bei der Beurteilung des Unternehmens überhaupt eine große Rolle spielen. Beispiel: Es kann sein, dass der Bereich Rückstellungen mit einem Fragezeichen versehen wird, man traut dem Ausweis nicht so richtig. Aber wenn diese Position vielleicht nicht von erheblicher Größenordnung ist, kann man dann beruhigter sein? Sinnvoll in diesem Zusammenhang ist es, die einzelnen Positionen in % zur Gesamtsumme auszudrücken. Dann erkennt man vielleicht schon die Wichtigkeit dieser Positionen (aber Vorsicht: Ein niedriger Prozentsatz einer Position zur Bilanzsumme kann ja wiederum Ausdruck einer Bilanzgestaltung sein, die bewusst so gewollt wurde).

Für Ungeduldige: Der Quicktest. Schnelle Analyse mit vier Kennzahlen

Nun kann man freilich eine Bilanzanalyse mit unendlich vielen Kennzahlen betreiben. Wie ist die Auswahl zu treffen? So sind immer wieder Vorschläge bestechend, die versuchen, mit lediglich ein paar Kennzahlen wesentliche Sachverhalte zu beleuchten.

Peter Kralicek aus Österreich hat einen Quicktest vorgestellt, der nur mit vier Kennzahlen arbeitet. Diese Kennzahlen sind:

- Eigenkapitalquote
- Schuldtilgungsdauer
- Gesamtkapitalrentabilität
- Cashflow-Leistungsrate

Diese vier Kennzahlen repräsentieren wichtige Analysebereiche:

- Finanzierung
- Liquidität
- Rentabilität
- Aufwandsstruktur/Erfolg

Diese Kennzahlen hat Peter Kralicek auch deswegen ausgewählt, weil sie das gesamte Informationspotential der Bilanz und der Gewinn- und Verlustrechnung weitestgehend ausschöpfen.

Eigenkapitalquote und Schuldtilgungsdauer zeigen auf, ob das Unternehmen gemessen an der Bilanzsumme bzw. am Cashflow zu viel Fremdkapital hat oder nicht.

Bei der **Gesamtkapitalrentabilität** werden Eigen- und Fremdkapital betrachtet. Die Gesamtkapitalrentabilität beleuchtet die Verzinsung des gesamten Kapitals. Denn nur die Betrachtung des Eigenkapitals bei der Rentabilität kann zu Verzerrungen führen. So kann z. B. eine Eigenkapitalrentabilität sehr hoch sein; ist aber die Eigenkapitalquote sehr niedrig, relativiert sich dies wieder, denn eine niedrigere Eigenkapitalquote ist eben kein positives Zeichen.

In der **Cashflow-Leistungsrate** sind keine Abschreibungen (Details zum Cashflow siehe nächstes Kapitel) enthalten und somit ist diese Kennzahl aussagekräftiger als z. B. die Umsatzrendite, da, wie oben gezeigt, Abschreibungen einen erheblichen Gestaltungsspielraum haben.

Analysebereich		Kennzahl	Formel	Aussage über
Finanzielle Stabilität	Finanzierung	Eigenkapitalquote	$\frac{\text{Eigenkapital}}{\text{Gesamtkapital}} \times 100$	Kapitalkraft
	Liquidität	Schuldtilgungsdauer in Jahren	$\frac{\text{Fremdkapital} - \text{flüssige Mittel}}{\text{Jahres-Cashflow}}$	Verschuldung
Ertragslage	Rentabilität	Gesamtkapitalrentabilität	$\frac{\text{Ergebnis d. gewöhnlichen Geschäftstätigk.} + \text{Fremdkapitalzinsen}}{\text{Gesamtkapital}} \times 100$	Rendite
	Erfolg	Cashflow-Leistungsrate	$\frac{\text{Cashflow}}{\text{Betriebsleistung}} \times 100$	finanzielle Leistungsfähigkeit

Abbildung 22: Übersicht über die Quicktest-Kennzahlen

Für obige Analyse sind folgende Daten notwendig:

Aus der Bilanz
- Eigenkapital
- Fremdkapital
- Gesamtkapital (= Eigen- und Fremdkapital)
- flüssige Mittel

Aus der Gewinn- und Verlustrechnung
- Betriebsleistung
- Fremdkapitalzinsen
- Ergebnis der gewöhnlichen Geschäftsleistung
- Cashflow aus dem Ergebnis

Die Frage ist nun, wie die Ergebnisse zu beurteilen sind. Man kann sich (mit aller Vorsicht!) an die unten stehende Bewertungsskala anlehnen. Allerdings ist die Beurteilung besser branchenbezogen durchzuführen. Idealerweise kennt man sogar Konkurrenzdaten.

Kennzahl	Beurteilungsskala				
	sehr gut (1)	gut (2)	mittel (3)	schlecht (4)	insolvenz-gefährdet (5)
Eigenkapital-quote	> 30 %	> 20 %	> 10 %	< 10 %	negativ
Schuldtilgungs-dauer in Jahren	< 3 Jahre	< 5 Jahre	< 12 Jahre	< 30 Jahre	> 30 Jahre
Zwischennote A: Finanzielle Stabilität	**arithmetischer Notendurchschnitt aus der Eigenkapitalquote und Schuldtilgungsdauer**				
Gesamtkapital-rentabilität	> 15 %	> 12 %	> 8 %	< 8 %	negativ
Cashflow-Leistungsrate	< 10 %	< 8 %	< 5 %	> 5 %	negativ
Zwischennote B: Ertragslage	**arithmetischer Notendurchschnitt aus Gesamtkapital-rentabilität und Cashflow-Leistungsrate**				
Gesamtnote	**arithmetischer Notendurchschnitt aus allen vier Kennzahlen**				

Abbildung 23: Beurteilung der Quicktest-Kennzahlen

Besonders interessant ist jetzt der Vergleich mit der Branche oder mit der Konkurrenz. Im externen Rechnungswesen ist ein Vergleich mit der Konkurrenz immer dann möglich, wenn diese ihre Abschlüsse publiziert. Dies ist z. B. bei Aktiengesellschaft der Fall, aber auch bei großen Unternehmen anderer Rechtsformen.

Beim Vergleich stellt man die typischen „W-Fragen":

- **Warum** sind wir besser oder schlechter als die Konkurrenz oder **warum** liegen wir unter dem Branchendurchschnitt?
- **Was** machen andere anders (besser?)?
- **Wo** liegen unsere Probleme?
- **Was** ist jetzt zu tun?

Und manchmal fragt man auch: **Wer** ist für die Zahlen verantwortlich? Dies fragt man meistens dann, wenn die Zahlen schlecht sind.

Differenzierte Analysen: Der Klassiker Cashflow und andere Kennzahlen

Nach diesem Quicktest geht es jetzt noch differenzierter in die Analyse. Es gibt verschiedene Analysemöglichkeiten. Hier gibt es nicht „eine Wahrheit“ bzw. eine Methode, und im Zweifel kommt es immer darauf an, *was man wie genau* untersuchen will. So ist die im Folgenden gezeigte Struktur naturgemäß eine von vielen möglichen, fasst allerdings die wichtigsten Felder zusammen, die in Literatur und Praxis zur Anwendung kommen.
Im nächsten Kapitel dann ein konkretes Analysebeispiel auf Basis der folgenden Analysefelder.

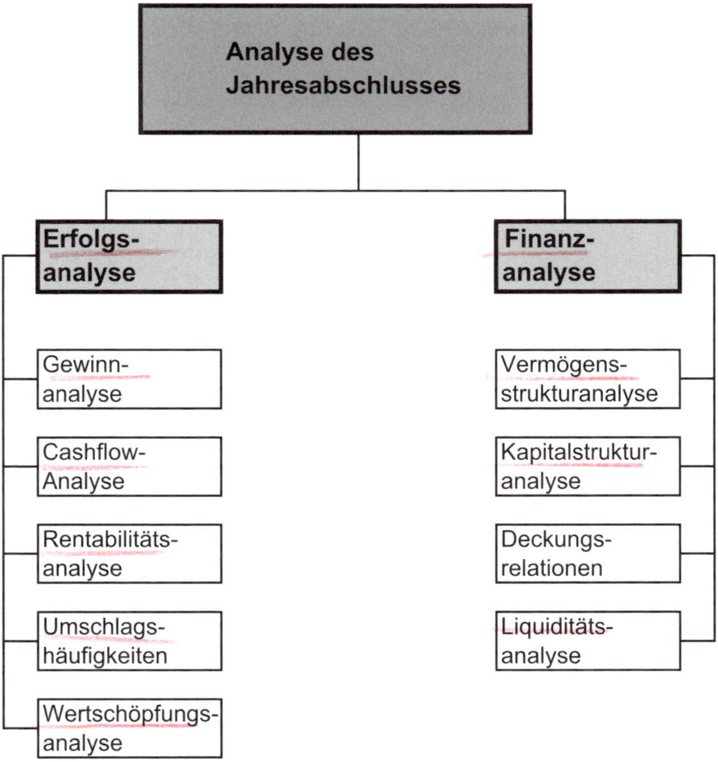

Abbildung 24: Bestandteile der Jahresabschlussanalyse

Letztlich ist es egal, mit welcher Analyse man beginnt. Aber erfahrungsgemäß interessiert als Erstes immer der Gewinn. Also beginnt man häufig mit der Erfolgsanalyse, dies ist dann zunächst GuV-Thema.

Erfolgsanalyse

Bei der Erfolgsanalyse wird die Ertragskraft des Unternehmens analysiert. Hier gibt es manchmal Probleme, da die Gewinn- und Verlustrechnung auch die Bilanzgestaltungen widerspiegelt und (teilweise durch Unkenntnis der vorgenommenen Bewertungsspielräume) durch externe Bilanzleser nur schwer korrigiert werden kann. Als Externer ist man auf den Jahresabschluss angewiesen. Intern passieren hier weitergehende Analysen z. B. durch das Controlling, das sich insbesondere mit der Erfolgsanalyse beschäftigt. Erfolgsanalysen sollten im Zeitablauf vorgenommen werden, mindestens das Vorjahr sollte mit analysiert werden, besser die letzten drei Jahre. Interessant wären auch Plandaten, aber hierüber schweigt der Jahresabschluss.

Gewinnanalyse:
Klar ist, dass der erste Blick auf den Gewinn fällt. Dies ist der Gewinn nach allen Aktivitäten, also auch den außerordentlichen. Intern wird man sich das Betriebsergebnis anschauen, so man eine Trennung in neutrales Ergebnis und Betriebsergebnis vorgenommen hat (siehe hierzu ausführlich die Gewinn- und Verlustrechnung). Im Rahmen der Gewinnanalyse schaut man sich dann die Positionen an, die den wichtigsten Einfluss auf den Gewinn haben:

- **Umsatzentwicklung:** Wesentlich für den Gewinn ist der Umsatz. Dies wird regelmäßig der zweite Blick sein. Der Umsatz setzt sich zusammen aus Absatz mal Preis. Das heißt, eine Veränderung des Umsatzes kann diese beiden Einflussgrößen haben, was betriebswirtschaftlich interessant ist. Dreht man an der Preisschraube, geht dies zu Lasten des Absatzes. Wie empfindlich ist der Absatz gegenüber Preiserhöhungen? Kann man gar durch Preissenkungen so viel den Absatz steigern, dass letztens ein höherer Umsatz generiert wird?
- **Kostenentwicklung:** In Zeiten der allgemeinen Kostenanspannung versuchen die Unternehmen, den Gewinn auch wesentlich durch Kostensenkungen zu erwirtschaften. So ist vor allem eine Veränderung der

Kosten im Zeitablauf interessant. Hierbei können sich z. B. folgende Fragen stellen:

- **Material:** Ist eine Materialkostenveränderung bedingt durch Preissteigerungen oder durch eine veränderte Materialstruktur, z. B. durch Änderung der Produktpalette? Oder sind es gar interne Unwirtschaftlichkeiten, die zu einer Materialkostenerhöhung geführt haben, z. B. erhöhter Ausschuss?
- **Personal:** Wie hat sich der Personalstand entwickelt (siehe Anhang des Jahresabschlusses)? Regelmäßig interessant, in welchen Bereichen Personal eingespart wurde. In den letzten Jahren wurden in dieser Hinsicht insbesondere die Verwaltungsbereiche kritisch durchleuchtet.
- **Abschreibungen:** Abschreibungen sind im Zusammenhang mit Neuinvestitionen zu sehen. Da die Abschreibungen den Werteverlust des Unternehmens „irgendwie" widerspiegeln, sollte dieser Wertverlust in etwa durch die Höhe von Neuinvestitionen wieder kompensiert werden. Interessant wäre auch die Frage (die der Jahresabschluss leider nicht beantwortet), ob mit den Abschreibungen tatsächlich eine Wertschöpfung entstanden ist. Das bedeutet: In den Abschreibungen können sogenannte Leerkosten enthalten sein, denn mit vielen Maschinen muss ja nicht mehr voll produziert werden, die Abschreibung läuft aber trotzdem weiter.
- **Rückstellungen:** Was ist passiert, wenn die Zuführung zu den Rückstellungen steigt? Sind etwa die Garantierückstellungen erhöht worden (schlechtere Qualität der Produkte)?
- **Sonstige betriebliche Aufwendungen:** Ein Sammelsurium von Aufwandsposten. Wenn dieser Posten steigt, liegt dies in der Praxis meist nur an einer oder wenigen Positionen, z. B. vielleicht an steigendem Reparaturaufwand.
- **Zinsaufwand:** Was hat z. B. eine Erhöhung der Zinsen verursacht? Welcher Neukredit? Für was wurde der Kredit gebraucht?
- **Steuern:** Die Steuern an sich sind häufig wenig zu beeinflussen, ergeben sie sich doch rechnerisch aus dem Ergebnis oder aufgrund von Steuergesetzen. Beeinflussbar ist im Vorfeld der Gewinn.

Cashflow-Analyse:

Der Cashflow ist ein Indikator für die Finanzkraft des Unternehmens. Frei übersetzt bedeutet Cashflow = Kassenzufluss. Denn der Gewinn ist ja nicht das, was tatsächlich als „Cash" in die Kasse fließt, denn im Gewinn sind Abschreibungen und Rückstellungen als Negativkomponente enthalten. Bei Abschreibungen und Rückstellungen fließt kein Geld, und obwohl der Gewinn gedrückt wird, ist das Geld noch im Unternehmen (!) und steht so für die Finanzierung zur Verfügung, z. B. von Neuinvestitionen. Oder man kann Schulden tilgen und sich so von teuren Zinsen entlasten. Klar, dass Unternehmen mit einem hohen Cashflow leichter Kredite bekommen, da das Unternehmen ja eine hohe Finanzkraft hat. Und hier ist es dann so wie überall auch: Wer eigentlich keinen Kredit braucht, würde einen bekommen, aber wehe, man braucht einen ... (z. B. bei niedrigem Cashflow).
Der Cashflow wird in seiner Grundstruktur wie folgt berechnet:

Gewinn
\+ Abschreibungen
+/- Zuführung/Auflösung von Rückstellungen
= Cashflow.

In der Praxis findet man eine Reihe von weiteren Posten im Cashflow. Letztlich ist dies aber nur eine Aufschlüsselung des obigen Grundschemas. *Grundsätzlich: Dem Gewinn werden alle Aufwendungen zugeschlagen, die nicht Cash sind, wo also kein Geld geflossen ist.* Dies können sein:

- Einstellungen in die Rücklagen
- Erhöhung des Gewinnvortrages
- Abschreibungen
- Erhöhung von Wertberichtigungen
- Erhöhung Sonderposten mit Rücklageanteil
- Erhöhung der Rückstellungen
- Bestandsminderung an fertigen und unfertigen Erzeugnissen
- periodenfremde und außerordentliche Aufwendungen

Es werden aber auch alle Erträge vom Gewinn abgezogen, bei denen kein Geld geflossen ist:

- Entnahme aus Rücklagen
- Minderung des Gewinnvortrages
- Zuschreibungen
- Auflösung von Wertberichtigungen
- Minderung der Sonderposten mit Rücklageanteil
- Auflösung von Rückstellungen
- Bestandserhöhungen an fertigen und unfertigen Erzeugnissen
- aktivierte Eigenleistungen
- periodenfremde und außerordentliche Erträge

Es bleibt aber eine Faustformel, die insbesondere in den USA vorherrscht (weil es dort längst nicht in dem Maße z. B. Rückstellungen, aber auch andere Posten gibt) **Cashflow = Gewinn + Abschreibungen**.
Der Cashflow kann direkt oder indirekt ermittelt werden.

- Direkt ermittelt wird er, wenn lediglich die „Cash-Positionen" aus der Erfolgsrechnung übernommen werden.
- Die indirekte Ermittlung geht vom Gewinn aus und korrigiert diesen um Positionen, die nicht „Cash" sind.

Direkte Ermittlung			
Umsatz	3.280.000		3.280.000
Aktivierte Eigenleistungen	68.000	Übernahme	---
Bestandserhöhungen	70.000	nur der	---
Bestandsminderungen	-35.000	Cash-Positionen	---
Sonstige betriebliche Erträge	24.000		24.000
Auflösung Rückstellungen	45.000		---
Summe Erträge	**3.452.000**		**3.304.000**
Materialaufwand	470.000		470.000
Personalaufwand	1.780.000		1.780.000
Abschreibungen	240.000		---
Zinsen	35.000		35.000
Sonstiger betrieblicher Aufwand	655.000		655.000
Erhöhung Rückstellungen	75.000		---
Summe Aufwendungen	**3.255.000**		**2.940.000**
Gewinn	**197.000**	**Cashflow**	**364.000**

Indirekte Ermittlung	
Gewinn	**197.000**
	-68.000
	-70.000
	35.000
vom	-45.000
Gewinn	
zum	
Cashflow	
	240.000
	75.000
Cashflow	**364.000**

Abbildung 25: Beispiel Ermittlung Cashflow

Rentabilitätsanalyse

Jeder erwartet, dass sich das eingesetzte Kapital verzinst. Das beginnt mit dem Sparbuch, und die Kapitalgeber eines Unternehmens erwarten ebenfalls, dass sich das eingesetzte Kapital gut verzinst. Verzinst es sich schlecht, wäre es vielleicht woanders besser angelegt gewesen.

Insbesondere in große Unternehmen ist die Rentabilität ein wichtiges Unternehmensziel. So wird z. B. angestrebt, dass sich das Eigenkapital mit 12 % verzinst. Basis ist immer der Gewinn, und hier stellt sich die Frage nach Aussagekraft der Rentabilität immer dann, wenn kräftig am Gewinn „manipuliert" wurde. Idealerweise werden diese Gewinngestaltungen herausgerechnet, was für den externen Betrachter aber nur schwer möglich ist.

Interessant kann es auch für Unternehmen sein, sich (bei aller Vorsicht) zu verschulden. Dann kann mit Fremdkapital eine Rendite über den Fremdkapitalzinsen erwirtschaftet werden, dann lohnen sich Schulden. Beispiel: Ein Kredit kostet 10 % Zinsen, die Kreditsumme wird erfolgreich investiert und bringt vielleicht 15 % Rendite. Man erwirtschaft durch „Schulden machen" Gewinne. Dies nennt man auch Hebelwirkung oder Leverage-Effekt.

Im Folgenden die wichtigsten Rentabilitätskennzahlen:

Eigenkapitalrentabilität

Die Eigenkapitalrentabilität sollte immer über dem marktüblichen Zins für langfristige Kapitalanlagen liegen, denn sonst hätte man sein Geld alternativ gleich woanders und evtl. sicherer anlegen können.

Die Eigenkapitalrentabilität errechnet sich

$$\frac{\text{Gewinn}}{\text{Eigenkapital}} \times 100$$

Gesamtkapitalrentabilität

Diese Rentabilität ist aussagekräftiger als die Eigenkapitalrentabilität, da sie die Verzinsung des gesamten Kapitals beleuchtet.

$$\frac{\text{Gewinn und Fremdkapitalzinsen}}{\text{Gesamtkapital (Eigen- u. Fremdkapital)}} \times 100$$

Fremdkapitalzinsen werden deswegen hinzugerechnet, da man die Effekte aus der Finanzierung im z. B. Unternehmensvergleich eliminieren will. Auch könnte ein Erwerber eines Unternehmens Kredite ablösen und nun würde sich der Gewinn um die Fremdkapitalzinsen erhöhen: Potenziell kann also ein Gewinn plus die Fremdkapitalzinsen aus dem Unternehmen „geschöpft" werden.

Gewinn und Fremdkapitalzinsen bezeichnet man auch als Kapitalgewinn. Die Gesamtkapitalrentabilität wird aber auch ohne Berücksichtigung von Fremdkapitalzinsen dargestellt. Argument: Auch Zinsen sind „Kosten wie alle anderen", und man möchte die Rentabilität nicht durch einen Ansatz von Zinsen verzerrt dargestellt sehen.

Umsatzrentabilität

Dies ist die Verzinsung des Umsatzes oder anders ausgedrückt: Wie viel Gewinn wirft der Umsatz ab? Denn es wäre ja Unsinn, „Umsatz um jeden Preis" erzielen zu wollen, soll heißen, Umsatz wird mit hohen Kosten erkauft, die dann letztlich den Gewinn schmälern. So gibt die Kennzahl Auskunft über den Erfolg der betrieblichen Tätigkeit beim Verkauf der Produkte auf dem Markt und ist somit einer der wichtigsten Kennzahlen. Das Raffinierte an dieser Kennzahl ist, dass durch die Einbeziehung des Gewinns die Kosten indirekt berücksichtigt sind und die Veränderung dieser Kennzahl auch kostenbedingt sein kann. So bietet die Analyse dieser Kennzahl de facto den Einstieg in eine umfassende Analyse des gesamten Unternehmens.

$$\frac{\text{Gewinn und Fremdkapitalzinsen}}{\text{Umsatz}} \times 100$$

Manchmal findet man diese Kennzahl ohne Berücksichtigung der Fremdkapitalzinsen. Als Grund für den Ansatz der Zinsen wird angeführt, dass ja der Umsatz auch mithilfe des Fremdkapitals erzielt wurde.

Hier streiten sich die Experten, man kann auch ohne Einbeziehung der Fremdkapitalzinsen gut mit dieser Zahl arbeiten.

Return on Investment (ROI)

Der ROI kommt zum selben Ergebnis wie die Gesamtkapitalrentabilität (allerdings abhängig davon, ob die Kennzahl Gesamtkapitalrentabilität Fremdkapitalzinsen beinhaltet oder nicht). Der erhöhte Aussagewert dieser

Kennzahl bildet sich dadurch, dass sie sich aus mehreren Komponenten zusammensetzt, die für sich ebenfalls interessant sind:

Umsatzrentabilität

$$\frac{\text{Gewinn}}{\text{Umsatz}} \times 100$$

und

Kapitalumschlag

$$\frac{\text{Umsatz}}{\text{Gesamtkapital}} \times 100$$

Der Kapitalumschlag zeigt, wie intensiv das eingesetzte Kapital im Unternehmen genutzt wird. Wie produktiv das Kapital ist. Die Umschlagshäufigkeit beschreibt, wie viel Umsatz mit dem Kapital erzielt wird. Eine Umschlagshäufigkeit von 2 bedeutet dann z. B., dass mit 1 EUR Kapital 2 EUR an Umsatz erzielt wurden. Eine interessante Kennzahl! Das bedeutet auch, je höher der Kapitalumschlag, desto geringer der Kapitalbedarf. Denn das Kapital wird öfter umgeschlagen.

Die Rendite des gesamten Kapitaleinsatzes wird also (auch) durch die Umsatzrendite und die Umschlagshäufigkeit beschrieben:

ROI = Umsatzrentabilität x Kapitalumschlagshäufigkeit.

Häufig werden die einzelnen Komponenten noch weiter untergliedert. Hier ein Beispiel:

Beispiel ROI im Detail

Man sieht also, an welchen Hebeln und Schrauben man drehen kann oder muss, um den ROI zu beeinflussen. Mit derartigen Instrumenten kann das Management hervorragend arbeiten, aber auch der Bilanzleser erkennt Schwachstellen.

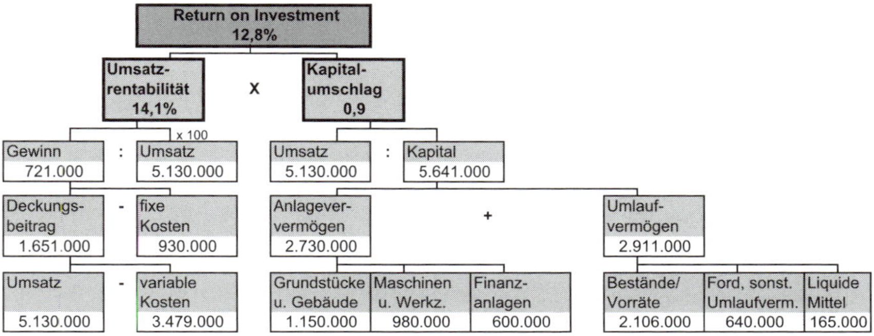

Abbildung 26: Beispiel Ermittlung Return on Investment

Umschlagshäufigkeiten

Hier werden ausgewählte Bereiche untersucht. Es sind im Grunde Qualitätskennzahlen, die beleuchten, wie gut oder schlecht ein bestimmter Bereich gemanagt wird.

Kapitalumschlagshäufigkeit
Hier wird analysiert, nach wie viel Tagen sich das Kapital einmal umgeschlagen hat, wie produktiv das eingesetzte Kapital im Unternehmen arbeitet. Je kürzer sich das Kapital umschlägt, desto geringer ist der Kapitalbedarf und je besser ist die Kennzahl. Schlägt sich z. B. ein Kapital in 180 Tagen um, ist dies besser als nach z. B. 300 Tagen. Das Geld kommt „schneller wieder rein".

Kapitalumschlagshäufigkeit in Tagen:	360 : Umschlagshäufigkeit
Kapitalumschlagshäufigkeit:	Umsatz : Gesamtkapital

Zur Kapitalumschlagshäufigkeit siehe auch die Beschreibung unter ROI.

Debitorendauer (Debitoren = Kunden)
Frage hierbei ist, wie schnell die Kunden zahlen. Diese Kennzahl lässt also Rückschlüsse auf das Zahlungsverhalten der Kunden zu. Wie lange dauert es,

bis die Kunden nach Rechnungserstellung zahlen? Das bedeutet auch, wie lange dauert es, bis die Umsatzerlöse zu liquiden Mitteln werden?

$$\text{Debitorenumschlag} = \frac{\text{Umsatzerlöse + Mehrwertsteuer}}{\text{durchschnittliche Forderungen aus L+L}}$$

Kundenziel = 360 : Debitorenumschlag

Das Ergebnis kann dann lauten, dass es z. B. durchschnittlich 50 Tage dauert, bis gezahlt wird. Verschlechtert sich dieser Wert, verschlechtert sich die Zahlungsmoral der Kunden bzw. ist das Debitorenmanagement unbefriedigend. Vielleicht muss nur konsequenter gemahnt werden?

Kreditorenumschlag

Hier die obige Frage nur umgestellt auf das eigene Unternehmen. Wie wird gezahlt, besser: Wann wird gezahlt? Dies kann z. B. zu der Frage führen, warum kein Skonto ausgenutzt wird. Oder hat es mit der Liquidität zu tun? Oder wird einfach geschlampt?

$$\text{Kreditorenumschlag} = \frac{\text{Materialaufwand + Mehrwertsteuer}}{\text{durchschnittliche Verbindlichkeiten aus L+L}}$$

Kundenziel = 360 : Kreditorenumschlag

Der Einfachheit halber wird hier mit dem Materialaufwand gearbeitet, da dies meist der größte Kreditorenbrocken ist. Besser man ergänzt ihn noch um andere Aufwände (z. B. Fremdleistungen wie Reparaturen). Dies macht die Analyse aber komplizierter. Außerdem geht es lediglich um Größenordnungen. Auch hier die Frage, die man grundsätzlich bei der Ermittlung von Kennziffern stellen muss. Lohnt es sich, sehr in die Tiefe, in die Details zu gehen oder reichen nicht grobe Daten schon aus für die wesentlichen Erkenntnisse?

Lagerumschlag Roh-, Hilfs- und Betriebsstoffe (RHB)

Hier wird darüber Auskunft gegeben, wie schnell sich das RHB-Lager umschlägt. Je schneller der Umschlag, umso niedriger die Kapitalbindung, umso schneller fließt Liquidität, die ja durch die RHB gebunden wird, in das Unternehmen zurück.

$$\text{Lagerumschlag} = \frac{\text{Materialaufwand}}{\text{durchschnittliche RHB}}$$

Lagerdauer = 360 : Lagerumschlag

Wird der Lagerumschlag im Zeitablauf permanent schlechter, ist die Frage zu stellen, ob zum einen nicht zu viel eingelagert wird oder ob die Gängigkeit der RHB abnimmt, was wiederum auf eine kritische Absatzlage aufmerksam machen kann. Oder das Logistikmanagement ist nicht optimal, das wäre dann ein Managementproblem.

Wertschöpfungsanalyse

Hier wird gefragt, welcher Wert durch die Produktion und sonstige Aktivitäten geschaffen wird. Davon müssen dann Vorleistungen abgezogen werden, die für die Erschaffung dieser Leistungen notwendig waren. Ergebnis ist die sogenannte Wertschöpfung.
Dies ist nur eine Seite. Interessanter ist es sogar noch, wohin diese Werte geflossen sind, wer hat also von den geschaffenen Werten profitiert und vor allem, wie ist die Entwicklung im Zeitablauf? Interessante Fragen für Management, aber auch für Mitarbeiter.

Produktionswert:	Umsatzerlöse
	Bestandsveränderungen + aktivierte Eigenleistungen
	Sonstige betriebliche Erträge
	Erträge aus Beteiligungen
	Sonstige Zinserträge
	Außerordentliche Erträge
Vorleistungen:	Materialaufwand
	Abschreibungen
	Sonstige betriebliche Aufwendungen
	Außerordentliche Aufwendungen

Wertschöpfung = Produktionswert – Vorleistungen

Wohin kann jetzt die Wertschöpfung fließen?

- **Zu den Mitarbeitern**: Dies ist der Personalaufwand. Die Analyse ist insbesondere im Branchenvergleich interessant. Welchen Anteil haben z. B. im Konkurrenzunternehmen die Mitarbeiter an der Wertschöpfung? Wie hoch ist also der Personaleinsatz?
- **An die Gesellschafter:** Das ist der Gewinn, der ja Bestandteil der Wertschöpfung ist und den die Kapitalgeber beanspruchen.
- **An den Staat:** Das sind die Steuern.
- **An die Bank:** Das sind die Zinsen.
- **In die Rückstellungen:** Das ist die Vorsorge für zukünftige Risiken.

An den „Empfängern“ der Wertschöpfung sieht man, dass die Wertschöpfungsanalyse außerordentlich interessant sein kann und auch ein wenig Zündstoff bietet, denkt man z. B. an die Entwicklung der Anteile für die Mitarbeiter und an die Gesellschafter.
Aber es ist natürlich insbesondere betriebswirtschaftlich interessant, was letztlich mit dem Leistungspotenzial des Unternehmens geschieht bzw. welche (rechtlichen) Ansprüche im Laufe der Zeit in welche Richtung wachsen. Also gibt diese Analyse wesentliche Managementinformationen zur Steuerung des Unternehmens.

Finanzanalyse

Hier werden die Relationen der Vermögens- und Kapitalpositionen untersucht. In welchem Zusammenhang stehen Schulden zum Vermögen? Wie hoch sind Vermögens- und Schuldenanteile am Gesamtvermögen usw.?

Vermögensstrukturanalyse

Die Vermögensstruktur gibt Informationen über die Zusammensetzung der Vermögenspositionen. Damit sind auch Risikoaussagen verbunden. Details siehe unten.

Anlagenintensität
Hier wird untersucht, wie hoch der Anteil des Anlagevermögens am Gesamtvermögen ist:

$$\frac{\text{Anlagevermögen}}{\text{Bilanzsumme}} \times 100$$

Eine hohe Anlageintensität beinhaltet ein gewisses Risiko, denn es verschlechtert die Anpassung des Unternehmens an neue Marktgegebenheiten. Man muss davon ausgehen, dass in der Regel mit dem Anlagevermögen das aktuelle Produktionsprogramm produziert wird. Sind hier Änderungen möglich, muss möglicherweise das Anlagevermögen umstrukturiert werden, sprich, man braucht andere, neue Anlagen. Nun ist aber das Vermögen in den alten Anlagen gebunden, die Flexibilität sinkt.
Eine andere Frage ist, wie intensiv das Anlagevermögen genutzt wird, wie die Auslastung des Anlagevermögens ist. Fließen z. B. noch alle Abschreibungen der Anlagen als Kosten in die Produkte und können durch den Verkaufspreis erlöst werden?

Anteil von Anlagevermögen und Vorräten
Hier wird die obige Kennzahl noch erweitert.

$$\frac{\text{Anlagevermögen} + \text{Vorräte}}{\text{Bilanzsumme}} \times 100$$

Frage ist jetzt, was nicht nur im Anlagevermögen gebunden ist sondern zusätzlich auch noch in den Vorräten. Problematisch ist es nämlich, wenn die Vorräte wenig gängig sind. Und jetzt wird es nämlich im Zweifel dramatisch: Das Anlagevermögen bindet Kapital, man ist unflexibel und die Vorräte sind wenig verkäuflich, das Unternehmen hat falsche Anlagen und falsche Vorräte. Das muss natürlich alles nicht sein, aber spätestens wenn sich die Kennzahlen im Zeitablauf dramatisch verändern, sollten derartige Fragen gestellt werden.

Kapitalstrukturanalyse

Hier wird der Frage nachgegangen, welches Kapital und wie langfristig das Kapital dem Unternehmen zur Verfügung steht, wie also das Unternehmen finanziert ist. Eigenkapital steht im Prinzip „ewig" zur Verfügung und wird in der Regel nicht zurückgefordert im Gegensatz zum Fremdkapital. Das muss irgendwann zurückgezahlt werden, und dann muss natürlich dafür Liquidität vorhanden sein.
Bei dieser Analyse ist der Vergleich zur Branche besonders interessant. Nicht zuletzt auch deswegen, weil dies die Banken auch tun und das Unternehmen, das einen Kredit will, gerade in dieser Hinsicht mit der Branche vergleichen.

Eigenkapitalquote
Hohes Eigenkapital gibt dem Unternehmen Sicherheit. Insbesondere auch in schlechten Zeiten, wenn Verluste erwirtschaftet werden. Wird nämlich das Eigenkapital negativ, ist es also durch Verluste verbraucht, muss das Unternehmen Insolvenz (früher: Konkurs) anmelden.

$$\frac{\text{Eigenkapital}}{\text{Bilanzsumme}} \times 100$$

Ein überwiegend fremd finanziertes Unternehmen finanziert sich darüber hinaus auch teuer, da Kredite Zinsen nach sich führen. Auf der anderen Seite wird argumentiert, dass Fremdfinanzierung eine überaus lohnende Sache sein kann, wenn die Rentabilität des Unternehmens über den Kosten (Zinsen) des Fremdkapitals liegt. Und so passiert es in der Praxis immer wieder, dass Unternehmen mit geringstem Eigenkapital überaus erfolgreich sind. Nur passieren darf dann nicht mehr viel!

Langfristiger Kapitalanteil
Dies ist eine Risikokennzahl. „Langfristiges Kapital wird kurzfristig nicht gefährlich", muss also kurzfristig nicht zurückgezahlt werden, steht dem Unternehmen langfristig zur Finanzierung zur Verfügung.

$$\frac{\text{langfristiges Kapital}}{\text{Bilanzsumme}} \times 100$$

Langfristiges Kapital = Eigenkapital
+ 50 % der Rückstellungen
+ Langfristige Verbindlichkeiten

Deckungsrelationen

Hiermit wird das Ziel verfolgt, Zusammenhänge zwischen bestimmten Positionen der Aktiv- und Passivseite zu beleuchten. Ein Grundsatz der Finanzierung lautet, dass langfristiges Vermögen auch langfristig zu finanzieren ist. Finanziert man z. B. Anlagevermögen kurzfristig, kann es passieren, dass kurzfristige Kredite fällig sind, bevor ein entsprechender Zahlungsfluss durch die Anlagen erwirtschaftet werden konnte.
Somit sagen Deckungsrelationen etwas über die finanzielle Stabilität des Unternehmens aus.

Anlagendeckung I
Der Klassiker! Hier wird die Relation Eigenkapital zu Anlagevermögen beleuchtet. Wie ist das Anlagevermögen durch das Eigenkapital – also langfristig – gedeckt?

$$\frac{\text{Eigenkapital}}{\text{Anlagevermögen}} \times 100$$

Problematisch wird es, wenn sich jetzt herausstellt, dass das Anlagevermögen kurzfristig oder nur fremd finanziert wurde. Wenn fremd finanziert, dann muss zumindest die Frage gestellt werden, wann die Verbindlichkeiten fällig sind. Sonst kann es passieren, dass irgendwann die Anlagen zur Rückzahlung von Verbindlichkeiten herangezogen werden (verkauft werden müssen), und dann steht das Unternehmen ohne Anlagen da. So einfach sind manchmal Zusammenhänge!

Anlagendeckung II
Hier die Relation, in wieweit das Anlagevermögen nicht nur durch das Eigenkapital, sondern auch durch Fremdkapital langfristig gedeckt ist.

$$\frac{\text{Langfristiges Kapital}}{\text{Anlagevermögen}} \times 100$$

Langfristiges Kapital = Eigenkapital
+ 50 % der Rückstellungen
+ Langfristige Verbindlichkeiten

Anlagendeckung III
Hier noch die Ergänzung, wie das Anlagevermögen und zusätzlich noch die Vorräte gedeckt sind.

$$\frac{\text{Langfristiges Kapital}}{\text{Anlagevermögen}} \times 100$$

Positiv ist, wenn selbst noch die Vorräte langfristig gedeckt sind. Denn können diese jetzt nicht umgesetzt werden, gibt es noch gewisse Sicherheiten, Verbindlichkeiten werden nicht sofort fällig. Die Frage ist allerdings, wie teuer diese Sicherheiten bezahlt werden müssen, wenn z. B. das langfristige Kapital mit hohen Zinsen regelmäßig bedient werden will.

Liquiditätsanalyse
Diese Kennzahlen gehören mit zu den bekanntesten. Es geht um die Zahlungsfähigkeit des Unternehmens. Frage: Kann das Unternehmen seine kurzfristigen Verbindlichkeiten bezahlen? Also seine Forderungen aus Lieferungen und Leistungen, kurzfristige Bankverbindlichkeiten usw. Das ist eine wichtige Frage, denn Zahlungsunfähigkeit ist ein Insolvenzgrund.

Liquidität 1. Grades
Hier wird untersucht, was sofort für die Liquidität zur Verfügung steht, was schlicht in der Kasse ist oder sofort verfügbar auf dem Bankkonto liegt.

$$\frac{\text{Flüssige Mittel}}{\text{Kurzfristige Verbindlichkeiten}} \times 100$$

Kurzfristige Verbindlichkeiten = Verbindlichkeiten aus Lieferungen und Leistungen
+ Sonstige Verbindlichkeiten, z. B. an die Bank
+ 50 % der Rückstellungen (eventuell)
+ Bilanzgewinn (z. B. bei Dividendenzahlung)

Kein Unternehmen wird zu 100 % die kurzfristigen Verbindlichkeiten flüssig haben.
Ein Wert von vielleicht 10 % ist schon als gut anzusehen, aber es kommt natürlich auf die konkreten Fälligkeiten der kurzfristigen Verbindlichkeiten an.

Liquidität 2. Grades
Hier werden neben den sofort flüssigen Mitteln die Forderungen mit einbezogen. Hintergrund: Man argumentiert, dass Forderungen rechtliche Verpflichtungen der Kunden sind und demnächst eintreffen.

$$\frac{\text{Flüssige Mittel} + \text{kurzfristige Forderungen}}{\text{Kurzfristige Verbindlichkeiten}} \times 100$$

Hier kann man zur Deckung schon eher die 100 % anpeilen.

Liquidität 3. Grades
Jetzt wird argumentiert, dass ja auch Vorräte demnächst flüssig werden.

$$\frac{\text{Flüssige Mittel} + \text{kurzfristige Forderungen} + \text{Vorräte}}{\text{Kurzfristige Verbindlichkeiten}} \times 100$$

Hier kann es vielleicht Richtung 120 % gehen. Zu hohe Werte signalisieren hohe Bestände.
Man sieht, dass die Liquiditätssicherheit von der Liquidität I bis Liquidität III stetig abnimmt. Forderungen sind risikobehafteter als Bankguthaben, und die Vorräte müssen immerhin erst einmal verkauft werden. Und so wird man sich insbesondere bei der Liquidität III genau anschauen, was diese Kennzahl wirklich noch wert ist. Denn sind ungängige, aber noch nicht abgewertete Waren auf Lager, dann stehen die Vorräte wohl kaum zur Deckung von Verbindlichkeiten zur Verfügung.
Beachten muss man auch, dass aus dem Jahresabschluss abgeleitete Liquiditätsgrade nur Momentbetrachtungen sind. Genau so war die Situation am 31.12. Die Situation kann mittlerweile schlechter geworden sein, oder das Unternehmen hat die Liquiditätssituation bewusst auf den 31.12. so ausgerichtet, dass eben positive Kennzahlen erscheinen. Zum Beispiel ist eine Investition auf den Januar verschoben worden, die Mittel zur Bezahlung

liegen aber bereits auf der Bank. Dies verbessert die Liquidität I, einige Tage später ist aber das Geld weg und sogar langfristig im Anlagevermögen gebunden!

Working Capital

Dies ist eine wichtige Finanzierungskennzahl.

Working Capital = Umlaufvermögen – kurzfristige Verbindlichkeiten

Ist das Working Capital positiv, übersteigt das Umlaufvermögen die kurzfristigen Verbindlichkeiten. Dann wurde ein Teil des Umlaufvermögens langfristig finanziert. Sind nun Teile des Umlaufvermögens „unsichere Kandidaten“, z. B. die Vorräte, ergibt sich so ein gewisses Sicherheitspolster. Ein Teil des kurzfristigen Vermögens ist nicht zur Deckung der kurzfristigen Verbindlichkeiten erforderlich.
Der umgekehrte Fall, negatives Working Capital, bedeutet, dass letztlich ein Teil des Anlagevermögens kurzfristig finanziert wurde, eine Liquiditätsgefahr.
Je höher also das Working Capital, umso solider die Finanzierung.

Damit soll der Kennzahlenblock abgeschlossen werden. *Ein konkretes Analysebeispiel mit Zahlen folgt im nächsten Kapitel.*

Banken setzen bei der Bilanzanalyse meist Formblätter bzw. Analysesoftware ein. Meistens arbeiten sie mit gewissen Standards, d. h., sie haben Vergleichsnormen für Unternehmen verschiedener Größen, Rechtsformen, Branchen usw. So gibt es z. B. bei den Sparkassen einen Dienst, der die diversen Filialen mit Branchendaten versorgt. So kann dann der Kreditsachbearbeiter vor Ort die für die Kreditvergabe eingereichte Bilanz aufbereiten und mit der Branche usw. vergleichen.

Analysebeispiele: So kann man es angehen

Auf Basis der oben gezeigten Struktur findet im Folgenden eine „klassische" Jahresabschlussanalyse statt. Es werden die Jahre 2006 und 2007 untersucht. Es ist immer sinnvoll, mehrere Perioden zu vergleichen und Entwicklungen zu analysieren.
Leider kann auf Besonderheiten oder Spezialfälle nicht eingegangen werden. Dies würde den Rahmen sprengen.
Die Analyse basiert auf folgender Bilanz und Gewinn- und Verlustrechnung, wobei gewisse Aufbereitungen, wie eingangs beschrieben, hier schon erfolgt sind.
Dann erfolgt die Kennzahlenanalyse.
Will man sich selbst ein Schema für eine Analyse bauen, bietet sich natürlich an, dies mit dem Personalcomputer zu machen. Dort kann man dann genau das analysieren, was notwendig ist und bei Bedarf Ergänzungen vornehmen. Natürlich bietet die Softwarebranche aber auch Standardsoftware zur Bilanzanalyse an. Dort ist schon alles vorbereitet und wird teilweise grafisch unterstützt. Derartige Programme sind heutzutage nicht mehr teuer.

Bilanz

Jeweils in 1.000 EUR

Aktiva	2006	2007	Passiva	2006	2007
Immaterielle Vermögensgegenstände	255	264	Gezeichnetes Kapital	500	500
Sachanlagen	1.742	1.667	Kapitalrücklage	550	550
Finanzanlagen	654	813	Gewinnrücklagen	385	385
Summe Anlagevermögen	**2.651**	**2.744**	Bilanzgewinn	205	230
			Summe Eigenkapital	**1.640**	**1.665**
Roh-, Hilfs- und Betriebsstoffe	233	259	Rückstellungen	909	965
Unfertige und fertige Erzeugnisse	100	60	Verbindlichkeit mit einer Laufzeit über 5 Jahre	1.123	1.185
Summe Vorräte	333	319	Verbindlichkeiten aus Lieferungen und Leistungen	134	303
Forderungen aus Lieferungen und Leistungen	342	555	Sonstige Verbindlichkeiten	608	552
Sonstige Vermögensgegenstände	211	227	**Summe Fremdkapital**	**2.774**	**3.005**
Wertpapiere	660	675			
Flüssige Mittel	217	150			
Summe Umlaufvermögen	**1.763**	**1.926**			
Bilanzsumme	**4.414**	**4.670**	**Bilanzsumme**	**4.414**	**4.670**

Gewinn- und Verlustrechnung

Jeweils in 1.000 EUR

	2006	2007
Umsatzerlöse	3.110	3.314
Sonstige betriebl. Erträge	264	258
Materialaufwand	1.460	1.583
Personalaufwand	878	955
Abschreibungen	303	272
Einst. i.d. Rückstellungen	42	56
Sonst. betr. Aufwendungen	355	328
Erträge aus Beteiligungen	17	11
Sonstige Zinserträge	73	73
Zinsaufwendungen	82	87
Ergebnis der gewöhnlichen Geschäftstätigkeit	**344**	**375**
Außerordentliche Erträge	0	0
Außerordentliche Aufwend.	0	0
Außerordentl. Ergebnis	**0**	**0**
Steuern	139	145
Jahresüberschuss	**205**	**230**
Einst. i.d. Gewinnrücklagen	0	0
Bilanzgewinn	**205**	**230**

Abbildung 27: Analysebeispiel

Kennzahlen der Jahresabschlussanalyse

Gewinnentwicklung

2006	205
2007	230
Differenz:	25
=	**12,2 %**

Erfreulicherweise steigt in diesem Unternehmen der Gewinn.
Jetzt gilt es, die Einflussfaktoren zu untersuchen.

Umsatzerlöse

2006	3.110
2007	3.314
Differenz:	204
=	**6,6 %**

Ebenso steigen die Umsatzerlöse. Frage ist, wie parallel die Kostenentwicklung verläuft.
Ferner ist im Detail zu untersuchen, wo die Steigerungen passiert sind, z. B. durch eine sogenannte Profit-Center-Untersuchung.

Materialaufwand

2006	1.460
2007	1.583
Differenz:	123
=	**8,4 %**

Der Materialaufwand ist gestiegen, was bei steigendem Umsatz nicht verwunderlich ist. Allerdings liegt hier eine überproportionale Steigerung vor, die zu untersuchen ist.

Personalaufwand

2006	878
2007	955
Differenz:	77
=	**8,8 %**

Ebenfalls steigender Aufwand. Ein Teil wird Tarifsteigerung sein, der Personalaufbau ist zu analysieren.

Abschreibungen

2006	303
2007	272
Differenz:	-31
=	**-10,2 %**

Rückläufig. Abschreibungen sind ausgelaufen. Was wurde neu investiert? Zumindest wurde die Substanz des Unternehmens nicht gehalten, auch wenn der Kostenrückgang im ersten Ansatz erfreulich ist.

Rückstellungen

2006	42
2007	56
Differenz:	14
=	**33,3 %**

Es gab eine Zuführung, die man untersuchen kann.

Sonstige betriebliche Aufwendungen

2006	355
2007	328
Differenz:	-27
=	**-7,6 %**

Hier gab es Einsparungen.
Im Zweifel sind die großen Blöcke dieser Position zu untersuchen, gehen aber meist nicht aus dem veröffentlichten Jahresabschluss hervor.

Zinsaufwand

2006	82
2007	87
Differenz:	5
=	**6,1 %**

Zinsaufwand leicht gestiegen. Vermutlich bedingt durch leichte Neuverschuldung.

Steuern

2006	139
2007	145
Differenz:	6
=	**4,3 %**

Steuern sind meist abhängig von Einkommen und Ertrag.

Cashflow-Ermittlung

	2006	2007
Bilanzgewinn	205	230
+ Abschreibungen	303	272
+ Rückstellungen	42	56
= Cashflow	550	558

2006	550
2007	558
Differenz:	8
=	**1,5%**

Die Finanzkraft des Unternehmens ist in etwa gleich geblieben und stellt einen guten Wert im Verhältnis zur Leistung dar.

Eigenkapitalrentabilität

$$\text{Eigenkapitalrentabilität} = \frac{\text{Gewinn} \times 100}{\text{Eigenkapital}}$$

2006: $\frac{205}{1.640} \times 100$ = **12,5 %**

2007: $\frac{230}{1.665} \times 100$ = **13,8 %**

Dieses Unternehmen hat eine relativ hohe Eigenkapitalquote. Deshalb ist die Eigenkapitalrentabilität vergleichsweise niedrig.
Allerdings ist dieser Wert erfreulicherweise gestiegen.

Gesamtkapitalrentabilität

$$\text{Gesamtkapitalrentabilität} = \frac{\text{Gewinn + Fremdkapitalzinsen} \times 100}{\text{Gesamtkapital (Eigen- + Fremdkapital)}}$$

2006: $\frac{287}{4.414} \times 100$ = **6,5 %**

2007: $\frac{317}{4.670} \times 100$ = **6,8 %**

Die Gesamtkapitalrendite ist ebenfalls vergleichsweise niedrig. Das eingesetzte Kapital verzinst sich nicht gut. Zwar eine leichte aber keine nennenswerte Steigerung. Immerhin.

Umsatzrentabilität

$$\text{Umsatzrentabilität} = \frac{\text{Gewinn + Fremdkapitalzinsen} \times 100}{\text{Umsatz}}$$

2006: $\frac{287}{3.110} \times 100$ = **9,2 %**

2007: $\frac{317}{3.314} \times 100$ = **9,6 %**

Leichte Steigerung, ein gutes Zeichen, wobei die Umsatzrentabilität insgesamt schon als gut zu bezeichnen ist.

Return on Investment (ROI)

Return on Investment = $\frac{\text{Gewinn + Fremdkapitalzinsen x 100}}{\text{Umsatz}}$ x $\frac{\text{Umsatz}}{\text{Gesamtkapital}}$

= Umsatzrentabilität x Kapitalumschlagshäufigkeit

2006: $\frac{287}{3.110}$ x 100 x $\frac{3.110}{4.414}$

= **9,2 %** = **0,7 %**

ROI = 6,5 %

2007: $\frac{317}{3.314}$ x 100 x $\frac{3.314}{4.670}$

= **9,6 %** = **0,7 %**

ROI = 6,8 %

Hier zeigt sich jetzt der Vorteil der ROI-Kennzahl, obwohl das Ergebnis dasselbe ist wie die Gesamtkapitalrentabilität.
Insgesamt ist die Gesamtkapitalrentabilität nicht als gut zu bezeichnen, hält sich aber in Grenzen. Allerdings ist dieser Wert bedingt durch eine hohe Umsatzrentabilität, während die Kapitalumschlagshäufigkeit schlecht ist. Für diesen Umsatz hat das Unternehmen einfach zu viel Kapital aufgewandt!

Kapitalumschlagshäufigkeit in Tagen

Kapitalumschlagshäufigkeit in Tagen = $\frac{360}{\text{Kapitalumschlagshäufigkeit}}$

Kapitalumschlagshäufigkeit = $\frac{\text{Umsatz}}{\text{Gesamtkapital}}$

2006: $\frac{360}{0,70}$ x 100 = **511 Tage**

2007: $\frac{360}{0,71}$ x 100 = **507 Tage**

Dies ist ein relativ schlechter Wert. Es dauert lange, bis sich das Kapital umschlägt, und daran hat sich auch im Zeitvergleich nichts wesentlich geändert.
Das Kapitel wird nicht besonders effizient genutzt.

Debitorendauer

Debitorenumschlag = $\frac{\text{Umsatzerlöse + Mehrwertsteuer (16 \%)}}{\text{durchschnittliche Forderungen aus L+L}}$

Kundenziel = $\frac{360}{\text{Debitorenumschlag}}$

2006: $\frac{3.608}{342}$ = **10,5**; $\frac{360}{10,5}$

Debitorendauer = 34 Tage

2007: $\frac{3.844}{555}$ = **6,9**; $\frac{360}{6,9}$

Debitorendauer = 52 Tage

Wenn diese Entwicklung nicht stichtagsbedingt ist, dann ist sie sehr schlecht. Das bedeutet nämlich, dass die Kunden sehr viel schlechter zahlen. Ein Alarmzeichen. Hier ist zu untersuchen, ob der Stichtag 31.12 repräsentativ für die gesamte Forderungsentwicklung ist

Kreditorenumschlag

Kreditorenumschlag = $\frac{\text{Materialaufwand + Mehrwertsteuer}}{\text{durchschnittliche Verbindlichkeiten aus L+L}}$

Lieferantenziel = $\frac{360}{\text{Kreditorenumschlag}}$

	2006	2007
	$\frac{1.694}{134}$	$\frac{1.836}{303}$
=	**12,6**	**6,1**
	$\frac{360}{12,6}$	$\frac{360}{6,1}$
Kreditorendauer =	**28 Tage**	**59 Tage**

Allerdings zahlt auch das Unternehmen extrem schlechter. Eine Folge aus der negativen Debitorenentwicklung?

Lagerumschlag Roh-, Hilfs- und Betriebsstoffe (RHB)

Lagerumschlag RHB = $\frac{\text{Materialaufwand}}{\text{durchschnittliche RHB}}$

	2006	2007
	$\frac{1.460}{233}$	$\frac{1.583}{259}$
=	**6,3**	**6,1**

Lagerdauer = $\frac{360}{\text{Lagerumschlag}}$

	2006	2007
	$\frac{360}{6,3}$	$\frac{360}{6,1}$
=	**57 Tage**	**59 Tage**

Das Lager schlägt sich relativ schnell um. Der Vorjahreswert wurde in etwa gehalten.

Wertschöpfung

Wertschöpfung = (Entstehungsrechnung) Produktionswert - Vorleistungen

	2006	2007
Produktionswert:		
Umsatzerlöse	3.110	3.314
Sonst. betriebl. Erträge	264	258
Erträge aus Beteiligungen	17	11
Sonstige Zinserträge	73	73
Außerordentliche Erträge	0	0
= Summe Prod.wert	**3.464**	**3.656**
Vorleistungen:		
Materialaufwand	1.460	1.583
Abschreibungen	303	272
Sonst. betriebl. Aufw.	355	328
Außerordentliche Aufw.	0	0
= Summe Vorleistungen	**2.118**	**2.183**
Produktionswert	3.464	3.656
- Vorleistungen	2.118	2.183
= Wertschöpfung	**1.346**	**1.473**

Verwendungsrechnung

Wie wird die Wertschöpfung verwendet?

- Mitarbeiter (Personalaufwand)
- Zukünftige Risiken (Rückstellungen)
- Bankanteil (Zinsaufwendungen)
- Staatsanteil (Steuern)
- Gesellschafteranteil (Bilanzgewinn)

2006			2007		
		%			%
Personalaufwand	878	65,2 %	Personalaufwand	955	64,8 %
Rückstellungen	42	3,1 %	Rückstellungen	56	3,8 %
Zinsaufwand	82	6,1 %	Zinsaufwand	87	5,9 %
Steuern	139	10,3 %	Steuern	145	9,8 %
Bilanzgewinn	205	15,2 %	Bilanzgewinn	230	15,6 %
= Wertschöpfung	**1.346**	**100 %**	**= Wertschöpfung**	**1.473**	**100 %**

Alle Daten bleiben recht konstant. Keine Ausreißer.
Diese Daten müssten jetzt mit der Branche verglichen werden.

Anteil des Anlagevermögens an der Bilanzsumme

Anteil Anlagevermögen = $\frac{\text{Anlagevermögen}}{\text{Bilanzsumme}} \times 100$

2006: $\frac{2.651}{4.414} \times 100$ **= 60,1 %**

2007: $\frac{2.744}{4.670} \times 100$ **= 58,8 %**

Die Größenordnung ist geblieben. Wenig Veränderungen.
Hier ist im Detail zu untersuchen, wie sich das Anlagevermögen zusmmensetzt, wie hoch z. B. die Finanzanlagen sind und wofür diese genutzt werden.

Anteil des Anlagevermögens und der Vorräte an der Bilanzsumme

Anteil Anlagevermögen = $\frac{\text{Anlagevermögen + Vorräte}}{\text{Bilanzsumme}} \times 100$

2006: $\frac{2.984}{4.414} \times 100$ **= 67,6 %**

2007: $\frac{3.063}{4.670} \times 100$ **= 65,6 %**

Ebenfalls keine dramatischen Veränderungen.

Eigenkapitalquote

Eigenkapitalquote $\frac{\text{Eigenkapital}}{\text{Bilanzsumme}} \times 100$

2006: $\frac{1.640}{4.414} \times 100$ **= 37,2 %**

2007: $\frac{1.665}{4.670} \times 100$ **= 35,7 %**

Die Eigenkapitalquote ist als gut zu bezeichnen. Wie aber oben schon erwähnt, ist zu untersuchen, ob das Eigenkapital bzw. das Gesamtkapital effizienter eingesetzt werden kann.
Insgesamt hat das Unternehmen mit dieser Eigenkapitalquote ein gutes Polster, jetzt gilt es, die Wirtschaftlichkeit zu verbessern!

Langfristiger Kapitalanteil

Langfristiger Kapitalanteil = $\frac{\text{Langfristiges Kapital}}{\text{Bilanzsumme}} \times 100$

Langfristiger Kapitalanteil =		2006	2007
Eigenkapital	=	1.640	1.665
+ 50 % der Rückstellungen	=	454,5	482,5
+ Langfristige Verbindlichkeiten	=	1.123	1.185
Summe		3.218	3.333

2006: $\frac{3.218}{4.414} \times 100$ **= 72,9 %**

2007: $\frac{3.333}{4.670} \times 100$ **= 71,4 %**

Konstant geblieben. Insgesamt ein guter Wert. Aber wieder die Frage, wie effizient das Kapital auch genutzt wird.

Anlagendeckung I

Anlagendeckung I $\frac{\text{Eigenkapital}}{\text{Anlagevermögen}} \times 100$

2006: $\frac{1.640}{2.651} \times 100$ **= 61,9 %**

2007: $\frac{1.665}{2.744} \times 100$ **= 60,7 %**

Ein gesunder Wert, der dazu noch konstant geblieben ist.

Anlagendeckung II

Anlagendeckung II = $\frac{\text{Langfristiges Kapital}}{\text{Anlagevermögen}} \times 100$

			2006	2007
Langfristiger Kapitalanteil =	Eigenkapital	=	1.640	1.665
	+ 50 % der Rückstellungen	=	454,5	482,5
	+ Langfristige Verbindlichkeiten	=	1.123	1.185
	Summe		3.218	3.333

2006: $\frac{3.218}{2.651} \times 100$ = **121,4 %**

2007: $\frac{3.333}{2.744} \times 100$ = **121,4 %**

Exakt gleich geblieben. Das Anlagevermögen ist langfristig finanziert.

Anlagendeckung III

Anlagendeckung III = $\frac{\text{Langfristiges Kapital}}{\text{Anlagevermögen + Vorräte}} \times 100$

			2006	2007
Langfristiger Kapitalanteil =	Eigenkapital	=	1.640	1.665
	+ 50 % der Rückstellungen	=	454,5	482,5
	+ Langfristige Verbindlichkeiten	=	1.123	1.185
	Summe		3.218	3.333

2006: $\frac{3.218}{2.984} \times 100$ = **107,8 %**

2007: $\frac{3.333}{3.063} \times 100$ = **108,8 %**

Nicht nur das Anlagevermögen, auch die Vorräte sind langfristig finanziert

Liquidität 1. Grades

Liquidität 1. Grades = $\frac{\text{Flüssige Mittel}}{\text{Kurzfristige Verbindlichkeiten}} \times 100$

			2006	2007
Kurzfristige Verbindlichk. =	Verbindlichkeiten aus L+L	=	134	303
	+ Sonstige Verbindlichkeiten	=	608	552
	+ 50 % der Rückstellungen	=	455	483
	+ Bilanzgewinn	=	205	230
	Summe		1.402	1.568

2006: $\frac{217}{1.402} \times 100$ = **15,5 %**

2007: $\frac{150}{1.568} \times 100$ = **9,6 %**

Hier deutet sich aber ein Problem an. Geringen flüssigen Mitteln stehen erhebliche kurzfristige Verbindlichkeiten gegenüber. Dies ist eingehend zu analysieren.
Frage: Wie kurzfristig sind die Verbindlichkeiten tatsächlich? Was ist wann fällig?
Bei dieser Konstellation kann dem Unternehmen schnell die Luft ausgehen.

Liquidität 2. Grades

Liquidität 2. Grades = $\frac{\text{Flüssige Mittel + Forderungen aus L+L}}{\text{Kurzfristige Verbindlichkeiten}} \times 100$

2006: $\frac{559}{1.402} \times 100$ = **39,9 %**

2007: $\frac{705}{1.568} \times 100$ = **45,0 %**

Auch hier sieht es noch eng aus, die Forderungen reißen das Unternehmen aus der Liquiditätslücke nicht heraus. Dazu kommt noch, wie oben gesehen, dass die Kunden immer langsamer zahlen.

Liquidität 3. Grades

Liquidität 3. Grades = $\frac{\text{Umlaufvermögen}}{\text{Kurzfristige Verbindlichkeiten}} \times 100$

2006	$\frac{1.763}{1.402} \times 100$	2007	$\frac{1.926}{1.568} \times 100$
	= 125,8 %		**= 122,9 %**

Erst jetzt entspannt sich die Lage, allerdings ist die Liquidität III. Grades immer mit Vorsicht zu genießen. Was ist wirklich flüssig zu machen? In diesem Fall hat das Unternehmen eine große Summe in kurzfristigen Wertpapieren angelegt, die sofort flüssig zu machen sind. Es wurde eine recht gute Verzinsung erwartet.

Working Capital

Working Capital Umlaufvermögen – kurzfristige Verbindlichkeiten

	2006	2007
Umlaufvermögen	1.763	1.926
- kurzfr. Verbindlichkeiten	1.402	1.568
= Working Capital	362	359

2006	362
2007	359
Differenz:	-3
=	**-0,8 %**

Das Working Capital ist positiv. Damit wurde das Umlaufvermögen zum Teil mit langfristig zur Verfügung stehendem Kapital finanziert. Positiv.
Allerdings mit sinkender Tendenz.

5. Internationale Rechnungslegung – IFRS?

Was ist anders?

Viele Experten sind der Meinung, dass die Regelungen der International Financial Reporting Standards (IFRS) „die neue Sprache des Rechnungswesens“ sein werden. Zwar betreffen die Regelungen noch längst nicht alle Unternehmen, vor allem die kleinen und mittleren Unternehmen sind noch nicht betroffen. Aber es wird vermutet, dass nach und nach immer mehr Unternehmen sich an den IFRS orientieren (müssen). Auf jeden Fall sollte jeder, der im Bereich Finanzen/Rechnungswesen an verantwortlicher Stelle im Unternehmen tätig ist, die Grundzüge kennen.
Die IFRS sind mehr als formale Kriterien für die Aufstellung des Jahresabschlusses. Sie verändern auch die betriebswirtschaftliche Berichterstattung, z. B. im Bereich Kostenrechnung/Controlling. Kompetente Fachleute vermuten, dass sich ganze Berufsbilder ändern werden: Die IFRS werden – so die Prognosen – durch ihre Regelungen die zumindest in Deutschland weit verbreitete Trennung zwischen externem und internem Rechnungswesen aufheben. Das bedeutet, dass z. B. Kostenrechner und Controller mit dem externen Rechnungswesen zusammenwachsen werden.
Die IFRS sind in laufender Diskussion, auch wenn sich in den Grundzügen wohl nichts Wesentliches mehr ändern wird. Aber es ist ein junges Regelwerk in einer internationalen Diskussion. So müssen Sie immer mal wieder mit Änderungen rechnen.

Entwicklung und Aufbau der Internationalen Rechnungslegung: Warum, wie und wer muss überhaupt?

Die Diskussionen über eine Internationalisierung der Rechnungslegung gibt es schon seit den 70er-Jahren des letzten Jahrhunderts, allerdings gab es aber bis in die 90er-Jahre keine wesentlichen Entwicklungen. 1998 wurde dann durch das damalige Kapitalaufnahme-Erleichterungsgesetz (KapAEG) eine erste Regelung zur Internationalisierung der Rechnungslegung geschaffen. In das HGB wurde eine Bestimmung aufgenommen (§ 292a HGB Befreiung von der Aufstellungspflicht), die es börsennotierten Mutterunternehmen eines Konzerns ermöglichte, erstmals mit befreiender Wirkung den Konzernabschluss auch nach international anerkannten Rechnungslegungsgrundsätzen aufzustellen.

Zunächst dominierten die US-GAAP, jetzt die IFRS

Einige große deutsche Unternehmen haben infolge ihre Rechnungslegung auf US-GAAP (United States – Generally Accepted Acounting Principles = US-amerikanische allgemein akzeptierte Rechnungswesen-Prinzipien) oder IFRS (International Financial Reporting Standards = Internationale Finanz-Berichtswesen-Standards) umgestellt. Beide Rechnungslegungssysteme wurden zunächst als gleichwertig angesehen, wobei sogar ein erster Trend in Richtung der Anwendung der US-GAAP ging. Dieser Trend ist gebrochen.

Seit 2002 schreibt eine EU-Verordnung für börsennotierte Unternehmen die Erstellung des konsolidierten Jahresabschlusses nach IFRS ab 2005 vor. Unternehmen, die bereits nach US-GAAP bilanzierten, wurde eine Übergangsfrist bis 2007 eingeräumt, um auf IFRS umzustellen.

Was sind die Gründe für eine Internationale Rechnungslegung?

Stichwort Globalisierung: Güter- und Kapitalmärkte sind international geworden. Die Rechnungslegung ist aber weiterhin national und hinkt dieser Entwicklung noch hinterher. Jahresabschlüsse zumindest großer oder börsennotierter Unternehmen müssen aber auf internationaler Ebene vergleichbar sein. Wer sich z. B. an einem Unternehmen beteiligt, möchte die Erfolgsaussichten realistisch einschätzen können, ohne sich in die Feinheiten nationaler Rechnungslegung einarbeiten zu müssen. Aber auch Kreditgeber, Lieferanten, Kunden und nicht zuletzt die Öffentlichkeit haben Interesse an international vergleichbaren Aussagen über die wirtschaftliche Situation von Unternehmen.

IFRS und USS-GAAP als Systeme der Internationalen Rechnungslegung

Die IFRS und die US-GAAP unterscheiden sich in ihrer Entstehungsgeschichte, in dem Umfang der Regelwerke und in ihrem Geltungsbereich. Und trotzdem haben beide Systeme sehr viel Gemeinsames. Die amerikanischen Rechnungslegungsvorschriften US-GAAP wurden nicht (wie die IFRS) mit der Absicht entwickelt, einen einheitlichen internationalen Rechnungslegungsstandard zu schaffen. Der Börsenkrach von 1929 führte zur Einrichtung der amerikanischen Börsenaufsicht Securities and Exchange Commission (SEC). Diese Börsenaufsicht bestimmt, welche Grundsätze und Richtlinien für die Aufstellung und den Inhalt der von den Unternehmen einzureichenden Jahresabschlusse bzw. Berichte zu beachten sind. Aus der Fülle dieser Regelungen entstanden die US-GAAP. Nach und nach gelangten die US-GAAP zu internationaler Bedeutung.
Die International Financial Reporting Standards (IFRS) entwickelten sich anders. Von Anfang an waren sie als internationale Standards für die Rechnungslegung von Unternehmen konzipiert. Es taten sich die mit der Rechnungslegung befassten Berufsverbände mehrerer Länder zusammen, und es wurde das International Accounting Standards Committee (IASC) gegründet. Ziel war die Vereinheitlichung der nationalen Rechnungslegungssysteme.

Warum die Begriffe IFRS und IAS?

Die Bezeichnung des Regelwerkes International Financial Reporting Standards (IFRS) und International Accounting Standards (IAS) werden oft gleichwertig verwendet. Dies ist so nicht richtig, hat aber letztlich wenig praktische Relevanz, und so wollen wir diesen Punkt nicht unnötig vertiefen. Nur so viel: Bei Gründung hat das International Standards Bord (IASB) die vorhandenen Standards des International Accounting Standards Commitee (IASC) unter ihrer bisherigen Bezeichnung International Accounting Standards (IAS) übernommen und diese Bezeichnung bisher nicht geändert. Aber alle neuen vom IASB herausgegebenen Normen tragen jetzt die Abkürzung IFRS. Das vom IASB herausgegebene offizielle Regelwerk trägt somit den Titel „International Financial Reporting Standards“ (IFRS) mit dem Untertitel „Incorporating the International Accounting Standards and Interpretations", d. h., neben den neuen IFRS sind auch die IAS unter ihrer alten Bezeichnung Teil der IFRS.

Umstellung vom HGB auf die Internationale Rechnungslegung

Der erste Schritt in die Internationale Rechnungslegung wurde 1998 mit der Möglichkeit des „Befreienden Konzernabschlusses" nach § 292a HGB getan (Teil des Kapitalaufnahme-Erleichterungsgesetzes KapAEG). Die EU-Verordnung zur Internationalen Rechnungslegung vom 27. Mai 2002 besagt, dass „alle kapitalmarktorientierten Gesellschaften in der Gemeinschaft ihre konsolidierten Abschlüsse spätestens ab dem Jahr 2005 nach einheitlichen Rechnungslegungsstandards, den „International Accounting Standards" (IAS), aufstellen." Das heißt, dass es Pflicht ist, die IFRS auf den Konzernabschluss bei börsenorientierten Unternehmen anzuwenden.

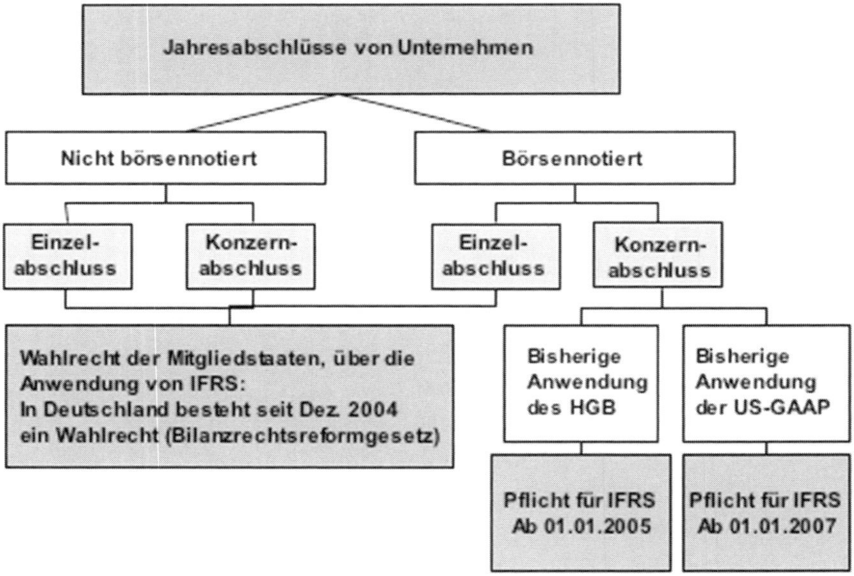

Abbildung 28: EU-Verordnung zur Internationalen Rechnungslegung

Das bedeutet, dass es auch z. B. kleinen (Nicht-Konzern-)Unternehmen freisteht, einen Abschluss nach IFRS zu erstellen.

Auswirkungen der Umstellung auf internationale Standards

Die IFRS haben den Ruf, die wirtschaftliche Situation eines Unternehmens positiver darzustellen. Dies bestätigen auch Studien des Deutschen Standardisierungsrates (DSR). So kann z. B. die Veränderung des Eigenkapitals bei der erstmaligen Anwendung der IFRS aufgrund unterschiedlicher Bewertungen erhebliche Größenordnungen annehmen.

Bilanzposten	Veränderung
Aktivierung von Entwicklungskosten	7 %
Aktivierung von Firmenwerten	5 %
Erhöhung des Anlagevermögen aufgrund geänderter Abschreibungsmethoden	18 %
Aktivierung latenter Steuern aus Verlustvorträgen	14 %
Erhöhung von Pensionsverpflichtungen	-9 %
Umgliederung der Anteile anderer Gesellschafter	-9 %
Sonstige Effekte	8 %
Gesamtveränderung des Eigenkapitals	**34 %**

Abbildung 29: Veränderungen des Eigenkapitals nach ersten Studien

Jetzt kann man vortrefflich darüber streiten, ob nach HGB die Situation zu pessimistisch dargestellt wurde oder der Ausweis nach IFRS zu optimistisch ist. Es bleibt aber anzumerken, dass es eben erhebliche Unterschiede geben kann: Und alles folgt gesetzlichen Regelungen!

Der Aufbau des IFRS-Regelwerkes

Die IFRS sind Standards und Interpretationen, die von einem unabhängigen privaten Gremium, dem International Accounting Standards Board (IASB), entwickelt wurden und noch werden. Sie umfassen vier Hauptbestandteile:

1. Vorwort (Preface)
Im Vorwort werden grundsätzliche Fragestellungen geklärt. Z. B. die Aufgaben des IASB, Gegenstand der IFRS und deren Verhältnis zu nationalen Rechnungslegungsvorschriften.

2. Rahmenkonzept (Framework)
Hier sind vor allem grundsätzliche Annahmen enthalten, z. B. Anforderungen und Definitionen. Das Rahmenkonzept dient auch als Leitlinie für die Erstellung neuer Standards und als inhaltliche Unterstützung bei der Behandlung von bisher nicht durch Standards geregelte Sachverhalte der Rechnungslegung. Das Rahmenkonzept hat jedoch nicht den Verbindlichkeitsgrad eines Standards.

3. Einzelstandards
Die Standards (IAS und IFRS) haben in der Regel folgenden Aufbau:

- Einführung mit folgenden Inhalten:
  - Hinweise zur Zielsetzung des Standards
  - Darstellung wichtiger Definitionen bzw. Grundlagenerläuterungen
  - Querverweise auf andere Standards und relevante SIC- bzw. IFRIC-Interpretationen
  - Hintergrundinformationen und Hinweise zur Entwicklung des Standards
  - Bei überarbeiteten Standards: Aussagen über die Gründe der Überarbeitung
- Inhaltsverzeichnis über die Inhalte des Standards
- Zielsetzung des Standards
- Anwendungsbereich: Für welche Unternehmen oder Branchen gilt der Standard?
- Definitionen zentraler Begriffe, die im Zusammenhang mit dem Standard stehen
- Bilanzierungs- und Bewertungsregeln; dies sind die Kernaussagen des Standards
- Angabepflichten, Hinweise, welche zusätzlichen Angaben gegebenenfalls im Rahmen des Jahresabschlusses im Anhang darzustellen sind
- Übergangsvorschriften

- Zeitpunkt des Inkrafttretens und
- Anhang mit erläuternden Beispielen zur Anwendung des Standards

Kleiner Exkurs: Wie entsteht ein „IFRS“?
Das förmliche Verfahren zur Verabschiedung einer neuen IFRS („due process“) dauert in der Regel mehrere Jahre. Es werden Entwürfe publiziert, zu denen Interessierte, z. B. Berufsverbände oder Bilanzfachleute, Kommentare abgeben können. Diese Kommentare werden dann von den Arbeitsgruppen des IASB bei der weiteren Standarderstellung berücksichtigt.

4. Interpretationen (IFRIC und SIC)

- die Interpretationen des International Financial Reporting Interpretations Committee (IFRIC)
- die Interpretationen des Standing Interpretations Committee (SIC)

Ferner gibt es noch Interpretationen quasi als Leitlinie für die Auslegung eines Standards. Z. B. für den Fall, dass ein Sachverhalt im Standard nicht klar geregelt ist oder einen konkreten Einzelfall offen lässt. Die Interpretationen wurden bis Dezember 2000 als SIC nach dem Gremium Standing Interpretations Committee benannt, das die Interpretationen ausgearbeitet hat. Die Interpretationen werden aber nun vom International Financial Reporting Interpretations Committee erarbeitet und werden dementsprechend mit IFRIC abgekürzt.

Die Grundsätze der Rechnungslegung nach HGB und IFRS
HGB und IFRS haben unterschiedliche Grundsätze der Rechnungslegung. Diese haben wiederum ihren Ausgang in den unterschiedlichen Rechnungslegungszielen der Systeme.
Das HGB hält seine Regelungen kurz und übersichtlich. Sie gelten für eine Vielzahl von Sachverhalten. Ein Gesetzeswerk wie das HGB bezeichnet man auch als „Code Law“. Vorteil: Aufgrund allgemeingültiger Regeln, die dann aber auf eine Vielzahl von Fällen angewendet werden, sind nur kurze Formulierungen notwendig. Nachteil: Wegen ihres allgemeingültigen Charakters sind diese Regelungen für den Einzelfall oft auslegungsbedürftig.

Die IFRS arbeiten dagegen mit einzelfallbezogenen Regelungen. Diese basieren auf dem angelsächsischem Prinzip des sogenannten „Case Law“. Einzelne Vorschriften resultieren z. B. aus Rechtsurteilen zu Spezialfällen. Dies führt zu einem detaillierten Regelwerk, das für viele Probleme in der Praxis eine konkrete Lösung bietet. Vorteil: Genaue Regelung einzelner Sachverhalte. Nachteil: großer Umfang des Regelwerkes mit zwangsläufig auftretenden Wiederholungen.
Unterschiedliche Rechnungslegungsziele: HGB und IFRS unterscheiden sich in ihrem vorrangigen Rechnungslegungsziel.
Die Ziele des HGB: Die handelsrechtliche Rechnungslegung des HGB dient in erster Linie

- der Ermittlung eines ausschüttungsfähigen Gewinns
- der Ermittlung der zu zahlenden Steuern
- der Information von Gläubigern
- der Selbstinformation des Managements
- der Rechenschaftslegung des Managements gegenüber den Aktionären und Gesellschaftern

Unter allen diesen Zielen dominiert das Ziel der Gewinnermittlung. Dieses ist in starkem Zusammenhang mit dem vom HGB geforderten Gläubigerschutz zu sehen. Hintergrund: Je höher der Gewinn, desto mehr kann bei Kapitalgesellschaften an die Aktionäre ausgeschüttet werden. Dadurch sinkt aber für den Gläubiger im Insolvenzfall die Haftungsmasse. Um den vom HGB gewünschten Gläubigerschutz zu erreichen, muss der Gewinn folglich möglichst vorsichtig ermittelt werden. Wie sagt man so schön: Der Kaufmann soll sich „eher zu arm als zu reich rechnen“. Aus dieser Denkweise ergibt sich das vorrangige Rechnungslegungsziel des HGB: der Grundsatz der Vorsicht.
Die Ziele der IFRS: Die IFRS haben ein anderes dominierendes Rechnungslegungsziel: Die Vermittlung entscheidungsrelevanter Informationen. Dies bedeutet eine realistische Darstellung der wirtschaftlichen Lage eines Unternehmens für die Investitionsentscheidung eines Anlegers. Der Anlegerschutz steht damit im Vordergrund. Die grundlegenden Annahmen der IFRS (auch Underlying Assumptions genannt) beinhalten zwei wesentliche Bilanzierungsprinzipien:

- **Unternehmensfortführungsprinzip (Going Concern Principle):** Bilanzierung und Bewertung haben grundsätzlich unter der Annahme der Unternehmensfortführung zu erfolgen.
- **Periodenabgrenzung (Accrual Basis):** Ein Periodenerfolg wird nach wirtschaftlichen Aspekten ermittelt, als Differenz der Erträge und Aufwendungen der Periode.

Einige weitere Grundprinzipien zeigt unten stehende Abbildung:

Auf einige wesentliche Eckpunkte muss noch eingegangen werden:

- **Der Grundsatz der Wesentlichkeit (materiality)** ist von besonderer Bedeutung für die Rechnungslegung nach IFRS. Nicht ohne Grund beginnt auch jeder IFRS mit dem Hinweis, dass dieser „nicht auf unwesentliche Sachverhalte angewendet“ werden muss. Allerdings sucht man eine Definition, was wesentlich ist und was nicht, im IFRS-Regelwerk vergebens. Anwendung findet dieser Grundsatz aber insbesondere im Anhang (notes) beim IFRS-Abschluss.
- **Im HGB hat der Grundsatz der Vorsicht** (§ 252 Abs. 1 Nr. 4) besonderen Stellenwert. Vorsichtige Bewertung ist im Sinne des Gläubigerschutzes ausdrücklich vorgeschrieben. Die Positionen sollen eher pessimistisch dargestellt werden. Dieser Grundsatz der Vorsicht konkretisiert sich insbesondere in zwei wichtigen Regelungen:
  - **Realisationsprinzip:** So dürfen nur Gewinne ausgewiesen werden, die am Bilanzstichtag schon realisiert sind. Beispiel: Aktien dürfen nicht zum Kurswert ausgewiesen werden, auch wenn dieser höher ist als zum Tag des Kaufes. Oder es dürfen Bestände nicht zum späteren Verkaufspreis ausgewiesen werden, sondern lediglich zu Herstellungskosten.
  - **Imparitätsprinzip:** Umgekehrt müssen nicht realisierte Verluste ausgewiesen werden. Ist also bei den Aktien der Kurswert gegenüber dem Anschaffungskurs gefallen, so muss der niedrigere Wert angesetzt werden.

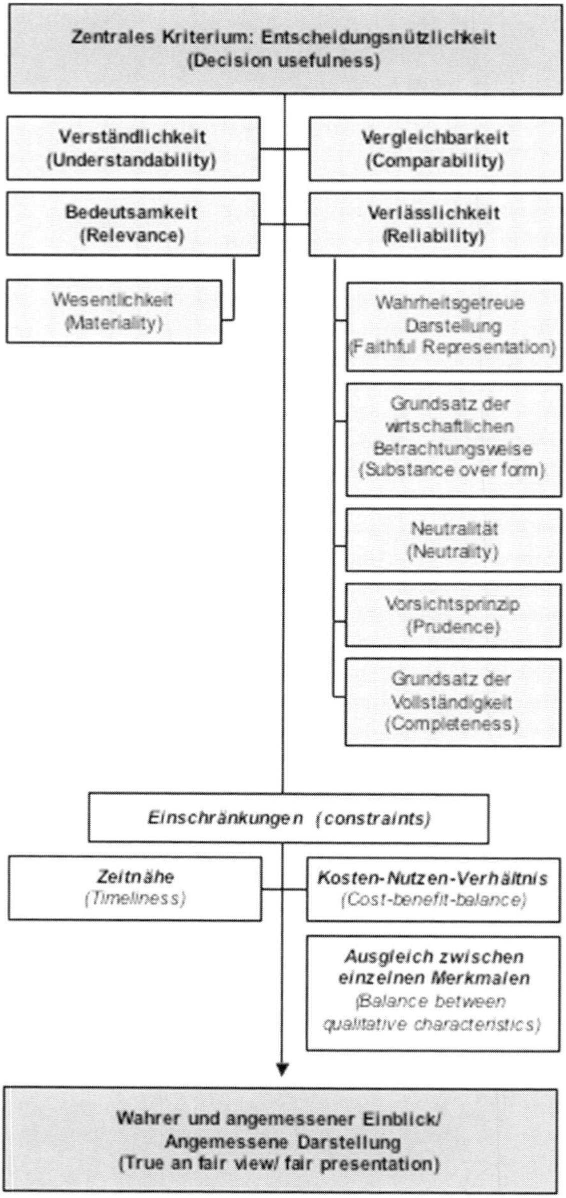

Abbildung 30: Grundprinzipien IFRS

Dieser Grundsatz der Vorsicht gilt auch nach den IFRS („prudence“). Er ist dort ein Merkmal der Verlässlichkeit von Informationen („reliability“). Der Grundsatz der Vorsicht hat im Rahmen der IFRS aber nicht diesen sehr hohen Stellenwert wie nach HGB. So werden nach dem HGB Aufwände als Folge des Imparitätsprinzips eher im Voraus berücksichtigt, Erträge aber erst dann, wenn sie wirklich sicher sind (Realisationsprinzip). Diese „Ungleichbehandlung“ im Sinne des Vorsichtsprinzips des HGB gilt nicht für die IFRS. In den IFRS wird das Imparitätsprinzip eher selten angewandt. Es dominiert bei Aufwänden und Erträgen vielmehr die periodengerechte Zuordnung.

Bewertungsmaßstäbe

Hier ist zu klären, mit welchem Betrag die einzelnen Vermögensgegenstände in der Bilanz anzusetzen sind. Einige Eckpunkte:

- Nach HGB sind die Anschaffungs- und Herstellungskosten immer die Bewertungsobergrenze.
- Nach IFRS sind neben den Anschaffungs- oder Herstellungskosten in einigen Fällen auch andere Bewertungsansätze möglich. Ein Unterschied zum HGB ist nach IFRS der unter bestimmten Voraussetzungen erlaubte Fair Value. Dies ist der „beizulegende Zeitwert“ und bezeichnet den Betrag, zu dem ein Vermögenswert zwischen sachverständigen, vertragswilligen und unabhängigen Geschäftspartnern getauscht werden bzw. zu dem eine Schuld beglichen werden könnte.

Um Jahresabschlüsse weitgehend vergleichbar zu machen, wird auf **Wahlmöglichkeiten im Rahmen der IFRS** weitgehend verzichtet. Trotzdem bieten die Standards für einzelne Geschäftsvorfälle häufig eine Wahl zwischen zwei Bilanzierungs- bzw. Bewertungsmethoden an. Dabei wird die vom IASC/IASB bevorzugte Methode als **Benchmark-Methode** (benchmark treatment) bezeichnet, um zu verdeutlichen, dass diese Methode für den Vergleich von Jahresabschlüssen besonders geeigent ist und deshalb vom Bilanzersteller vorrangig zu berücksichtigen sei. Die weniger präferierte, aber auch zulässige Methode wird als **alternativ-zulässige Methode** (allowed alternative treatment) bezeichnet.
Die wesentlichen Unterschiede zwischen dem HGB und den IFRS finden Sie in folgender Übersicht.

Übersicht über die International Financial Reporting Standards (IFRS)

Anmerkung: Nicht alle Nummern sind bei den IFRS bzw. IAS durchgängig besetzt.
Durch häufige Änderungen sind alte Standards oft in neuen Standards integriert worden. So sind "alte Nummern" frei geworden. Da Verwechslungen vermieden werden sollen, werden die frei gewordenen Nummern nicht wieder neu vergeben.

Stand: Dezember 2007

	Deutsche Übersetzung	Originalbezeichnung
IAS 1	Darstellung des Abschlusses	Presentation of Financial Statements
	Dieser Standard formuliert die Anforderungen für die Aufstellung und Darstellung von Jahresabschlüssen. Darin enthalten sind auch die Grundannahmen der Rechnungslegung („fundamental accounting assumptions"). Im Anhang zu IAS 1 wird beispielhaft eine Abschlussstruktur dargestellt, die aber - im Gegensatz zu den HGB-Strukturvorschriften – keinen verpflichtenden Charakter hat.	

Während IAS 1 die allgemeinen Grundregeln für die Darstellung, Struktur und Mindestanforderungen an den Inhalt des Jahresabschlusses nach IFRS festlegt, beginnen ab IAS 2 die Einzelbestimmungen zu Detailproblemen des Rechnungswesens

	Deutsche Übersetzung	Originalbezeichnung
IAS 2	Vorräte	Inventories
	IAS 2 regelt, wie Vorräte unter Beachtung des Anschaffungskostenprinzips bewertet werden. Der Standard enthält keine Regelungen zu einer möglichen „Fair Value"-Bewertung.	

IAS 7	Kapitalflussrechnungen	Cash Flow Statements
	Die Kapitalflussrechnung ist Bestandteil eines IFRS-Abschlusses. Die Kapitalflussrechnung berichtet über Veränderungen der Zahlungsmittel und Zahlungsmitteläquivalente. IAS 7 schreibt den groben Aufbau der Kapitalflussrechnung vor. Die Cash flows sind demgemäss nach betrieblichen Tätigkeiten, Investitions- und Finanzierungstätigkeiten zu unterscheiden.	

IAS 8	Periodenergebnis, grundlegende Fehler und Änderungen der Bilanzierungs- und Bewertungsmethoden	Net Profit or Loss for the Period, Fun-damental Errors and Changes in Accounting Policies
	Hier wird die Darstellung der Gewinn- und Verlustrechnung geregelt. Außerdem gibt es Vorgaben, wie mit grundlegenden Bilanzierungsfehlern aus früheren Perioden umzugehen ist und unter welchen Umständen Änderungen der Bilanzierungs- und Bewertungsmethoden zulässig sind.	

IAS 10	Ereignisse nach dem Bilanzstichtag	Events After the Balance Sheet Date
	Ereignisse nach dem Bilanzstichtag sind Ereignisse, die zwischen dem Bilanzstichtag und dem Tag eintreten, an dem der Abschluss zur Veröffentlichung freigegeben wird. IAS 10 legt fest, unter welchen Umständen Ereignisse nach dem Bilanzstichtag im Abschluss zu berücksichtigen sind.	

IAS 11	Fertigungsaufträge	Construction Contracts
	IAS 11 bestimmt, wie Erträge und Aufwendungen im Zusammenhang mit Fertigungsaufträgen im Abschluss des auftragnehmenden Unternehmens zu erfassen sind. Nach IAS 11 sind Fertigungsaufträge nach der „percentage of completion method" zu bewerten, wenn die Auftragserlöse und die Auftragskosten verlässlich ermittelt werden können. IAS 11 enthält zudem eine Reihe von Angabepflichten.	

IAS 12	Ertragssteuern	Income Taxes
	IAS 12 regelt den Ansatz und die Bewertung tatsächlicher und latenter Steuern.	

Abbildung 31: IFRS

IAS 16	Sachanlagen	Property, Plant and Eqipment
	IAS 16 regelt die Bilanzierung und Bewertung des Sachanlagevermögens. Somit stellt dieser Standard eine Ergänzung zu IAS 2 (Vorräte) dar. Die Regelungen beziehen sich auf die Voraussetzungen für eine Bilanzierung, in welcher Höhe der Ansatz erfolgt, d.h. wie bewertet wird und welche Abschreibungsmethode zu wählen ist. Zusätzlich erfolgen Vorgaben hinsichtlich der Angaben im Anhang bzw. im Anlagenspiegel.	

IAS 17	Leasingverhältnisse	Leases
	Ein Leasingverhältnis (lease) ist eine Vereinbarung, bei der der Leasinggeber (lessor) dem Leasingnehmer (lessee) das Recht auf die Nutzung eines Vermögenswertes gegen Mietzahlung für einen bestimmten Zeitraum überlässt. Unterschieden wird zwischen dem Finance Leasing (Chancen und Risiken des Leasinggutes gehen auf den Leasingnehmer über; Bilanzierung beim Leasingnehmer) und dem Operating Leasing (alle anderen Leasingarten; Bilanzierung beim Leasinggeber).	

IAS 18	Erträge	Revenue
	Ziel ist die periodengerechte Erfassung und Bewertung von Erträgen. Es gibt Bestimmungen zur Bemessung der Erträge, zur Abgrenzung der Geschäftsvorfälle und zur Erfassung von Erlösen verschiedener Geschäftsaktivitäten. Im Mittelpunkt steht der Grundsatz der sauberen Periodenabgrenzung (accrual basis).	

IAS 19	Leistungen an Arbeitnehmer	Employee Benefits
	Arbeitnehmer erhalten neben Lohn oder Gehalt auch zusätzliche Leistungen wie Betriebsrenten, Beteiligungsmodelle usw. IAS 19 regelt die Erfassung und Bewertung sowohl der laufenden als auch der später zu zahlenden Leistungen (z.B. Verpflichtungen aus der betrieblichen Altersversorgung).	

IAS 20	Bilanzierung und Darstellung von Zuwendungen der öffentlichen Hand	Accounting for Government Grants and Disclosure of Government Assinstance
	IAS 20 regelt die Erfassung und Darstellung von Zuwendungen und Beihilfen der öffentlichen Hand im Abschluss und die entsprechenden Angaben im Anhang.	

IAS 21	Auswirkungen von Änderungen der Wechselkurse	The Effects of Changes in Foreign Exchange Rates
	Dieser Standard umfasst die Bilanzierung von Geschäftsvorfällen in ausländischer Währung und die Umrechnung von Jahresabschlüssen ausländischer Gesellschaften zur Aufnahme der Gesellschaft in den Abschluss eines Unternehmens oder Konzerns.	

IAS 23	Fremdkapitalkosten	Borrowing Costs
	Zinsen und andere Kosten, die im Zusammenhang mit der Aufnahme von Fremdkapital entstehen, werden nach IAS 23 als Aufwand erfasst. Alternativ zulässig ist die Aktivierung der Fremdkapitalkosten als Teil der Anschaffungs- oder Herstellungskosten des Vermögenswertes.	

IAS 24	Angaben über Beziehungen zu nahe stehenden Unternehmen und Personen	Related Party Disclosures
	IAS 24 verlangt die Offenlegung aller Beziehungen zu nahestehenden Unternehmen und Personen, die direkt oder indirekt einen beherrschenden Einfluss auf das berichtende Unternehmen ausüben können. Diese Offenlegungspflicht gilt unabhängig davon, ob Geschäfte zwischen den Parteien getätigt wurden.	

IAS 26	Bilanzierung und Berichterstattung von Altersversorgungsplänen	Accounting an Reporting by Retirement Benefit Plans
	IAS 26 regelt die Bilanzierung und Berichterstattung von rechtlich selbständigen Versorgungsträgern gegenüber ihren Mitgliedern.	

IAS 27	Konzernabschlüsse	Consolidated Financial Statements
	IAS 27 regelt die Aufstellungspflicht für den Konzernabschluss, den Konsolidierungskreis und die Konsolidierungsverfahren sowie die Bilanzierung von Anteilen an Tochterunternehmen im Jahresabschluss des Mutterunternehmens.	

IAS 28	Bilanzierung von Anteilen an assoziierten Unternehmen	Investments in Associates
	Hat ein Unternehmen maßgeblichen, aber nicht beherrschenden Einfluss auf ein anderes Unternehmen, so handelt es sich um ein assoziiertes Unternehmen. Die Anteile sind grundsätzlich nach der Equity-Methode zu bilanzieren.	

IAS 29	Rechnungslegung in Hochinflationsländern	Financial Reporting in Hyperinflationary Economies
	IAS 29 enthält Regelungen für Unternehmen, die ihren Abschluss in der Währung eines Hochinflationslands aufstellen. Dieser Standard zeigt zudem Anhaltspunkte auf, wann von einem Hochinflationsland auszugehen ist. Der Standard legt den Umfang der Angabepflichten fest.	

IAS 30	Angaben im Abschluss von Banken und ähnlichen Finanzinstituten	Disclosures in the Financial Statements of Banks and Similar Finan-cial Institutions
	IAS 30 regelt die branchenspezifischen Angabe- und Ausweisvorschriften für den Abschluss von Banken und ähnlichen Finanzinstitutionen. Der Standard ergänzt die entsprechenden Vorschriften in anderen IFRS und hat, als Spezialregelung für die Rechnungslegung von Banken, hier Vorrang vor anderen IFRS .	

IAS 31	Rechnungslegung über Anteile an Joint Ventures	Financial Reporting of Interests in Joint Ventures
	Dieser Standard ist die Konsequenz aus der steigenden Anzahl von Unternehmenskooperationen. Er enthält Regelungen zur Bilanzierung von Anteilen an Gemeinschaftsprojekten oder gemeinschaftlich geführten Unternehmen (Joint Ventures) unabhängig von Struktur oder Form, in der die Aktivitäten eines Joint Ventures stattfinden.	

IAS 32	Finanzinstrumente: Angaben und Darstellung	Financial Instruments: Disclosure and Presentation
	Neben der Definition, was unter Finanzinstrumente zu verstehen ist, behandelt diese Norm die Darstellungsmethoden des Ausweises von Finanzinstrumenten, aber keine Bewertungsvorschriften.	

IAS 33	Ergebnis je Aktie	Earnings Per Share
	Hier wird die Kennzahl „Earnings per Share" definiert, mit der die Ertragskraft eines Unternehmens mit der eines anderen Unternehmen verglichen werden kann oder deren Entwicklung im Zeitvergleich für den Bilanzleser interessant ist.	

IAS 34	Zwischenberichterstattung	Interim Financial Reporting
	IAS 34 regelt den Mindestinhalt eines Zwischenberichts sowie die Ansatz- und Bewertungsgrundsätze, die in einem für eine Zwischenberichtsperiode aufgestellten Abschluss zu beachten sind.	

IAS 36	Wertminderung von Vermögenswerten	Impairment of Assets
	Fällt der Zeitwert eines Vermögensgegenstandes unter seinen Buchwert, so sind entsprechende Abschreibungen auf den niedrigeren Wert vorzunehmen. Ebenso ist die Stornierung der Abschreibung bei Wegfall der Wertminderung in späteren Perioden geregelt (Zuschreibung). Dieser Standard behandelt nur Vermögensgegenstände, die in den Anwendungsbereich folgender Normen fallen: IAS 16, IAS 38, IAS 27, IAS 28 und IAS 31. Keine Anwendung findet dieser Standard bei Vermögensgegenständen im Rahmen von IAS 2, IAS 11, IAS 12, IAS 19 und IAS 32.	

IAS 37	Rückstellungen, Eventualschulden und Eventualforderungen	Provisions, Contingent Liabilities and Contingent Assets
	Dieser Standard regelt die Definition, den Ansatz und die Bewertung von Rückstellungen, Eventualschulden und Eventualforderungen.	

IAS 38	Immaterielle Vermögenswerte	Intangible Assets
	IAS 38 regelt die Bilanzierung immaterieller Vermögenswerte, wie z.B. Patente, Lizenzen, Software, Urheberrechte, Warenzeichen, Kundenlisten oder Lieferantenbeziehungen. Nicht betroffen von diesem Standard ist z.B. der Geschäfts- und Firmenwert (Goodwill) oder Immeraterielle Vermögenswerte, die bereits in anderen Standards behandelt wurden.	

IAS 39	Finanzinstrumente: Ansatz und Bewertung	Financial Instruments: Recognition and Measurement
	IAS 39 ergänzt IAS 32 insbesondere um Vorschriften zu sogenannten Derivaten.	

IAS 40	Als Finanzinvestitionen gehaltene Grundstücke und Bauten	Investment Property
	IAS 40 regelt Ansatz und Bewertung von als Finanzinvestition gehaltenen Immobilien. Er ist jedoch nicht anzuwenden auf Sachverhalte, die unter den Anwendungsbereich von IAS 17 fallen.	

IAS 41	Landwirtschaft	Agriculture
	Neben IAS 30, der speziell den Jahresabschluss von Banken regelt, ist IAS 41 der zweite Standard, der sich direkt einer speziellen Branche widmet. Diese Norm regelt Ansatz und Bewertung von biologischen Vermögenswerten und landwirtschaftlichen Erzeugnissen.	

IFRS 1	Erstmalige Anwendung der International Financial Reporting Standards	First-time Adoption of International Financial Reporting Standards
	Dieser Standard regelt, wie ein Unternehmen erstmalig einen IFRS Abschluss erstellt.	

IFRS 2	Aktienbasierte Vergütung	Share-based Payment
	IFRS 2 fordert von einem Unternehmen im Periodenergebnis die Effekte von aktienbasierten Vergütungstransaktionen, inklusive von Aufwendungen die mit Aktienoptionen zusammenhängen, die den Arbeitnehmern gewährt wurden, darzustellen.	

IFRS 3	Unternehmenszusammenschlüsse	Business Combinations
	Alle Unternehmenszusammenschlüsse sind unter Anwendung der Erwerbsmethode zu bilanzieren, womit der Unternehmenszusammenschluss aus der Perspektive des Erwerbers dargestellt wird.	

IFRS 4	Versicherungsverträge	Insurance Contracts
	IFRS 4 regelt die Berichterstattung für Versicherungsverträge eines Unternehmens, das solche Verträge ausgibt. Der Standard ist auf ausgegebene Versicherungsverträge, gehaltene Rückversicherungsverträge und ausgegebene Finanzinstrumente mit ermessenabhängiger Überschussbeteiligung anzuwenden.	

IFRS 5	Zur Veräußerung gehaltene langfristige Vermögenswerte und aufgegebene Geschäftsbereiche	Non-current Assets Held for Sale and Discontinued Operations
	IFRS 5 regelt die Bilanzierung von zur Veräußerung gehaltenen Vermögenswerten sowie die Darstellung und den Ausweis von aufgegebenen Geschäftsbereichen.	

IFRS 6	Exploration und Evaluierung von mineralischen Ressourcen	Exploration for and evaluation of mineral resources
	Zielsetzung dieses IFRS ist es, die Rechnungslegung für die Exploration und Evaluierung von mineralischen Ressourcen festzulegen.	

IFRS 7	Finanzinstrumente: Angaben	Financial Instruments: Disclosures
	Ziel dieses IFRS ist es, Unternehmen vorzuschreiben, Angaben zu ihren Abschlüssen zu machen, anhand deren die Anwender die folgenden Aspekte bewerten können: (a) die Bedeutung von Finanzinstrumenten für die Finanzlage und die Ertragskraft des Unternehmens; und (b) die Wesensart und das Ausmaß der Risiken, die sich aus den Finanzinstrumenten ergeben, und denen das Unternehmen während des Berichtszeitraums und zum Berichtszeitpunkt ausgesetzt ist, sowie die Art und Weise der Handhabung dieser Risiken.	

IFRS 8	Segmentsberichterstattung	Segment Reporting
	IFRS 8 definiert Geschäftssegmente und geographische Segmente, für die ein eigener abgegrenzter Bericht abzugeben ist. Dieser Bericht ist Pflichtbestandteil des IFRS-Abschlusses für börsennotierte Unternehmen. Unternehmen können auch freiwillig Segmentinformationen im Abschluss angeben.	

Ein neuer Standard speziell für kleine und mittlere Unternehmen (SME: Small and Medium-sized Entities) ist geplant.

Übersicht IAS/IFRS

Die internationale Bilanz: Was ist nun konkret anders?

Auch bei der Internationalen Rechnungslegung steht die Bilanz an zentraler Stelle. In ihr dokumentieren sich letztlich alle gesetzlichen Regelungen und die ausgenutzten Wahlrechte bzw. Bewertungsspielräume.

Bilanzgliederung nach IFRS

Assets — Balance Sheet	Liabilities and Equity
A. Non Current Assets	A. Capital and Reserves
I. Intagible Assets	I. Issued Capital
II. Property, Plant and Equipment	II. Reserves
III. Financial Assets	
	B. Non Current Liabilities
B. Current Assets	I. Interest bearing borrowings
I. Inventories	II. Deferred tax Liabilities
II. Trade and Other Receivables	
III. Securities	C. Cur Current Liabilities
IV. Prepaid Expenses	I. Trade and Other payables
V. Cash and Cash Equivalents	II. Short term borrowings
	III. Provisions
	IV. Deferred Income

Übertragen ins Deutsche

Aktiva — Bilanz	Passiva
A. Anlagevermögen	A. Kapital und Rücklagen
I. Immaterielle Vermögensgegenstände	I. Gezeichnetes Kapital
II. Sachanlagen	II. Rücklagen
III. Finanzanlagen	
	B. Langfristige Schulden
B. Umlaufvermögen	I. Verzinsliche Verbindlichkeiten
I. Vorräte	II. Passive latente Steuern
II. Forderungen aus Lieferungen und Leistungen und sonstige Forderungen	
	C. Kurzfristige Schulden
III. Wertpapiere	I. Verbindlichkeiten aus Lieferungen und Leistungen und sonstige Verbindlichkeiten
IV. Aktive Rechnungsabgrenzungsposten	
V. Zahlungsmittel und Zahlungsmitteläquivalente	II. Kurzfristige Verbindlichkeiten
	III. Rückstellungen
	IV. Passive Rechnungsabgrenzungsposten

Abbildung 32: Grundgliederung der Bilanz nach IFRS

Die wesentlichen Unterschiede zwischen den HGB- und IFRS-Regelungen bei der Bilanzierung finden Sie in den folgenden Unterkapiteln.
Hinweis: Es bleibt aber jetzt schon einmal festzuhalten: Es gibt mehr Gemeinsames als Trennendes zwischen HGB und IFRS. Sie werden weder Buchführung noch Jahresabschluss neu erlernen müssen, die den IFRS zugrunde liegende Buchführung weicht nicht von der bisherigen gewohnten deutschen Praxis ab. Also alles nicht so dramatisch.

Immaterielles und Sachanlagevermögen

Das Anlagevermögen ist häufig der größte Vermögensposten im Unternehmen. Dabei steigen in den letzten Jahren die sogenannten immateriellen Werte, insbesondere die vom Unternehmen selbst erstellten Produktentwicklungen, Software usw. Letztlich machen sie einen Großteil des „eigentlichen" Wertes eines Unternehmens aus. Nach HGB werden diese immateriellen Werte nicht immer realistisch abgebildet. Aber auch beim Sachanlagevermögen stellt sich die Frage, wie dem Bilanzleser ein realistischer Einblick in das Unternehmensvermögen gewährt werden kann.
Beim Anlagevermögen bewerten die IFRS teilweise anders. So ist zu prüfen, wie sich beim Anlagevermögen die Regelungen der IFRS von der Darstellung nach HGB unterscheiden. Diese Unterscheidungen beziehen sich im Wesentlichen auf folgende Punkte:

1. Bewertung des immateriellen Anlagevermögens
2. Anschaffungs- und Herstellungskosten beim Anlagevermögen (Zugangsbewertung)
3. Neubewertung von Anlagevermögen (Folgebewertung)
4. Änderung der Abschreibungsmethode
5. Bewertung von Leasinggegenständen

1. Bewertung des immateriellen Anlagevermögens

Gleich vorab: Bei diesem Problemkreis unterscheiden sich das HGB und die IFRS erheblich. Zu dem immateriellen Anlagevermögen gehören alle Werte, die sich nicht direkt materiell darstellen lassen, z. B. Software, Lizenzen, geschaffene Forschungs- und Entwicklungswerte usw. Nach dem Grundsatz der Vorsicht legt hier das HGB strenge Maßstäbe bei der Aktivierung an. So

dürfen nach § 248 Abs. 2 HGB nur entgeltlich erworbene immaterielle Wirtschaftsgüter aktiviert werden, nicht aber selbst geschaffene (Beispiel: die gekaufte Software darf z. B. aktiviert werden, nicht aber die selbst erstellte). Der deutsche Gesetzgeber zweifelt letztlich an der Werthaltigkeit selbst erschaffener immaterieller Güter.
Die IFRS bewerten anders. Nach IAS 38 besteht ein Ansatzgebot für immaterielle Wirtschaftsgüter, dies gilt für gekaufte, aber auch selbst erstellte Güter. Allerdings gibt es auch hier eindeutige (einschränkende) Regelungen. Die IFRS setzen folgende Kriterien für die Aktivierung eines immateriellen Wirtschaftsgutes voraus:

- **Identifizierbarkeit des immateriellen Wirtschaftsgutes:** Das Wirtschaftsgut muss eindeutig vom Firmen- oder Geschäftswert unterschieden werden können. Letztlich muss ein Vermögenswert als ein separates Gut angesehen werden können, wobei es am besten wäre, dass es verkauft, vermietet oder getauscht werden kann.
- **Verfügungsmacht über das Wirtschaftsgut im Unternehmen:** Dies bedeutet im Zweifel, dass der Zugriff auf das immaterielle Gut gegenüber Dritten eingeschränkt werden kann, wie es z. B. bei Urheberrechten der Fall ist.
- **Zukünftiger Nutzen des Wirtschaftsgutes:** Von dem immaterielle Gut muss erwartet werden können, dass es einen zukünftigen Nutzen für das Unternehmen bringt, z. B. in Form von Umsätzen, Kosteneinsparungen oder Ähnlichem.
- **Zuverlässige Ermittlung der Anschaffungs- oder Herstellungskosten:** Die Kosten des immateriellen Gutes müssen ermittelt werden können, z. B. durch sorgfältige und bewertete Stundenaufschreibungen der Programmierer bei selbst erstellter Software.

Beispiel/Praxisfälle:

1. Ein Unternehmen gibt viel Geld für die systematische Weiterbildung von Mitarbeitern aus, die für die Zukunft des Unternehmens sehr nützlich ist. Man kann die Aufwendungen für diese Weiterbildung konkret feststellen und sogar die zusätzlichen Fähigkeiten der Mitarbeiter durch die Weiterbildung identifizieren. Trotzdem ist eine Aktivierung nicht zulässig, da die Verfügungsmacht über diese zusätzlichen Fähigkeiten eingeschränkt ist (Mitarbeiter könnten kündigen). Auch ist der zukünftige Nutzen einer Weiterbildung nicht sicher feststellbar.

2. Ein Brillenhersteller erwirbt von einem italienischen Designer die Lizenz zur Vermarktung des Markennamens „Leonardo“ für 1,5 Mio. EUR. Dieser immaterielle Wert ist aktivierbar, da alle obigen Kriterien zutreffen (die Lizenz ist als separates Gut identifizierbar, das Unternehmen hat die alleinige Verfügungsmacht über die Lizenz, es ist ein zukünftiger Nutzen durch Umsatzerlöse erkennbar, und die Lizenz ist zu einem eindeutig feststellbaren Preis erworben worden.
3. Die EDV-Abteilung eines Unternehmens hat eine Software entwickelt, um die Logistikaktivitäten zu optimieren. Mittels der Software kommen die Waren schneller und kostengünstiger zum Kunden. Die Kosten für diese Software können nach IFRS (nicht nach HGB!) aktiviert werden,
   - da identifizierbar (die Software ist ein selbstständiges, abgegrenztes Programm),
   - da die Verfügungsmacht über das Programm besteht (andere Unternehmen haben keinen Zugriff),
   - da es einen Nutzen bringt (Kosteneinsparung, schnellere Bedienung der Kunden),
   - da die Kosten für die Programmierung festgestellt werden können (Stundenaufschreibung der Programmierer).

Forschungs- und Entwicklungsaufwendungen

Nach HGB ist die Aktivierung von Forschungs- und Entwicklungsaufwendungen verboten, wenn diese im eigenen Unternehmen vorgenommen wurden (§ 248 Abs. 2 HGB).

Auch hier gehen die IFRS ganz anders vor. IAS 38 sieht dies anders und trennt in

- Forschungsaufwand: Hierunter wird die eigenständige und planmäßige Suche mit der Aussicht auf neue wissenschaftliche oder technische Erkenntnisse verstanden.
- Entwicklungsaufwand: Dies ist die Anwendung von Forschungsergebnissen oder anderem Wissen mit dem konkreten Ziel der Neuschaffung oder Verbesserung von Produkten oder Verfahren.

Regelung:

- Forschungsaufwendungen unterliegen auch nach IFRS einem Aktivierungsverbot.
- Eigene Entwicklungskosten sind dagegen unter bestimmten Bedingungen aktivierungspflichtig.
- Es wird davon ausgegangen, dass ein Unternehmen in der Forschungsphase nicht beweisen kann, dass die Forschung einen sicheren (!) zukünftigen wirtschaftlichen Nutzen haben wird. Damit wird nun fraglich, *ob überhaupt ein immaterieller Vermögenswert existiert.*

Wann kann Entwicklungsaufwand aktiviert werden? Entwicklungen sind dagegen „nah am konkreten Produkt", allerdings müssen für die Aktivierung folgende Kriterien erfüllt sein:

- Das Entwicklungsprojekt muss technisch realisiert werden können,
- Das Unternehmen muss die konkrete Absicht haben, diese Entwicklung auch fertig zu stellen,
- Das Unternehmen muss in der Lage sein, die dann fertiggestellte Entwicklung auch wirtschaftlich zu nutzen,
- Die Art und Weise der späteren Nutzung muss konkret sein, also z. B. Nachweis über vorhandene Absatzmärkte.
- Das Unternehmen muss finanziell in der Lage sein, die geplante Entwicklung auch abzuschließen,
- Die Entwicklungskosten müssen kostenmäßig exakt belegt werden können.

Es ist in der Praxis allerdings häufig problematisch festzustellen, wann Forschung aufhört und konkrete Entwicklung anfängt. Hier muss im Einzelfall der Nachweis geführt werden.
Beispiel: Ein Automobilhersteller investiert Milliarden Euro in Forschung und Entwicklung. Wann hört hier z. B. die Forschung an einem neuen Sicherheitssystem auf und wann beginnt die konkrete Entwicklung für die Produktionsreife?

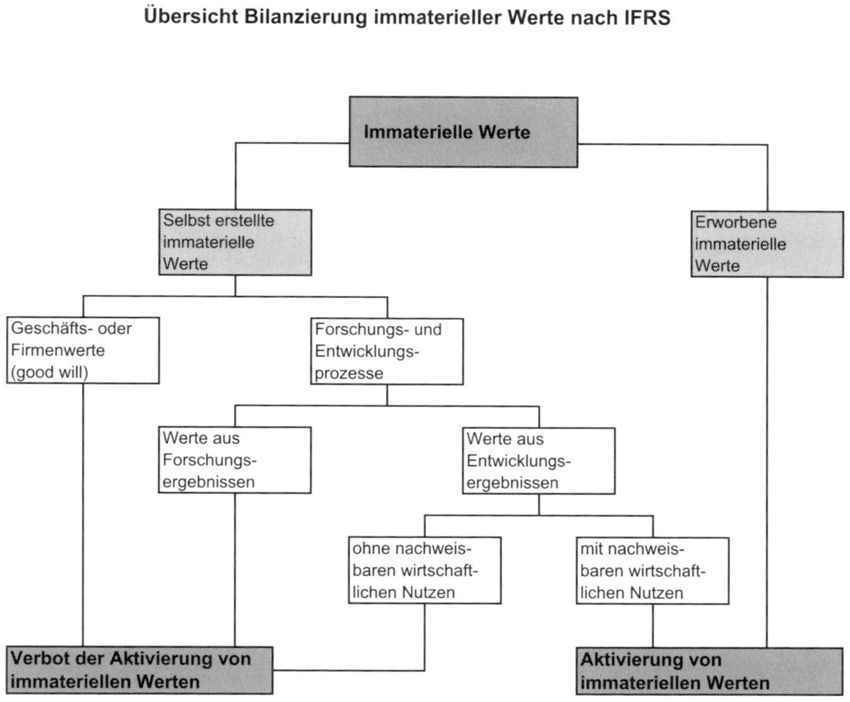

Abbildung 33: Aktivierung immaterieller Werte

Aktivierung eines „Goodwill"

Was ist ein Goodwill? Im Goodwill spiegelt sich der eigentliche Wert des Unternehmens. Es ist der Geschäfts- oder Firmenwert eines gekauften Unternehmens. Es ist der Unterschiedsbetrag zwischen dem Wert der Vermögensgegenstände abzüglich der Schulden eines gekauften Unternehmens und dem gezahlten Kaufpreis. In der Praxis ist dies meist der eigentliche Wert eines Unternehmens, denn man kauft ja in der Regel nicht die Vermögensgegenstände (z. B. die Maschinen), sondern einen „guten Ruf", einen profitablen Kundenstamm, im Grunde die zukünftig zu erwartenden Erträge.

Vermögen	5.000.000 EUR
- Schulden	4.000.000 EUR
= Buchwert des Unternehmens	1.000.000 EUR
Kaufpreis	10.000.000 EUR
- Buchwert des Unternehmens	1.000.000 EUR
= Goodwill	**9.000.000 EUR**

Abbildung 34: Rechenbeispiel Goodwill

Goodwill nach HGB und IFRS: Nach § 255 Abs. 4 HGB besteht ein Wahlrecht für die Behandlung dieses Unterschiedbetrages. Er kann (das heißt „darf") aktiviert werden und ist dann in den folgenden Jahren abzuschreiben. Man kann (darf) diesen Unterschiedsbetrag aber auch sofort im Aufwand verrechnen.

Lt. IFRS ist dieser Unterschiedbetrag nun zwingend zu aktivieren und in Folge abzuschreiben (IFRS 3). Allerdings darf auch nach IFRS ein vermeintlich selbst geschaffener Goodwill nicht aktiviert werden (Beispiel: Die Geschäftsführung ist lediglich der Meinung, dass das Unternehmen mehr wert ist als das Vermögen abzüglich der Schulden).

2. Anschaffungs- und Herstellungskosten beim Anlagevermögen (Zugangsbewertung)

Anmerkung: Die folgenden Ausführungen betreffen die Anschaffungs- und Herstellungskosten für das immaterielle Anlagevermögen (IAS 38) sowie für das Sachanlagevermögen (IAS 16).

Anschaffungskosten: Die Anschaffungskostendefinitionen nach IFRS unterscheiden sich nicht wesentlich von den HGB-Regelungen (§ 255 Abs. 1 HGB). Auch nach IFRS umfassen die Anschaffungskosten alle Aufwendungen, die geleistet werden müssen, um einen Vermögensgegenstand zu erwerben und ihn in einen betriebsbereiten Zustand zu versetzen. So gehören auch nach IFRS z. B. alle Frachten, Verkehrssteuern, Anschaffungsnebenkosten sowie Kosten der Installation (auch eigene Installationsaufwendungen) zu den Anschaffungskosten.

Unterschiede zu den HGB-Regelungen ergeben sich lediglich in Sonderfällen, z. B. beim Tausch von Vermögensgegenständen oder öffentlichen Investitionszulagen (Details in IAS 16 und IAS 20 geregelt).

Herstellungskosten für selbst erstellte Anlagen: Grundsätzlich müssen die Herstellungskosten für selbst erstellte Anlagen nach den gleichen Grundsätzen wie erworbene Anlagen behandelt werden. Während in IAS 2 die Herstellungskosten für das Vorratsvermögen ausführlich erläutert werden, sind die entsprechenden Hinweise für selbst erstellte Anlagen in IAS 16 und 38 eher dürftig. Hier wird auch auf die Regelungen zum Vorratsvermögen hingewiesen. Wir schließen uns hier dieser Vorgehensweise an und weisen auf das Unterkapitel Vorräte/Fertigungsaufträge hin, in dem ausführlich das Thema Herstellungskosten diskutiert wird. Allerdings auch hier die wesentlichen Eckdaten:

- Nach IFRS besteht ein Vollkostengebot, das heißt, in die Herstellungskosten müssen auch anteilige Gemeinkosten miteinbezogen werden (hier sieht das HGB ein Wahlrecht vor).
- Verwaltungskosten werden in HGB und IFRS unterschiedlich behandelt (siehe unten stehende Abbildung).

Nachträgliche Anschaffungs- und Herstellungskosten: Hier stimmen die IFRS-Regelungen im Wesentlichen mit den Vorschriften des HGB überein. Nach IFRS sind nachträgliche Anschaffungs- oder Herstellungskosten dann zu aktivieren, wenn

- z. B. die Nutzungsdauer einer Maschine durch den Aufwand verlängert wird,
- die Kapazität einer Anlage erweitert wird,
- eine wesentliche Verbesserung der Qualität vorliegt oder
- die Betriebskosten einer Anlage gesenkt werden können.

Besondere Vorschriften bestehen nach IFRS bei einigen Sonderfällen wie z. B. bei Rückbau, Abbruch- oder Rekultivierungspflichten.

	HGB			IFRS		
	Pflicht	Wahlrecht	Verbot	Pflicht	Wahlrecht	Verbot
Materialeinzelkosten	X			X		
Materialgemeinkosten		X		X		
Fertigungseinzelkosten	X			X		
Fertigungsgemeinkosten		X		X		
Sondereinzelkosten der Fertigung	X			X		
Forschungskosten			X			X
Entwicklungskosten			X	X[1]		
Verwaltungskosten						
- produktionsbezogene		X		X		
- allgemeine		X				X
Fremdkapitalzinsen						
- produktionsbezogene Zinsen		X[2]			X	
- nicht produktionsbezogene Zinsen			X			X
Vertriebskosten			X			X

[1] Entwicklungskosten sind nur gemäß den Kriterien des IAS 38 ansatzpflichtig

[2] Lediglich Zinsen, die zur Finanzierung eines Vermögensgegenstandes aufgewendet wurden, soweit sie auf den Zeitraum der Herstellung entfallen

Abbildung 35: Herstellungskostenermittlung beim Anlagevermögen

3. Abschreibungen und Änderung der Abschreibungsmethode

Bei den Abschreibungen besteht nach IAS 16 kein wesentlicher Unterschied zu den HGB-Regelungen. IFRS fordern, das Abschreibungsvolumen (also z. B. die Anschaffungs- und Herstellungskosten) auf systematischer Grundlage (Verbrauch des wirtschaftlichen Nutzens einer Anlage, also z. B. Veralterung, Verschleiß o. Ä.) über die Nutzungsdauer zu verteilen (geschätzte Jahre der Nutzungsdauer).

Einen Restwert nur dann zu berücksichtigen, wenn er von materieller Bedeutung ist. Abschreibung auf GWG (geringwertige Wirtschaftsgüter) oder die Anwendung der Halbjahresvereinfachungsregel sind auch nach IFRS zulässig. Die Jahre der Nutzungsdauer sind regelmäßig zu überprüfen und ggf. anzupassen.

Achtung! Nach § 254 HGB kann ein steuerlicher Aspekt bzw. eine steuerliche Regelung Basis für die Abschreibungshöhe sein. Danach kann man z. B. die degressive Abschreibungsmethode wählen, auch wenn sie nicht dem tatsächlichen Werteverzehr des Anlagegutes entspricht. **Nach IAS 16 muss eine Abschreibungsmethode dem tatsächlichen Werteverzehr entsprechen.**

Grundsätzlich sind alle bekannten bzw. gängigen Abschreibungsmethoden auch nach IFRS zulässig:

- Lineare Methode, die das Abschreibungsvolumen gleichmäßig auf die Jahre der Nutzung verteilt.
- Degressive Methode, die in den ersten Perioden höher abschreibt (hier wird unterstellt, dass der Wertverlust in den ersten Jahren der Nutzung höher ist, z. B. beim PKW).
- Leistungsabhängige Abschreibung, die unterstellt, dass ein Anlagegut in Abhängigkeit der Nutzungsintensität altert.

Im Rahmen der IFRS-Bilanzierung nutzt die Praxis üblicherweise die lineare Methode (die auch international unstrittig ist).
Abschreibungen auf immaterielle Anlagen (IAS 38): Man unterscheidet begrifflich im Englischen. Im Sachanlagevermögen spricht man von „depreciation", beim immateriellen Anlagevermögen von „amortization". Ferner gelten folgende Regeln:

- Der Restwert immaterieller Anlagen ist grundsätzlich mit null anzusetzen.
- Im Zweifel ist die lineare Abschreibung anzuwenden.
- Die Abschreibungsdauer sollte grundsätzlich nicht mehr als 20 Jahre betragen.

Allerdings sind obige Annahmen im Zweifel widerlegbar (so kann es z. B. vertraglich gesicherte Rechte geben, deren Vertragslaufzeit über 20 Jahre hinausgeht).
Außerplanmäßige Abschreibungen: Nun kann der Fall eintreten, dass der Zeitwert eines Vermögensgegenstandes unter seinen Buchwert fällt.
Beispiel: Ein Unternehmen hat eine computergesteuerte Fräsmaschine gekauft. Dummerweise hat sie ein Auslaufmodell gekauft, denn kurz nach dem Kauf kam bereits die nächste „Technologiegeneration" auf den Markt. Der Buchwert der Maschine liegt noch bei 50.000 EUR, der potenzielle Veräußerungspreis allerdings nur noch 20.000 EUR.
Nach IAS 36 ist bei derartigen Wertminderungen eine außerplanmäßige Abschreibung vorzunehmen. Im Gegensatz zu § 253 Abs. 2 S. 3 HGB (Regelung außerplanmäßige Abschreibung) muss diese Wertminderung nach IFRS nicht zwingend von Dauer sein.

Der Impairment-Test. Ist der Wert gesunken? Bei außerplanmäßigen Abschreibungen ist die Voraussetzung ein sogenannter Impairment-Test (impairment = Wertminderung). Dieser prüft z. B. folgende Tatbestände:

- Ist der Marktwert eines Gutes erheblich gesunken?
- Ist eine Anlage nur vermindert nutzbar (z. B. durch einen Schaden)?
- Gibt es wesentliche technologische oder Marktentwicklungen, die einen negativen Effekt auf das Unternehmen haben?

Der Betrag der Wertminderung ergibt sich aus der Differenz zwischen Buchwert und Marktwert:

Buchwert	80.000 EUR
Marktwert	60.000 EUR
Wertminderung	**20.000 EUR**

Auch gibt es jetzt noch einige kompliziertere Methoden, z. B. die Berechnung eines Ertragswertes. Hier ist im Einzelfall am besten eine Abstimmung mit den Wirtschaftsprüfern anzuraten. Eventuell kann der beizulegende Wert nach § 253 Abs. 2 S. 3 HGB übernommen werden.
Anmerkung: Die IFRS kennen noch eine Reihe von Sonderfällen im Rahmen der außerplanmäßigen Abschreibung, auf die hier aber nicht eingegangen werden kann.
Zuschreibungen: Es ist eine sogenannte Wertaufholung, also eine Zuschreibung, durchzuführen, wenn der Grund für die Wertminderung entfallen ist (IAS 36).
Umstellung der Abschreibungsmethode: In der deutschen Rechnungslegung ist es gängige Praxis, zunächst degressiv abzuschreiben, um dann nach einigen Jahren auf die lineare Abschreibung überzugehen. Der Beginn mit der degressiven Abschreibung hat in erste Linie steuerliche Gründe, da höhere Abschreibung in den ersten Jahren zu einer Steuerersparnis führen.
Im Rahmen der IFRS ist allerdings die lineare Abschreibung üblich, und beim Übergang von HGB auf IRFS stellen die Unternehmen dann auf die lineare Abschreibung um. **Nach IAS 1 muss nun ein IFRS-Abschluss so aufgestellt sein, als ob schon immer nach IFRS bilanziert worden wäre.**

Effekte Umstellung der Abschreibungsmethode

Beispiel: Ein Anlagevermögen von 150.000 wird durchschnittlich nach HGB über 8 Jahre abgeschrieben, wobei in den ersten Jahren degressiv mit 20 % abgeschrieben wird, ab dem 4. Jahr wird dann auf die lineare Abschreibung übergegangen. Im Zuge der Umstellung von HGB auf IFRS im 5. Jahr geschieht ein Wechsel in diesem Unternehmen grundsätzlich auf die lineare Abschreibung.

	Lineare Abschreibung		Erst degressiv, dann linear		Nachträglich lineare Abschreibung	
	Abschreibung	Restwert	Abschreibung	Restwert	Differenz Restbuchwerte absolut	in %
Anschaffungs-kosten		150.000		150000		
1. Jahr	18.750	131.250	30.000	120.000	11.250	9%
2. Jahr	18.750	112.500	24.000	96.000	16.500	17 %
3. Jahr	18.750	93.750	19.200	76.800	16.950	22 %
4. Jahr	18.750	75.000	15.360	61.440	13.560	22 %
5. Jahr	18.750	56.250	15.360	46.080	**10.170**	**22 %**
6. Jahr	18.750	37.500	15.360	30.720	6.780	22 %
7. Jahr	18.750	18.750	15.360	15.360	3.390	22 %
8. Jahr	18.750	0	15.360	0	0	

Es ergibt sich im 5. Jahr ein erheblich höherer Wertansatz für das Anlagevermögen (+22 %).

Abbildung 36: Umstellung der Abschreibungsmethode

Der Effekt ist in diesem Fall, dass das Anlagevermögen nach IFRS höher ausgewiesen wird, das Unternehmen hat demnach nach IFRS ein höheres Vermögen.

4. Neubewertung von Anlagevermögen

Eine Bewertung von Sachanlagen erfolgt grundsätzlich zu fortgeführten Anschaffungs- und Herstellungskosten. Das sind z. B. Anschaffungskosten minus planmäßige Abschreibungen. Dies nennt man auch **Benchmark-Methode**. Aber auch eine **alternative Methode** ist zulässig: eine Neubewertung nach dem Zeitwert. **Hier unterscheidet sich jetzt die IFRS-Regelung grundsätzlich von den HGB-Vorschriften.**

Nach HGB ist die Obergrenze der Bewertung die Anschaffungs- und Herstellungskosten (§ 253, Abs. 1 HGB). Nach IAS 16 (Sachanlagevermögen) und IAS 38 (immaterielle Vermögenswerte) darf man sogar nach dem Prinzip des Fair Value eine Neubewertung **über die Anschaffungs- und**

Herstellungskosten hinaus vornehmen. Das ist für das deutsche Bilanzdenken ungewöhnlich.

Beispiel: Ein unbebautes und veräußerbares Grundstück hat einen Buchwert von 200.000 EUR. Ein von Fachleuten erstelltes Gutachten, das auch alle anderen Grundstücke des Unternehmens mit beurteilt hat, ermittelt einen Zeitwert von 350.000 EUR. Dieser Wert wäre realistischerweise auf dem örtlichen Grundstückmarkt zu erzielen. Das Unternehmen verzichtet zunächst auf den Verkauf des Grundstücks, setzt aber als aktuellen Wertansatz für dieses Grundstück 350.000 EUR an.

Unternehmen dürfen nach IAS 16 eine Neubewertung ihrer Vermögensgegenstände vornehmen.

- Dabei ist allerdings zu beachten, dass diese Bewertung nicht „fallweise“ vorgenommen werden darf, also z. B. nicht einzelne Maschinen, Grundstücke, Gebäude usw. neu bewertet werden dürfen. Immer muss die gesamte Gruppe der Anlagegegenstände neu bewertet werden, also z. B. alle Fahrzeuge, Maschinen usw.
- Auch muss diese Neubewertung gegen vorgenommene außerplanmäßige Abschreibung laufen, dass heißt, diese müssen zunächst erfolgswirksam erst wieder „wertaufgeholt“ werden.

Diese Neubewertung muss erfolgsneutral erfolgen (wenn nicht lediglich eine außerplanmäßige Abschreibung wieder korrigiert wurde). Das heißt konkret, dass eine Neubewertungsrücklage (im Rahmen der Position Eigenkapital) gebildet wird. Dies bedeutet: Die Neubewertung führt nicht zu einer Erhöhung des Gewinns des Unternehmens.

Anmerkung: Außerplanmäßige Abschreibungen sind dagegen nicht erfolgsneutral. Sie gehen zu Lasten des Gewinns.

Abschreibungen nach Neubewertung: Nach einer Neubewertung bildet dann der neue Wert die Basis für die folgenden Abschreibungen.

Wenn sich das Unternehmen für eine Neubewertung entscheidet, dann müssen in Folge Neubewertungen in regelmäßigen Abständen vorgenommen werden.

Neubewertung des Sachanlagevermögens

Beispiel: Eine Maschine wurde für 1.000.000 EUR gekauft. Die voraussichtliche Nutzungsdauer beträgt 8 Jahre.
Es wird linear abgeschrieben. Im 4. Jahr wird die Maschine neu bewertet, und der beizulegende Wert beträgt 800.000 EUR.

		Benchmark-Methode		Alternativ-zulässige Methode		
	Jahr	Abschreibung	Restwert	Abschreibung	Zuschreibung	Restwert
1. Jahr	2005	125.000	875.000	125.000	0	875.000
2. Jahr	2006	125.000	750.000	125.000	0	750.000
3. Jahr	2007	125.000	625.000	125.000	0	625.000
4. Jahr	2008	125.000	500.000	125.000	300.000	800.000
5. Jahr	2009	125.000	375.000	200.000	0	600.000
6. Jahr	2010	125.000	250.000	200.000	0	400.000
7. Jahr	2011	125.000	125.000	200.000	0	200.000
8. Jahr	2012	125.000	0	200.000	0	0

Abbildung 37: Neubewertung von Anlagevermögen

5. Behandlung von Leasinggegenständen

Wer immer schon nach deutscher Rechnungslegung mit der Bilanzierung von Leasinggegenständen zu tun hat, kennt es: Es ist eine komplizierte Angelegenheit. Leider bleibt dieses Thema auch nach IFRS kompliziert.

Zunächst findet man im HGB nur recht dürftige Hinweise für die Behandlung von Leasing (z. B. im § 246, Abs. 1, S. 2 HGB). Die bilanzielle Behandlung des Leasings ist in Deutschland wesentlich geprägt von steuerlichen Erlassen. **In den IFRS finden wir dagegen einen ausdrücklichen Punkt zur Behandlung von Leasingverhältnissen** (IAS 17). Die Inhalte dieses Punktes weisen starke Parallelen zu den deutschen steuerrechtlichen Regelungen auf.

Leasing ist eine Vereinbarung, wonach der Leasinggeber gegen Zahlungen dem Leasingnehmer das Recht auf Nutzung eines Vermögensgegenstandes für einen vereinbarten Zeitraum überträgt. Diese einfache Formulierung ist in der Bilanzierungspraxis aber dann längst nicht mehr so einfach.

Operating oder Finance Leasing? Zunächst geht es auch nach IFRS darum, festzustellen, ob ein Operating Leasing oder ein Finance Leasing vorliegt.

- **Operating Leasing:** Die Zurechnung des Leasinggegenstandes erfolgt beim Leasinggeber. Dieser muss den Gegenstand in seinem Abschluss bilanzieren und abschreiben. Der Leasingnehmer zahlt lediglich die Leasingraten. Operate Leasing wird teilweise auch Mietleasing genannt, weil der Charakter dieser Leasingform der Miete nahe kommt.
- **Finance Leasing:** Jetzt erfolgt die Zurechnung des Leasinggegenstandes beim Leasingnehmer. Der Leasingnehmer wird wirtschaftlicher Eientümer, stellt das Leasinggut in seine Bilanz und führt entsprechende Abschreibungen durch. Der Leasinggeber weist den Leasinggegenstand in seiner Bilanz nicht als Anlagevermögen sondern als Forderung aus.

Jetzt gilt der sogenannte Grundsatz „Substance over form“: Nicht das rechtliche, sondern das wirtschaftliche Eigentum ist für die Zuordnung des Leasinggegenstandes entscheidend.

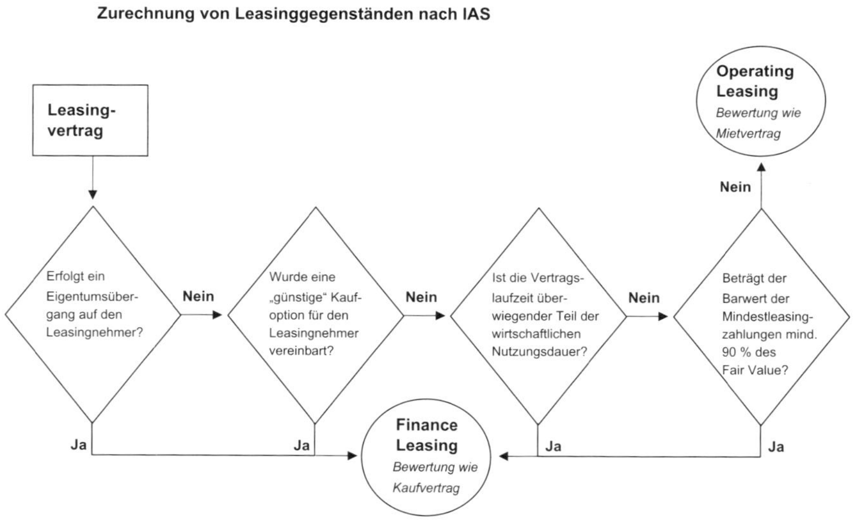

Abbildung 38: Prüfung Operating- oder Finanzleasing

Beispiel: Die Leasing-AG schließt einen Leasingvertrag mit der Kunsstoff-AG. Eine Vergussmaschine mit einer Nutzungsdauer von zehn Jahren wird für eine feste Grundmietzeit von acht Jahren vermietet. Danach ist die Maschine zurückzugeben. Da jetzt die Mietzeit den überwiegenden Teil der

Nutzungsdauer ausmacht, ist diese Maschine beim Leasingnehmer zu bilanzieren.
Anmerkung: *Im Rahmen des Leasings gibt es eine Reihe von Besonderheiten, die immer im Einzelfall zu klären sind und auf die hier nicht im Detail eingegangen werden kann. Im Zweifel ist immer die Abstimmung mit den Wirtschaftsprüfern erforderlich.*

Finanzvermögen

Was gehört zum Finanzvermögen? Dies sind Anteile an verbundenen Unternehmen, Wertpapiere, Ausleihungen und Ähnliches. Dabei kann Finanzvermögen zum Anlage- und zum Umlaufvermögen gehören.
Anmerkung hierzu: Kurzfristige Forderungen, die in der Literatur auch zum Finanzvermögen gezählt werden, werden in Anlehnung an die Bilanzgliederung im Kapitel Restliche Posten der Aktivseite behandelt.
Hier befinden wir uns nun in einem der kompliziertesten Themenbereiche im Rahmen der Überleitung vom HGB zu den IFRS. Zunächst: Das HGB regelt Ansatz und Bewertung des Finanzvermögens einfacher als die IFRS. Auch ist im Rahmen der Internationalen Rechnungslegung gerade bei diesem Thema noch vieles in der Diskussion, so dass auch immer mal wieder Änderungen zu erwarten sind.
Im Wesentlichen geht es um die Behandlung von Beteiligungen und Wertpapieren.

1. Behandlung von Beteiligungen

Das Thema Beteiligungen ist in diversen Vorschriften geregelt: IAS 27 (Tochterunternehmen, Konzernabschluss), IAS 28 (Assoziierte Unternehmen), IAS 31 (Joint Ventures), IAS 36 (außerplanmäßige Abschreibungen auf Beteiligungen) und IAS 39 (Sonstige Anteile).
Dabei ist zu beachten, dass es bei den Beteiligungen zwei unterschiedliche Sichtweisen gibt:
1. Beteiligung im Einzelabschluss des Unternehmens
2. Beteiligungsausweis im Konzernabschluss
Anmerkung: In diesem Kapitel geht es um die Beteiligung im Einzelabschluss. Die Behandlung von Beteiligungen im Konzernabschluss (Konsolidierungsfragen) siehe Kapitel Konzernrechnungslegung.

Es gibt eine Vielzahl von Beteiligungsarten:

- **Anteile an Tochterunternehmen:** Hier übt „die Mutter" eine Kontrolle über „die Tochter" aus. Die Vorschriften des IAS 27 entsprechen im Wesentlichen den Vorschriften nach § 271 HGB Abs. 2 in Verbindung mit § 290 HGB Abs. 1 u. 2. (Achtung: Im Zweifel gibt es immer Unterschiede, vor allem wenn man in die letzten Details geht!)
- **Anteile an sogenannten assoziierten Unternehmen:** Hier muss ein signifikanter Einfluss vorliegen, der z. B. angenommen wird, wenn der Anteil an dem Unternehmen mindestens 20 % oder größer ist.
- **Anteile an Gemeinschaftsunternehmen (Joint Ventures):** Hier ist charakteristisch, dass Einfluss auf eine Unternehmensgruppe ausgeübt wird.
- **Sonstige Anteile:** Hier wird davon ausgegangen, dass keine Einflussmöglichkeit besteht.

Diese Beteiligungen müssen nun in der Bilanz bewertet werden (siehe unten stehende Übersicht).

Übersicht Bewertung von Beteiligungen im IFRS-Einzelabschluss

Beteiligungsart	IFRS-Standard	Beschreibung der Einflussnahme	Bewertung
Tochter	IAS 27	Kontrolle über die Finanz- und Geschäftspolitik	**Wahl** zwischen - Anschaffungskosten - at equity - Zeitwert (Fair Value)
Assoziierte Unternehmen	IAS 28	Signifikanter Einfluss (Anteil größer 20 %)	**Wahl** zwischen - Anschaffungskosten - at equity - Zeitwert (Fair Value)
Joint Ventures (Gemeinsame Unternehmen)	IAS 31	Gemeinsame Kontrolle oder signifikanter Einfluss	**Wahl** zwischen - Anschaffungskosten - at equity - Zeitwert (Fair Value)
Sonstige Anteile	IAS 39	Weder Kontrolle noch signifikanter Einfluss	Zeitwert (Fair Value)

Abbildung 39: Übersicht Bewertungen von Beteiligungen im IFRS-Einzelabschluss

In Anlehnung an obige Übersicht gibt es folgende Bewertungsansätze:

- **Anschaffungskosten:** Historische Anschaffungskosten, mit denen diese Beteiligung erworben wurde.
- **At Equity (Equity = Eigenkapital):** Die sogenannte Eigenkapitalmethode: Der Wert der Beteiligung wird der Entwicklung des Eigenkapitals „der Tochter“ angepasst. Siehe unten stehendes Beispiel.
- **Zeitwert:** Der sogenannte „Fair Value“. Zu diesem Wert wird die Beteiligung auf dem Markt bewertet.

Eine außerplanmäßige Abschreibung wird bei dauernder Wertminderung verlangt (siehe Abb. 40).

2. Behandlung von Wertpapieren

Vor ihrer Bewertung müssen Wertpapiere nach IFRS zunächst nach ihrem Verwendungszweck eingeteilt werden. Es gilt der Grundsatz: Erst einteilen, dann bewerten. Man unterteilt in

- **Held-to-Maturity Investments (Halten bis zur Fälligkeit):** Hierunter versteht man Wertpapiere, die einen festen Fälligkeitstermin haben. Nach IAS 39 muss das Unternehmen die Absicht haben, diese Papiere bis zur Fälligkeit zu halten. So dürfen z. B. Wertpapiere aus dieser Kategorie in den letzten zwei Jahren nicht veräußert worden sein. Sie können im Anlage- und Umlaufvermögen in der Bilanz ausgewiesen werden. Aktien haben z. B. keine Endfälligkeit und können so keine Held-to-Maturity investments sein.
- **Trading Investments (Handelspapiere):** Diese Papiere werden zu Handels- oder Spekulationszwecken gehalten, z. B. Aktien. Der Ausweis kann im Anlage- oder Umlaufvermögen erfolgen. In der Regel erfolgt er im Umlaufvermögen.
- **Available-for-Sale Investments (Halten bis zum Verkauf):** Diese Papiere passen in keine der oben genannten Kategorien. Es liegt keine eindeutige Handelsabsicht vor, und es fehlt auch das Held-to-Maturity-Kriterium (Fälligkeit). In diese Klasse fällt ein Großteil von Wertpapieren. Hauptmotiv für diese Investments ist häufig das Anlegen überschüssiger Gelder (z. B. in Anleihen, aber auch Aktien).

Beispiel: Die Brau-AG hält Rentenpapiere mit einer Restlaufzeit von acht Jahren. Man beabsichtigt, die Papiere bis zur Fälligkeit zu behalten. Normalerweise wären dies typische Held-to-Maturity-Papiere. Allerdings hat man

Beispiele für Bewertungen nach der Equity-Methode

1. Equity-Methode ohne Berücksichtigung von stillen Reserven und Goodwill

Beispiel: Die Nord-AG erwirbt Ende 2006 einen 30 %-igen Anteil = 240.000 EUR an der neu gegründeten Süd-GmbH. Im Jahr 2007 erzielt die Süd-GmbH einen Gewinn von 180.000 EUR.

Nord-AG		Ausgangsbilanzen 2006		Süd-AG			
Anlageverm.	1.200.000	Eigenkapital	1.000.000	Anlageverm.	600.000	Eigenkapital	400.000
Beteiligung	0	Gewinn	0	St. Reserven	0	Gewinn	0
Umlaufverm.	600.000	Schulden	800.000	Umlaufverm.	200.000	Schulden	400.000
Bilanzsumme	1.800.000	Bilanzsumme	1.800.000	Bilanzsumme	800.000	Bilanzsumme	800.000

Nord-AG		Bilanzen nach Beteiligung		Süd-AG			
Anlageverm.	1.200.000	Eigenkapital	1.000.000	Anlageverm.	600.000	Eigenkapital	400.000
Beteiligung	240.000	Gewinn	0	St. Reserven	0	Gewinn	0
Umlaufverm.	360.000	Schulden	800.000	Umlaufverm.	200.000	Schulden	400.000
Bilanzsumme	1.800.000	Bilanzsumme	1.800.000	Bilanzsumme	800.000	Bilanzsumme	800.000

Nord-AG		Bilanzen nach Gewinn		Süd-AG			
Anlageverm.	1.200.000	Eigenkapital	1.000.000	Anlageverm.	600.000	Eigenkapital	400.000
Beteiligung	294.000	Gewinn	54.000	St. Reserven	0	Gewinn	180.000
Umlaufverm.	360.000	Schulden	800.000	Umlaufverm.	380.000	Schulden	400.000
Bilanzsumme	1.854.000	Bilanzsumme	1.854.000	Bilanzsumme	980.000	Bilanzsumme	980.000

2. Equity-Methode mit Berücksichtigung von stillen Reserven und Goodwill

Beispiel: Die Nord-AG erwirbt Ende 2006 einen 30%-igen Anteil für 340.000 EUR an der Ost-GmbH. Im Jahr 2007 erzielt die Ost-GmbH einen Gewinn von 180.000 EUR.

Nord-AG		Ausgangsbilanzen 2006		Süd-AG			
Anlageverm.	1.200.000	Eigenkapital	1.000.000	Anlageverm.	600.000	Eigenkapital	600.000
Beteiligung	0	Gewinn	0	St. Reserven	200.000	Gewinn	0
Umlaufverm.	600.000	Schulden	800.000	Umlaufverm.	200.000	Schulden	400.000
Bilanzsumme	1.800.000	Bilanzsumme	1.800.000	Bilanzsumme	1.000.000	Bilanzsumme	1.000.000

Nord-AG		Bilanzen nach Beteiligung		Süd-AG			
Anlageverm.	1.200.000	Eigenkapital	1.000.000	Anlageverm.	600.000	Eigenkapital	600.000
Beteiligung	340.000	Gewinn	0	St. Reserven	200.000	Gewinn	0
Umlaufverm.	260.000	Schulden	800.000	Umlaufverm.	200.000	Schulden	400.000
Bilanzsumme	1.800.000	Bilanzsumme	1.800.000	Bilanzsumme	1.000.000	Bilanzsumme	1.000.000

Die 30%ige Beteiligung der Nord-AG setzt wie folgt zusammen:

Anteil am Anlage- u. Umlaufvermögen der Ost-GmbH	240.000	(30 % d. Anlage - u. Umlaufv. Ost-GmbH
Anteil an den stillen Reserven der Ost-GmbH	60.000	(30 % der stillen Reserven d. Ost-GmbH
Goodwill	40.000	(Kaufpreis - Gesamtwert Ost-GmbH)
= Beteiligung	**340.000**	

Nord-AG		Bilanzen nach Gewinn		Süd-AG			
Anlageverm.	1.200.000	Eigenkapital	1.000.000	Anlageverm.	600.000	Eigenkapital	600.000
Beteiligung	386.000	Gewinn	46.000	St. Reserven	200.000	Gewinn	180.000
Umlaufverm.	260.000	Schulden	800.000	Umlaufverm.	380.000	Schulden	400.000
Bilanzsumme	1.846.000	Bilanzsumme	1.846.000	Bilanzsumme	1.180.000	Bilanzsumme	1.180.000

Der Buchwert der Beteiligung der Nord-AG errechnet sich wie folgt:

Buchwert zu Beginn der Periode	340.000	
Gewinnanteil	54.000	(30 % von 180.000)
Abschreibung auf anteilige stille Reserven	-6.000	(10 % von 60.000)
Abschreibung Goodwill	-2.000	(5 % von 40.000 lt. IAS 22)
Neuer Buchwert der Beteiligung	**386.000**	

Abbildung 40: Beispiel Bewertung nach der Equity-Methode

aus diesem Rentenpapierposten letztes Jahr eine größere Anzahl veräußert, da man einen günstigen Kredit nicht ablösen wollte; so kam es zu einem Finanzengpass. Dieses Veräußern ist das „k.-o.-Kriterium", und die Rentenpapiere dürfen nicht mehr als Held-to-Maturity-Papiere klassifiziert werden. Unten stehend eine Übersicht über Definitionen und Bewertungen.

Behandlung von Wertpapieren (IAS 39)

	Held-to-Maturity	Trading	Available-for-Sale
Inhalt	Hier besteht die Absicht, die Wertpapiere bis zur Fälligkeit zu halten	Wertpapiere, die zum Zwecke kurzfristiger Gewinnmitnahmen gehalten werden	Wertpapiere, die in keine der anderen beiden Kategorien passen
Ausgangs-bewertung	Anschaffungskosten	Anschaffungskosten	Anschaffungskosten
Folge-bewertung	Amortisierte Anschaffungskosten	Zeitwert (Fair Value)	Zeitwert (Fair Value)
Gewinne/ Verluste	Erfolgswirksame Zinszuschreibung und außerplanmäßige Ab- und Zuschreibungen	Erfolgswirksam	Wahlweise: Erfolgswirksam oder erfolgsneutral

Abbildung 41: Behandlung von Wertpapieren

Die Bewertung von sogenannten Finanzderivaten bzw. Sicherungsgeschäften (Termingeschäfte, Optionen, Swaps usw.) ist sehr differenziert in IAS 39 geregelt, und es sind sehr viele Details zu berücksichtigen. Grundsätzlich kommt der „Fair Value" zum Ansatz, wobei Wertänderungen für zu erwartende Verluste oder Gewinne zu berücksichtigen sind.

Vorräte/Fertigungsaufträge

Unternehmen erstellen eine Reihe von Eigenleistungen, z. B.:

- Halbfabrikate: Das sind angearbeitete Teile, z. B. noch nicht endgültig fertiggestellte Möbel
- Fertigfabrikate: Zum Beispiel fertige Möbel (die ehemals Halbfabrikate waren und nun fertiggestellt sind)
- Oder langfristige Projekte wie z. B. den Auftrag für den Aufbau einer kompletten Endmontage in einem Industriebetrieb.

Durch diese Eigenleistungen wird Vermögen geschaffen, und so muss dieses Vermögen wie die zugekauften Güter ebenfalls aktiviert werden. Dies ist aber nun komplizierter als die Bewertung mit den Anschaffungskosten wie z. B. bei zugekauften Gütern. Die Ermittlung der Anschaffungskosten erfolgt relativ einfach z. B. per Rechnung. Vorräte und Fertigungsaufträge müssen dagegen kalkuliert werden. Jetzt ist zu prüfen, welche Unterschiede es zwischen den HGB- und den IFRS-Regelungen im Rahmen dieser Bewertung von Eigenleistungen gibt.
Dabei werden nun folgende zwei Problemkreise behandelt:

1. Bewertung der Vorräte (Herstellungskostenbewertung)
2. Gewinnrealisierung bei langfristiger Fertigung

1. Bewertung der Vorräte

Selbst erstellte Güter werden mit den sogenannten Herstellungskosten bewertet. Dies bedeutet, dass ein Vermögensgegenstand zu dem Wert in der Bilanz zum Ansatz kommt, den er bei der Herstellung das Unternehmen gekostet hat.
Herstellungskosten setzen sich aus einer Vielzahl von Kostenarten zusammen: Materialkosten, Energie, Arbeitskosten wie Löhne und Gehälter, Abschreibungen, Reparaturen usw. Problematisch ist nun, exakt die Kosten und deren Höhe zu finden, die für die Erstellung der eigenen Leistungen aufgewandt werden. Es muss also kalkuliert werden. Weit verbreitet ist in diesem Zusammenhang die sogenannte Zuschlagskalkulation, mit der die Kostenrechnung die Produkte bis zum Verkaufspreis kalkuliert. Grundsätzlich werden Unternehmen bei der Wahl und Durchführung ihrer Kalkula-

tionsmethode nicht reglementiert, es gibt keine gesetzlichen Regelungen. Das Unternehmen kann also unabhängig von gesetzlichen Regelungen kalkulieren „wie es will".

Anders dagegen, wenn die Eigenleistungen für die Bewertung im Rahmen der externen Rechnungslegung kalkuliert, das heißt bewertet werden. Lt. HGB und IFRS dürfen nur bestimmte Kostenarten zum Ansatz kommen.

Ermittlung der Herstellungskosten: Die Ermittlung der Herstellungskosten ist in § 255 Abs. 2 HGB und IAS 2 geregelt. Danach kommen folgende Kostenarten zum Ansatz:

- Zwingend müssen in beiden Rechenwerken die Einzelkosten wie Material- und Fertigungseinzelkosten angesetzt werden.
- Für anteilige Gemeinkosten besteht lt. HGB ein Wahlrecht, bei den IFRS ein Pflichtansatz.

Das bedeutet: Nach HGB ist ein Teilkostenansatz möglich, das heißt, es werden nur Teile der das Produkt verursachenden Kosten mit einbezogen. Dadurch werden die Vermögensgegenstände niedriger bewertet und stehen dann auch niedriger in der Bilanz. Nach IFRS ist ein Vollkostenansatz vorgeschrieben, das heißt, alle Kosten kommen zur Aktivierung, der Bilanzausweis fällt höher aus.

- Sonderkosten der Fertigung (z. B. direkt zurechenbare Werkzeugkosten) gehören in beiden Rechenwerken zwingend in die Herstellkosten.
- Der Ansatz von Forschungskosten ist jeweils verboten, Entwicklungsaufwand ist lt. HGB verboten (weil immateriell), lt. IFRS aber unter bestimmten Voraussetzungen Pflicht. Lt. IAS 38 sind Entwicklungskosten zu aktivieren, wenn folgende Kriterien erfüllt sind:
- Identifizierbarkeit des immateriellen Vermögenswertes (bilanzielle Greifbarkeit)
- Verfügungsmacht über den Gegenstand
- Wahrscheinlichkeit, dass ein dem Gegenstand zuordenbarer wirtschaftlicher Nutzen dem Unternehmen zufließen wird
- Zuverlässig ermittelbare Kosten

(vergleiche auch ausführlicher hierzu obiges Kapitel zum immateriellen Anlagevermögen)

- Nach HGB gibt es für die gesamten **Verwaltungskosten** ein Wahlrecht. Die IFRS dagegen sehen für die allgemeinen Verwaltungskosten ein Ansatzverbot vor, für die produktionsbezogenen Verwaltungskosten besteht allerdings Ansatzpflicht. Die Differenzierung zwischen allgemeinen und produktionsbezogenen Verwaltungskosten ist in der Praxis schwer. Als typisches Beispiel für produktionsbezogene Verwaltungskosten kann man die Kosten der Lohnbuchhaltung für die Produktionskräfte nennen.
- Der Ansatz **nicht produktionsbezogener Zinsen** ist nach HGB und IFRS verboten.
- **Produktionsbezogene Zinsen** müssen lt. HGB direkt zurechenbar sein und auf den Zeitraum der Herstellung entfallen. Lt. IAS 23 gibt es ein Wahlrecht für produktionsbezogene Zinsen, wenn es sich um ein sogenanntes „qualifying asset" (siehe unten) handelt.
- Der Ansatz von **Vertriebskosten** ist nach HGB und IFRS gleichsam verboten.

Hinweis: Qualifying assets (qualifizierte Vermögenswerte) sind solche Vermögenswerte, für die ein beträchtlicher Zeitraum für die Herstellung erforderlich ist, um sie in einen gebrauchs- oder verkaufsfähigen Zustand zu versetzen. Vorräte, die routinemäßig und über einen kurzen Zeitraum gefertigt werden, erfüllen nach IAS 23.6 nicht die Voraussetzungen eines qualifizierten Vermögenswertes.
Beispiel: Ein Hersteller von Brillen in Südostbayern bekommt einen Auftrag eines internationalen Modehauses, eine Brille herzustellen, die zur kommenden Kleiderkollektion passt. Für diesen Auftrag müssen eine Spezialmaschine und teure Spezialmaterialien (Karbonfaserwerkstoffe) beschafft werden; der Zeitraum von dem Entwurf der Brille bis zu den ersten fertigen Modellen dauert ca. 1,5 Jahre. Für die Maschine und das Material wird ein Bankkredit von 90.000 EUR zu 8 % Zinsen für ein Jahr aufgenommen. Die Zinsen von 7.200 EUR dürfen (Wahlrecht) nun im Rahmen der Herstellungskosten angesetzt werden.

Die Differenzen beim möglichen Ansatz von Kostenarten zwischen HGB und IFRS spielen in der Praxis nur eine untergeordnete Rolle. Die meisten deutschen Unternehmen beziehen sowieso anteilige Gemeinkosten in die Bewertung mit ein.

	HGB			IFRS		
	Pflicht	Wahlrecht	Verbot	Pflicht	Wahlrecht	Verbot
Materialeinzelkosten	X			X		
Materialgemeinkosten		X		X		
Fertigungseinzelkosten	X			X		
Fertigungsgemeinkosten		X		X		
Sondereinzelkosten der Fertigung	X			X		
Forschungskosten			X			X
Entwicklungskosten			X	X[1]		
Verwaltungskosten						
- produktionsbezogene		X		X		
- allgemeine		X				X
Fremdkapitalzinsen						
- produktionsbezogene Zinsen		X[2]			X[3]	
- nicht produktionsbezogene Zinsen			X			X
Vertriebskosten			X			X

[1] Entwicklungskosten sind nur gemäß den Kriterien des IAS 38 ansatzpflichtig

[2] Lediglich Zinsen, die zur Finanzierung eines Vermögensgegenstandes aufgewendet wurden, soweit sie auf den Zeitraum der Herstellung entfallen

[3] Herstellungskostenbezogene Fremdkapitalzinsen sind nur bei sogenannten „qualifying assets" ansatzfähig und bei Vorratsvermögen ausgeschlossen

Abbildung 42: Übersicht Herstellungskosten

Berücksichtigung der Beschäftigungsverhältnisse bei der Ermittlung der Herstellungskosten: Dies ist die Frage, ob bei Unterauslastungen im Unternehmen sämtliche Kosten (z. B. Abschreibungen) auf die Produkte kalkuliert werden dürfen. Denn dies bedeutet, dass bei geringer Auslastung der Bewertungsansatz pro Einheit steigt, der Bilanzansatz also höher ausfällt. Da die Kapazität nicht ausgelastet ist, werden Kosten aktiviert, die für die Herstellung nicht notwendig gewesen wären. Je geringer die Beschäftigung, umso höher die Herstellungskosten pro Stück. Frage: Darf das sein, wie wird dies nach IFRS geregelt?

Das HGB regelt dieses Problem, indem es sagt, dass „angemessene Teile" der Gemeinkosten zum Ansatz kommen dürfen. Die Norm IAS 2 wird hier konkreter und bestimmt, dass fixe Gemeinkosten auf Basis der Normalkapazität zugerechnet werden. In Theorie und Praxis wird dies nun so interpretiert, dass bei der Umlage der Gemeinkosten auf das Stück von normalen

Bewertung bei Normalbeschäftigung		Bewertung bei Unterbeschäftigung	
Produzierte Stückzahl	2.000	Produzierte Stückzahl	1.000
Einzelkosten pro Stück in EUR	30,00	Einzelkosten pro Stück in EUR	30,00
fixe Gemeinkosten gesamt in EUR	20.000	fixe Gemeinkosten gesamt in EUR	20.000
Gemeinkosten pro Stück in EUR	10,00	Gemeinkosten pro Stück in EUR	20,00
Bewertung pro Stück:		**Bewertung pro Stück:**	
Einzelkosten pro Stück in EUR	40,00	Einzelkosten pro Stück in EUR	40,00
Gemeinkosten pro Stück in EUR	10,00	Gemeinkosten pro Stück in EUR	20,00
Bewertungsansatz in EUR	**50,00**	**Bewertungsansatz in EUR**	**60,00**

Abbildung 43: Berücksichtigung der Auslastung bei der Bewertung

Beschäftigungsverhältnissen auszugehen ist. Wird dies nun als Spanne zwischen zwei normalen Beschäftigungsgrößen verstanden, so kann die tatsächliche Kapazitätsauslastung zugrunde gelegt werden, wenn sich die Kapazität in dieser Spanne befindet. Dies entspricht auch dem IAS 2, wonach die tatsächliche Kapazität zugrunde gelegt werden kann, wenn sie der normalen Kapazität nahe kommt. Somit sind die vermeintlichen Unterschiede zwischen HGB und IFRS in der Praxis gering.
Wird allerdings die normale Beschäftigung deutlich unterschritten, dürfen nach HGB und IFRS die überhöhten Stückkosten nicht zum Ansatz kommen (man nennt dies „Verbot der Aktivierung von Leerkosten").
Beispiel: Normalerweise werden in einem Brillenunternehmen für das Ausstanzen der Bügel fünf Stanzmaschinen mit einem Abschreibungsvolumen von 30.000 EUR eingesetzt. Durch mangelnde Auslastung kommen lediglich drei Maschinen zum Einsatz. Jetzt dürfen lediglich 18.000 EUR (drei Maschinen à 6.000 EUR Abschreibungen) in der Bewertung der Bügel (Halbfabrikate) zum Ansatz kommen. Komplizierter wird die Rechnung, wenn alle Maschinen gebraucht werden, alle aber nur gering ausgelastet sind. Hier darf dann lediglich ein z. B. prozentualer Anteil der Abschreibungen zum Ansatz kommen.

2. Gewinnrealisierung bei langfristiger Fertigung

Achtung! Hier finden Sie einen ganz wesentlichen Unterschied zwischen HGB und IFRS.

Eines der (!) Grundprinzipien des HGB ist das Realisationsprinzip (§ 252 Abs. 1 Nr. 4 HGB). Danach dürfen am Bilanzstichtag nur realisierte Gewinne

ausgewiesen werden. So wäre es nach HGB eindeutig verboten, dass ein anteiliger Gewinn für einen längerfristigen und noch nicht abgerechneten Auftrag ausgewiesen wird (wobei dies allerdings mittlerweile auch nach Handelsrecht kontrovers diskutiert wird). Anders nach IAS 11. Hier ist es die Pflicht, dass anteilige Gewinne ausgewiesen werden.
Beispiel: Ein international tätiges Bauunternehmen erstellt ein Bürohochhaus, dessen Bauzeit sich über 2,5 Jahre hinzieht. Nach dem ersten Jahr dürften nach HGB lediglich die „Anlagen im Bau" mit ihren Herstellungskosten bilanziert werden, während nach IFRS bereits ein anteiliger Gewinn aus diesem Projekt ausgewiesen werden muss.
Jetzt beginnt ein Problem: Der anteilige Gewinn muss geschätzt werden.

- Man kennt nun die sogenannten Cost-Plus-Verträge. Der Auftragnehmer bekommt seine Kosten plus eines vereinbarten Gewinnzuschlages vergütet. Dabei müssen die dem Vertrag zurechenbaren Auftragskosten eindeutig bestimmt und verlässlich ermittelt werden können. Dann ist ein anteiliger Gewinn ermittelbar.
- Festpreisverträge: Hier müssen jetzt feststehen
  - Auftragskosten
  - Auftragserlöse
  - die bis zur Fertigstellung des Auftrages noch anfallenden Kosten
  - und der Grad der erreichten Fertigstellung

Jetzt kommt in der Praxis häufig die sogenannte **Percentage-of-Completion-Methode** zum Einsatz. Nach dieser Methode wird der Gewinn nach dem Leistungsfortschritt ermittelt (im Gegensatz zum HGB. Hier wird der Gewinn erst ausgewiesen, wenn der Auftrag „komplett" ist und abgerechnet wurde; dies nennt man die Completed-Contract-Methode). Im Rahmen der Percentage-of-Completion-Methode arbeitet man meist nach der **Cost-to-Cost-Methode**: Diese bedeutet, dass man das Verhältnis der bis zum Stichtag angefallenen Auftragskosten zu den am Stichtag geschätzten Gesamtkosten des Auftrags ermittelt.

Angefallene Auftragskosten am Stichtag:	150.000 EUR
Geschätzte Gesamtkosten des Auftrags:	250.000 EUR
Fertigstellungsgrad:	60 %

So wird jetzt ein anteiliger Gewinn von 60 % als realisiert ausgewiesen.
Alternative: Es kann z. B. auch die erbrachte Leistung begutachtet werden, und auf dieser Basis wird dann ein Gewinnanteil errechnet.

Bewertung langfristiger Fertigungsaufträge

Beispiel: Ein Großauftrag läuft über drei Jahre, der Verkaufserlös beträgt 3.000.000 EUR.
Die geschätzten Gesamtkosten betragen 2.500.000 EUR.
Nun wird nach der Cost-to-Cost-Methode der Gewinnanteil pro Periode ermittelt.

Percentage-of-Completion-Methode (lt. IAS 11)

Jahr	Kosten pro Periode absolut	%	Gewinnanteil pro Periode
1. Jahr 2006	700.000	28 %	140.000
2. Jahr 2007	800.000	32 %	160.000
3. Jahr 2008	1.000.000	40 %	200.000
Summen	2.500.000	100 %	500.000

Zum Vergleich:
Completed-Contract-Methode (lt. HGB)

Kosten pro Periode absolut	%	Gewinnanteil pro Periode
700.000	28 %	0
800.000	32 %	0
1.000.000	40 %	500.000
2.500.000	100 %	500.000

Abbildung 44: Bewertung langfristiger Fertigungsaufträge

Wo wird dieser anteilige Gewinn ausgewiesen? Dies wird in der Literatur unterschiedlich gesehen. Ein Vorschlag ist, die Gewinne im Rahmen der Vorräte auszuweisen. Ein anderer – und so wird es mehrheitlich gesehen und es erscheint plausibler und eher durch die IFRS abgedeckt – schlägt einen speziellen Ausweis unter Forderungen und Umsatzerlöse vor.
Vorgehensweise bei Verlust aus einem Auftrag: Ist abzusehen, dass sich ein Verlust aus einem Auftrag ergibt, so ist dieser in voller Höhe erfolgswirksam (lt. IAS 11 als Rückstellung) zu berücksichtigen.

Restliche Posten der Aktivseite der Bilanz
Jetzt geht es um die Klärung der restlichen Posten des Umlaufvermögens:

1. Forderungen
2. Wertpapiere des Umlaufvermögens
3. Rechnungsabgrenzungsposten
4. Zahlungsmittel

1. Forderungen

Forderungen werden getrennt in:

- Forderungen aus Lieferungen und Leistungen
- Sonstige Forderungen

Forderungen sind nach IAS 39 mit dem Wert zu bewerten, welchen das Unternehmen in Zukunft für die ausgeführten Leistungen erhalten wird. Bei festen und langfristigen Laufzeiten werden Forderungen abgezinst.
Anmerkung: Im Block der Forderungen sind auch aktive latente Steuern auszuweisen, wenn sie kurzfristigen Charakter haben (bei Längerfristigkeit erfolgt ein Ausweis im Anlagevermögen).
Zweifelhafte Forderungen (IAS 39): Dies sind Forderungen, bei denen der Zahlungseingang unsicher ist. Diese müssen jetzt gesondert ausgewiesen werden. Grund dafür: Zweifelhafte Forderungen sind für eventuelle Investoren besonders wichtig. Was nützt ein hoher Forderungsbestand, der möglicherweise nicht realisiert werden kann. Grundsätzlich können zwei Arten von zweifelhaften Forderungen unterschieden werden:

- **Allgemeines Forderungsrisiko:** Dies ist das allgemeine Ausfallrisiko von Forderungen und darf lt. HGB berücksichtigt werden (Pauschalwertberichtigungen auf Forderungen). Nach IFRS gilt allerdings grundsätzlich ein Verbot von Pauschalwertberichtigungen. Es kann aber eine Wertberichtigung differenziert z. B. nach Gruppen, Mahnstufen o. Ä. durchgeführt werden.
- **Spezielles Forderungsrisiko:** Für diese Forderungen ist ein konkretes Ausfallrisiko bekannt. Hier wird auch nach HGB, aber auch IFRS die Forderung wertberichtigt.

Forderungen aus Langfristfertigung: Es werden als „künftige Forderungen" diejenigen separat ausgewiesen, die im Rahmen der Gewinnrealisierung langfristiger Fertigungsaufträge entstanden sind (Gross amount due from costumers for contract work = Künftige Forderungen aus Fertigungsaufträgen).

Anmerkung: Ferner gibt es Sonderfälle, z. B. Behandlung von gekauften Forderungen oder Fremdwährungsforderungen.

2. Wertpapiere des Umlaufvermögens

Wertpapiere, die nur für kurze Zeit gehalten werden, erscheinen im Umlaufvermögen:

- **Trading Securities:** Das sind Wertpapiere, die zum Handel bestimmt sind und bei denen ein längeres Halten nicht beabsichtigt ist.
- **Available-for-Sale Securities** (zum Verkauf verfügbare Wertpapiere): Es ist möglich, dass diese jetzt zweimal auf der Aktivseite der Bilanz auftreten: Einmal im Anlagevermögen, einmal im Umlaufvermögen.

Die Zugangsbewertung erfolgt zu Anschaffungskosten, danach wird zum Fair Value bewertet.
Weitere Details siehe Finanzvermögen.

3. Rechnungsabgrenzungsposten

Der Einfachheit halber werden hier gleich beide Rechnungsabgrenzungsposten behandelt, die aktiven wie die passiven. Rechnungsabgrenzungsposten müssen nach IFRS nicht wie nach HGB ausdrücklich ausgewiesen werden, sondern können als

- **prepaid expenses** (vorausbezahlter Aufwand) unter sonstige Vermögensgegenstände und als
- **prepaid revenue** oder deferred income (vorausbezahlter Ertrag) unter kurzfristigen Schulden

gezeigt werden. In der deutschen IRFS-Praxis werden die Rechnungsabgrenzungsposten trotzdem noch gesondert ausgewiesen (siehe Abb. 45).

4. Zahlungsmittel

Eine einfache Position. Hierunter fallen Bargeld und z. B. jederzeit verfügbare Bankguthaben usw. Darüber hinaus gibt es noch die sogenannten Zahlungsmitteläquivalente. Dies sind z. B. kurzfristig fällige Geldmarktpapiere mit einer Restlaufzeit von unter drei Monaten. Die Zahlungsmittel finden in der Kapitalflussrechnung besondere Berücksichtigung.

Übersicht Rechnungsabgrenzungsposten

	IFRS	HGB
Im Voraus bezahlte Aufwendungen	prepaid expenses, (vorausbezahlter Aufwand) wenn Vermögenswert	Aktiver Rechnungs-abgrenzungsposten
Im Voraus zuge-flossene Erträge	prepaid revenue, (vorausbezahlter Ertrag) wenn Schuld	Passiver Rechnungs-abgrenzungsposten
Entstandene, aber noch nicht erfasste Aufwendungen	accrued expenses	Sonstige Verbindlichkeiten
Entstandene, aber noch nicht zu-geflossene Erträge	accrued revenue	Sonstige Forderungen

Abbildung 45: Übersicht Rechnungsabgrenzungsposten

Eigenkapital

Die IFRS regeln den Ausweis des Eigenkapitals nicht so streng wie das HGB (§§ 266, 272) und diverse Paragraphen des deutschen Aktiengesetzes.
IAS 1 sieht allerdings eine Mindestgliederung vor:

- Gezeichnetes Kapital
- Kapitalrücklagen
- Akkumulierte Ergebnisse (Gewinnrücklagen, Ergebnisvortrag, Jahresüberschuss/-fehlbetrag

Ein Gewinn- oder Verlustvortrag und das Jahresergebnis werden nach IFRS nicht wie im HGB gesondert ausgewiesen, sondern sind hier Bestandteil der Gewinnrücklagen.
Hinweis: Auch wenn deutsche Aktiengesellschaften einen Abschluss nach IFRS machen, orientieren sie sich häufig in der Praxis am detaillierteren Gliederungsschema nach HGB.
Unterschied zum HGB: Die akkumulierten Ergebnisse (accumulated other comprehensive income) enthalten Bestandteile, die es so beim Eigenkapital-

ausweis nach HGB nicht gibt. Diese „other comprehensive income" beinhalten:

- Neubewertungsrücklagen aus der Neubewertung des Anlagevermögens
- Andere nicht erfolgswirksame Einkommensbestandteile (z. B. aus höherer Stichtagsbewertung von Wertpapieren)
- Währungsdifferenzen im Konzern

Diese Positionen können, müssen aber nicht separat ausgewiesen werden, müssen aber in der Eigenkapitalveränderungsrechnung gezeigt und im Anhang erläutert werden.
Eigene Anteile: Wenn z. B. ein Unternehmen eigene Aktien hält, müssen nach § 272 Abs. 4 und § 266 HGB diese eigenen Anteile auf der Aktivseite der Bilanz ausgewiesen werden. Auf der Passivseite werden diese dann wieder neutralisiert. Nach IFRS ist ein saldierter Ausweis vorgesehen, wobei es jetzt mehrere Möglichkeiten gibt:

- Ausweis der Anschaffungskosten der eigenen Anteile als einzigen Abzugsposten im Eigenkapital
- Abzug des Nominalbetrages der eigenen Anteile vom gezeichneten Kapital und der darüber hinausgehenden Anschaffungskosten von den Kapitalrücklagen
- Weitere Verteilung der Anschaffungskosten auf jede Kategorie des Eigenkapitals, also gezeichnetes Kapital, Kapitalrücklagen und Gewinnrücklagen

Das bedeutet: Die Bilanzsumme nach IFRS wird immer um die Höhe der eigenen Anteile geringer sein als nach HGB.
Anmerkung: Es gibt noch diverse Sonderfälle wie z. B. die Behandlung von Genussrechten (nach HGB unter bestimmten Kriterien Eigenkapital, nach IFRS bedingt durch das Rückzahlungskriterium Fremdkapital) oder die Behandlung von Mitarbeiteroptionen.

Rückstellungen

Rückstellungen und Eventualverbindlichkeiten sind ungewisse Verbindlichkeiten. Es ist zwar bekannt, dass eine Belastung auf das Unternehmen zukommt, nur kennt man nicht die exakte Höhe. Derartige „drohende" Belastungen soll eine Bilanz transparent machen. Für Rückstellungen bestehen nach § 249 HGB Ansatzpflichten, z. B. für drohende Verluste aus schwebenden Geschäften. Während hierfür oder z. B. für Gewährleistungen eine Rückstellung angesetzt werden **muss**, gibt es nach deutschem Handelsrecht Fälle, wo Rückstellungen angesetzt werden **dürfen**. Beispiel: Man plant eine größere Reparatur zum Ende des nächsten Geschäftsjahres. Daraus ergeben sich jetzt nach Handelsrecht „Gestaltungsmöglichkeiten". Will man z. B. den Gewinn möglichst niedrig ausweisen, wird man eher mehr und höhere Rückstellungen ansetzen. Diese Gestaltungsspielräume werden in der Praxis freilich auch genutzt.

Zwar gibt es auch nach IFRS Rückstellungen (Provisions und Accruals), allerdings sind die **Möglichkeiten des Ansatzes eingeschränkt**.

Eine Rückstellung muss nach IAS 37 gebildet werden, wenn folgende Kriterien vorliegen:

- Rechtliche oder faktische Verpflichtung des Unternehmens gegenüber Außenstehenden.
- Vergangenes Ereignis. Die Verpflichtung muss auf einem vergangenen Ereignis basieren.
- Abfluss von Ressourcen. Dieser Abfluss muss wahrscheinlich sein, d. h., die Wahrscheinlichkeit muss größer als 50 % sein.
- Zuverlässige Schätzung einer Verpflichtung muss möglich sein.

Verpflichtungen können gegenüber anderen Unternehmen, Einzelpersonen oder einem unbestimmten Personenkreis, z. B. der Öffentlichkeit, bestehen. Ausgeschlossen sind Rückstellungen gegenüber dem Unternehmen selbst. So sind konsequenterweise nach IFRS keine Rückstellungen für z. B. unterlassene Instandhaltungen zulässig, wie nach § 249 HGB möglich.

Beispiel: Ein Unternehmen für Oberflächenbearbeitung hat am Ende des Jahres die Auflage von der Gemeinde erhalten, seinen Sondermüll (Farbreste) in den ersten Monaten des neuen Jahres zu beseitigen. Das Unternehmen bildet eine Rückstellung über 23.000 EUR. Begründung:

- Es bestand eine Verpflichtung durch die behördliche Auflage.
- Diese Verpflichtung rührte aus vergangenen Ereignissen.
- Die Verpflichtung führt zum Abfluss von Geld.
- Man weiß durch konkrete Kostenvoranschläge, dass die Sondermüllbeseitigung 23.000 EUR kosten wird.

Provisions und Accruals: Im Gegensatz zum HGB gibt es nach IFRS eine Unterscheidung:

- **Provisions:** Rückstellungen im engeren Sinne. Höhe oder Zeitpunkt der Verpflichtung sind noch relativ unsicher. Jetzt erkennt der externe Bilanzleser, dass sich hinter dieser Positionen noch gewisse Risiken verbergen.
- **Accruals** (bedeutet übersetzt etwa „abgegrenzte Schulden"): Hier sind Höhe und Zeitpunkt dagegen recht sicher. Z. B. hat der Gläubiger noch nicht endgültig abgerechnet (z. B. hat die Wirtschaftsprüfungsgesellschaft noch keine Endabrechnung für die Jahresabschlussprüfung geschickt).

Nach IFRS gibt es eine strenge Trennung zwischen zulässigen Rückstellungen und Eventualschulden, die nicht zurückgestellt werden können. Was ist eine Eventualschuld? Dies ist im Gegensatz zur Rückstellung keine feste Verpflichtung. Sie ist eine

- wirtschaftliche Belastung, die erst zukünftig entsteht,
- oder eine wirtschaftliche Belastung, die eher unwahrscheinlich ist, und/ oder eine zuverlässige Schätzung der zukünftigen Belastung ist nicht möglich.

Eventualschulden findet man nach IFRS nicht in der Bilanz, bei Wahrscheinlichkeit einer wirtschaftlichen Belastung müssen sie aber im Anhang genannt werden

Beispiel: Unser obiges Unternehmen für Oberflächenbearbeitung hat eine neue Farbgebungstechnologie mit umweltfreundlicheren Farben eingeführt, die die alte Technologie ablösen soll. Es steht noch ein Gutachten aus, ob die zukünftig anfallenden Farbreste teuer zu entsorgenden Sondermüll darstellen oder kostengünstig entsorgt werden können. Hier setzt das Unternehmen keine Rückstellung an, da die wirtschaftliche Belastung fraglich ist, auf jeden Fall aber in ihrer Höhe ungewiss.

Ob eine Rückstellung oder eine Eventualverbindlichkeit vorliegt, kann mit folgendem Schema geprüft werden.

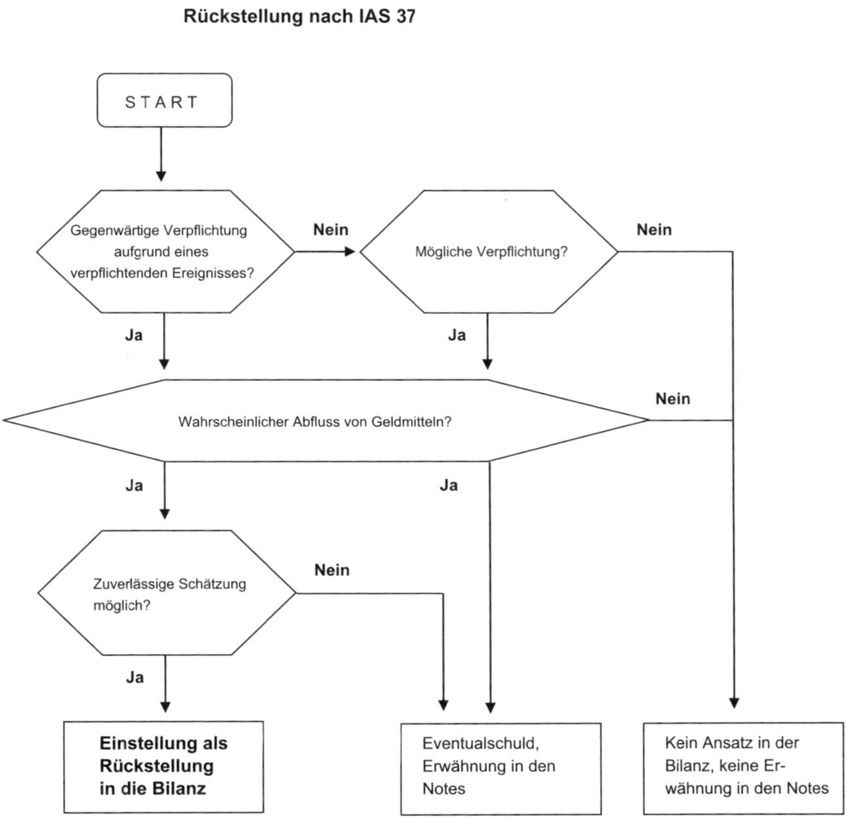

Abbildung 46: Rückstellungen nach IFRS 37

Sonderfälle

Wie bei vielen Positionen wird auch dieser Bereich von Sonderfällen nicht verschont:

- **Drohverlustrückstellungen:** Ist aus einem Vertrag der zu erwartende wirtschaftliche Schaden größer als der wirtschaftliche Nutzen, ist nach IAS 37 eine Rückstellung zu bilden.
- **Restrukturierungsrückstellungen:** Soll z. B. für Sanierung/Restrukturierung eine Rückstellung gebildet werden, müssen bestimmte Kriterien erfüllt sein. So muss z. B. ein detaillierter Restrukturierungsplan vorliegen, und die Restrukturierung muss bereits begonnen haben. Lediglich interne Absichtserklärungen reichen nicht aus.
- **Pensionsrückstellungen:** Diese sind in AIS 19 geregelt. Hier wird z. B. eine Berücksichtigung von zukünftigen Gehalts- und Karrieretrends verlangt. Das bedeutet, dass Rückstellungen nicht auf Basis des aktuellen Gehalts gebildet werden, sondern es wird die voraussichtliche Karierre- und Gehaltsentwicklung berücksichtigt. Es ergibt sich dadurch ein höherer Wert als nach HGB. Nach § 6a des deutschen Einkommenssteuergesetzes ist ein Abzinsungssatz von 6 % für Pensionsrückstellungen gesetzlich festgelegt. Nach IFRS ist ein Zins für erstrangige Industrieanleihen festzusetzen.
  Darüber hinaus gibt es im Rahmen der Pensionsrückstellungen noch eine Reihe von relativ komplizierten Besonderheiten.

Bewertung von Rückstellungen

Wie hoch sollen Rückstellungen angesetzt werden? Auch nach HGB eine immer wieder kritische Frage. Nach IAS 37 wird hier die „bestmögliche Schätzung“ angesetzt, also ein Betrag, der bei „vernünftiger Betrachtung“ zur Erfüllung der Verpflichtungen notwendig ist. Dies kann z. B. bei Garantiekosten der Erfahrungswert aufgrund von Statistiken sein.

Achtung: Die Bewertung erfolgt nach IFRS nicht immer nach dem Vorsichtsprinzip. Kritisch wird es dann, wenn eine gewisse Schwankungsbreite angenommen werden muss. Nach HGB muss jetzt resultierend auf dem Vorsichtsprinzip der höchste Wert zum Ansatz kommen. Nach IAS 37 kommt lediglich der Mittelwert zum Ansatz.

Beispiel: In einem Unternehmen ist es noch unsicher, ob die Kosten für die Sondermüllabfuhr 20.000 oder 30.000 EUR betragen, da der Sondermüll nach der Abfuhr aus dem Unternehmen im Hinblick auf seine Toxizität in der Müllverwertungsstelle noch geprüft wird, was Einfluss auf die Entsorgungskosten hat. Nach HGB müssten nun 30.000 EUR angesetzt werden, nach IFRS kommt der Mittelwert von 25.000 EUR zum Ansatz.

Abzinsung von Rückstellungen? Bei langfristigen Rückstellungen kann eine Abzinsung erforderlich sein, wenn wesentliche Zinseffekte erwartet werden. Das bedeutet, dass die später fälligen Beträge auf den heutigen Wert abgezinst werden. Es wird der sogenannte Barwert ermittelt.

Verbindlichkeiten

Die IFRS bezeichnen Rückstellungen und Verbindlichkeiten zusammen als Schulden (liabilities). Im Gegensatz zu den Rückstellungen liegt aber bei den Verbindlichkeiten eine **feste wirtschaftliche Verpflichtung** vor, die zuverlässig zu quantifizieren ist. Höhe und Fälligkeit einer Schuld sind also exakt definiert.
Das HGB gliedert Verbindlichkeiten sehr detailliert. Es sieht lt. § 266 zumindest für große und mittelgroße Kapitalgesellschaften (Ausnahmen für kleinere Unternehmen) eine ausführliche Gliederung der Verbindlichkeiten vor:

- Anleihen
- Verbindlichkeiten gegenüber Kreditinstituten
- erhaltene Anzahlungen auf Bestellungen
- Verbindlichkeiten aus Lieferungen und Leistungen
- Verbindlichkeiten aus der Annahme gezogener Wechsel und der Ausstellung eigener Wechsel
- Verbindlichkeiten gegenüber verbundenen Unternehmen
- Verbindlichkeiten gegenüber Unternehmen, mit denen ein Beteiligungsverhältnis besteht
- sonstige Verbindlichkeiten,
  - davon aus Steuern,
  - davon im Rahmen der sozialen Sicherheiten

IAS 1 dagegen kennt nur eine Mindestgliederung. Nach IFRS muss nur wie folgt gegliedert werden:

- Verbindlichkeiten aus Lieferungen und Leistungen
- sonstige Verbindlichkeiten

- Ertragssteuerschulden, latente Steuern
- langfristig verzinsliche Schulden

Allerdings sind zusätzliche Posten dann auszuweisen, wenn sie notwendig sind, um die Vermögens- und Finanzlage des Unternehmens den tatsächlichen Verhältnissen entsprechend darzustellen. Dies eröffnet einige Spielräume und führt in der Praxis zu einer uneinheitlichen Bilanzierungspraxis: So findet man Bilanzen von Unternehmen, die lediglich das Mindestgliederungsschema ausweisen und die restlichen Verbindlichkeiten im Anhang erläutern. Andere Bilanzen sind ausführlicher.

Beispiel: Eine AG kauft Material auf Ziel. Bezahlt werden muss erst in 60 Tagen. Jetzt stehen Höhe und Fälligkeit der Zahlung exakt fest. Eine „klassische" Verbindlichkeit aus Lieferungen und Leistungen.

Ferner hat die Maier AG diverse Kredite von verschiedenen Banken mit unterschiedlichen Restlaufzeiten zwischen einem und fünf Jahren: Typische Verbindlichkeiten gegenüber Kreditinstituten.

Empfehlung nach IFRS: Trennung des Ausweises von Verbindlichkeiten in der Bilanz nach kurz und mittelfristig (ist im Anhang dann sowieso gefordert).

Bewertung von Verbindlichkeiten

Zugangsbewertung: Bei erstmaliger Erfassung einer Verbindlichkeit ist nach IAS 39 der beizulegende Zeitwert der Verbindlichkeit anzusetzen, das sind die Anschaffungskosten einer Verbindlichkeit, z. B. ein Betrag lt. Eingangsrechnung. Sogenannte Transaktionskosten sind mit einzubeziehen, z. B. bei einem Darlehen das vereinbarte Disagio (Abschlag auf die Darlehenssumme). Im Gegensatz zum HGB ist der Nettobetrag des Darlehens anzusetzen (Darlehen 150.000 EUR – 6 % Disagio = 141.000 EUR Ansatz im Rahmen der Verbindlichkeiten). Nach IFRS wird der Aufwand von 9.000 EUR sofort verrechnet.

Folgebewertung: Kurzfristige Verbindlichkeiten (z. B. Fälligkeiten auf Abruf oder Fälligkeit innerhalb eines Jahres) werden mit dem Rückzahlungsbetrag angesetzt.

Bei langfristigen Verbindlichkeiten kann es nach IAS 39 etwas komplizierter werden. Hier wird (Achtung Ausnahmen) mit den fortgeführten oder auch sogenannten amortisierten Anschaffungskosten bewertet. Wendet man die Effektivzinsmethode an, ergibt sich beispielhaft folgendes Bild:

Folgebewertung nach der Effektivzinsmethode

Beispiel: Ein Unternehmen nimmt am 31.12. 2004 ein Darlehen von 150.000 EUR zu folgenden Konditionen auf:
Disagio: 10 %
Effektivzins: 6,5 %
Nachschüssiger Zins: 3,58 %
Rückzahlung 31.12.2008:

in 1.000 EUR	2004	2005	2006	2007	2008
1.1.		135,00	138,40	142,03	145,89
Effektivverzinsung 6,5 %		8,78	9,00	9,23	9,48
Zinszahlung		-5,37	-5,37	-5,37	-5,37
31.12.	**135,00**	**138,40**	**142,03**	**145,89**	**150,00**

Abbildung 47: Effektivzinsmethode

Fremdwährungsverbindlichkeiten: Hier wird mit dem Stichtagskurs bewertet (anders HGB: Höchstwertprinzip, d. h., die Anschaffungskosten dürfen nicht unterschritten werden).

Latente Steuern

Latente Steuern = versteckte bzw. nicht in Erscheinung tretende Steuern. Diese ergeben sich aus der Differenz zwischen der fiktiven Steuerbelastung aus der handelsrechtlichen Gewinn- und Verlustrechnung bzw. der Handelsbilanz und dem tatsächlichen Steueraufwand aus der steuerrechtlichen Gewinnermittlung.

Was ist der Hintergrund latenter Steuern? Es kommt häufig vor, dass die im IFRS-Abschluss ausgewiesenen zu zahlenden Steuern aus der IFRS-Bilanz nicht abzuleiten sind. Grund: Die Steuerlast ist aufgrund der steuerlichen Vorschriften errechnet worden, im IFRS-Abschluss kamen andere Bewertungsansätze zum Tragen. Jetzt muss im Rahmen der IFRS-Bilanz ein Ausgleichposten gezeigt werden: die latenten Steuern.

Zu unterscheiden sind latente Steuerschulden und latente Steueransprüche.

- **Latente Steuerschulden:** Hierunter versteht man Ertragssteuerbeträge, die zukünftig aus den Differenzen zwischen IFRS- und Steuerbilanz zu zahlen sind.
- **Latente Steueransprüche:** Die sind latente Steueransprüche, die in zukünftigen Perioden erstattungsfähig sind.

Beispiel: In der Steiner-AG wird ein Gegenstand degressiv abgeschrieben, in der IFRS-Bilanz dagegen linear. Der Buchwert der IFRS-Bilanz liegt über dem Ansatz in der Steuerbilanz (langsamere Abschreibung durch die lineare Methode). Jetzt muss ein Posten für **passive latente Steuern** zum Ansatz kommen.
Vorratsvermögen wird außerplanmäßig abgeschrieben. Ist dies in diesem Fall nach steuerlichen Vorschriften nicht erlaubt, liegt der Wert des Vorratsvermögens in der IFRS-Bilanz unter dem steuerlichen Wert. Jetzt entstehen **aktive latente Steuern.**
Entsprechend entstehen aktive und passive sogenannte Steuerlatenzen spiegelbildlich, wenn es zu unterschiedlichen Bewertungsansätzen auf der Passivseite kommt, z. B. im Rahmen der Bewertung von Rückstellungen.

Ansatz latente Steuern

Es gilt: Handelsbilanzgewinn **kleiner** Steuerbilanzgewinn = Aktive latente Steuer
Handelsbilanzgewinn **größer** Steuerbilanzgewinn = Passive latente Steuer

Beispiel: Angenommen, die Erfolge betragen in Handels- und Steuerbilanz jedes Jahr über 6 Jahre regelmäßig 250.000 EUR. Die Steuersätze liegen bei 40 %.
Weiter angenommen, man rechnet gegen die Erfolge nun die Abschreibungen einer Anlage mit einem Anschaffungswert von 120.000 EUR. Dies verringert die zu versteuernden Erfolge.
In der Handelsbilanz kommen pro Jahr 30.000 EUR Abschreibungen zum Ansatz, in der Steuerbilanz 20.000 EUR.
Wenn nun in der Handelsbilanz das Anlagegut lediglich vier Jahre abgeschrieben wird, in der Steuerbilanz aber 6 Jahre, ergeben sich unterschiedliche Steuerbelastungen = Aktive latente Steuern.

Jahr	Handelsbilanzgewinn	Steuern Handelsbilanz	Steuerbilanzgewinn	Steuern Steuerbilanz	Latente Steuern
2005	220.000	88.000	230.000	92.000	4.000
2006	220.000	88.000	230.000	92.000	4.000
2007	220.000	88.000	230.000	92.000	4.000
2008	220.000	88.000	230.000	92.000	4.000
2009	250.000	100.000	230.000	92.000	-8.000
2010	250.000	100.000	230.000	92.000	-8.000
Summen	1.380.000	552.000	1.380.000	552.000	0

Nach Ende der 6. Periode haben sich die Steuern ausgeglichen.

Abbildung 48: Ansatz latente Steuern

Die Bildung latenter Steuern ist eingeschränkt. Nach IAS 12 muss es sich bei der Bildung latenter Steuern um sogenannte temporäre Differenzen (z. B. Bewertungsunterschiede) und um quasi zeitlich unbegrenzte Differenzen handeln. **Temporäre Differenzen bedeuten:** Die Unterschiede zwischen dem handels- und steuerrechtlichen Ergebnis müssen sich im Zeitablauf wieder ausgleichen (wie im obigen Beispiel). **Quasi zeitlich unbegrenzte Differenzen**, auch quasi-permanente Differenzen genannt, bedeuten: Die Differenzen gleichen sich nicht automatisch aus (wie die zeitlich temporären Differenzen), sondern erst durch Veräußerung des Vermögensgegenstandes. Für **permanente Differenzen** (Betriebsausgaben, die steuerlich nicht anerkannt werden, z. B. Strafgelder des Kartellamtes) dürfen keine latenten Steuern gebildet werden.
Unten stehende Abbildung zeigt vereinfacht den unterschiedlichen Ausweis nach HGB und IFRS (siehe Abb. 49).

Ansatzhöhe latenter Steuern: Durch Multiplikation der Bewertungsunterschiede mit dem entsprechenden Steuersatz ergibt sich die Höhe der latenten Steuern. Dabei muss nach IAS 12 der gültige Steueransatz genommen werden bzw. ein zukünftiger, aber bereits rechtskräftiger Steuersatz (also nicht z. B. ein selbst vorgenommener geschätzter Wert; siehe Abb. 50).

Übersicht latente Steuern (Unterschiede IFRS - HGB)

	IFRS	HGB	*Beispiele*
Anwendung	Von der Rechtsform unabhängig	Kapitalgesellschaft und GmbH & Co.	
Ausweis/ Saldierung	Getrennter Ausweis von den tatsächlichen Steuern Die Aktiv-Passiv-Saldierung ist eingeschränkt	Zusammenfassung passive Latenz mit der tatsächlichen Steuer ist zulässig Die Aktiv-Passiv-Saldierung ist zulässig	
Ansatz	Bilanzierungsgebot Aktivierung von Vorteilen aus Verlustvorträgen	Gebot nur für passive Abgrenzung. Wahlrecht für aktive Abgrenzung Keine Aktivierung wegen Verlustvortrag	
Zeitlich begrenzte Differenzen	ja	ja	*Unterschiedliche Abschreibung in Handels- u. Steuerbilanz*
Quasi zeitlich unbegrenzte Differenzen	ja	nein	*Abschreibung nicht abnutzbarer Anlagen nur in der Handelsbilanz*
Zeitlich unbegrenzte Differenz als Folge erfolgsneutraler Vermögensdiff.	ja	nein	*Neubewertung von Vermögensgegenständen nur in der Handelsbilanz*
Zeitlich unbegrenzte Differenz als Folge außerbilanzieller steuerlicher Berücksichtigung	nein	nein	*Strafgelder der Kartellaufsichtsbehörde oder nicht abzugsfähige Teile der Aufsichtsratvergütung*

Abbildung 49: Übersicht latente Steuern

Die Gewinn- und Verlustrechnung: Die Ertragslage analysieren

Was die grundsätzliche Systematik der Buchhaltung bzw. den Zusammenhang zwischen GuV und Bilanz betrifft, gibt es kaum Unterschiede zwischen HGB und IFRS. IAS 1 regelt die formalen Fragen der Darstellung. Danach gibt es folgende Alternativen:

Rechenbeispiel zur Ermittlung latenter Steuern

Beispiel: In den Jahren 2006 und 2007 ergeben sich Differenzen zwischen der Handels- und Steuerbilanz. Ferner sinkt der Steuersatz in 2007.

	2006			2007		
	Handelsbilanz	Steuerbilanz	Differenz	Handelsbilanz	Steuerbilanz	Differenz
Grund und Boden	200	120	80	200	120	80
Anlagen	125	130	-5	110	135	-25
Teilgewinne bei langfristiger Auftragsfertigung	20	0	20	15	0	15
Rückstellungen	-15	0	-15	-10	0	-10
Summen	**330**	**250**	**80**	**315**	**255**	**60**
Steuersatz			**45 %**			**40 %**
Latente Steuern			**36**			**24**
Veränderung zum Vorjahr						-12
Davon: Differenzen	45 % von 20 (60 - 80 = - 20)					-9
Steuersatzänderung	- 5 %(Steuersatz 2005 - 2004) von 60					-3
Veränderung Steuerlatenz						-12

Abbildung 50: Rechenbeispiel latente Steuern

Entweder man entscheidet sich in der GuV für eine geringe Gliederungstiefe. Dann muss man im Anhang umfangreiche Erläuterungen „nachschieben", oder man untergliedert stärker und kann dafür den Anhang knapper halten. In Deutschland findet man oft die zweite Alternative.

Gesamtkostenverfahren und Umsatzkostenverfahren

Wie auch nach HGB (§ 275), kann man die GuV nach IFRS entweder nach dem Gesamtkostenverfahren (nature of expense method) oder nach dem Umsatzkostenverfahren (cost of sales method) gestalten. In den angelsächsischen Ländern dominiert dagegen das Umsatzkostenverfahren.

Gesamtkostenverfahren
- Ansatz der gesamten Kosten
- Ansatz von Bestands-veränderungen

Umsatzkostenverfahren
- nur die Kosten der umgesetzten (verkauften) Produkte
- kein Ansatz von Bestands-veränderungen

GRUNDSCHEMA

Gesamtkostenverfahren		Umsatzkostenverfahren	
Umsatz	200	Umsatz	200
+/- Bestandsveränd.	30	---	
+ aktivierte Eigenleist.	10	---	
= Gesamtleistung	**240**	**= Gesamtleistung**	**200**
- gesamte Kosten	260	- Kosten des Umsatzes	180
= Ergebnis	**20**	**= Ergebnis**	**20**

Abbildung 51: Grundschema Gesamt-/Umsatzkostenverfahren

Hier ein Beispiel für eine mögliche GuV mit englischen Bezeichnungen:

1. Revenues
2. Other operating income
3. Changes in inventories of Finished goods/Unfinisched goods
4. Raw Materials und Consumables used
5. Staff Costs
6. Depreciations/Amortisations Expenses
7. Other operating Expenses
   = Operating Profit

8. Finance Revenues
9. Finance Costs
   = Profit/Loss before Tax

10. Income Tax
    = Profit/Loss after Tax (From ordinary Activities)

11. Extraordinary Items
    = Net Profit/Net Loss

1. Umsatzerlöse
2. Sonstige betriebliche Erträge
3. Bestandsveränderungen fertige/ unfertige Erzeugnisse
4. Materialaufwand und Aufwand für Hilfs- und Betriebsstoffe
5. Personalaufwand
6. Abschreibungen
7. Sonstige betriebliche Aufwendungen
   = Betriebsergebnis

8. Finanzerträge
9. Finanzaufwendungen
   = Ergebnis vor Steuern

10. Ertragssteuern
    = Ergebnis nach Steuern (Aus gewöhnlicher Geschäftstätigkeit)

11. Außerordentliches Ergebnis
    = Gewinn/Verlust

Abbildung 52: Grundschema GuV

Anmerkung: Nach IFRS müssen die sogenannten Discontinuing operations ausgewiesen werden (in der GuV und im Anhang). Das sind Geschäftsbereiche eines Unternehmens, die entweder veräußert oder eingestellt werden.

Die Eigenkapitalveränderungsrechnung: Transparenz über das HGB hinaus

Im Gegensatz zum HGB-Abschluss gehört die Eigenkapitalveränderungsrechnung fest zur IFRS-Rechnungslegung und ist ein eigener Bestandteil. Mit diesem Zusatz soll erhöhte Transparenz über die Eigenkapitalentwicklung für die Interessenten des Jahresabschlusses erreicht werden.
Die Eigenkapitalveränderungsrechnung zeigt Veränderungen des Eigenkapitals in einer Betrachtungsperiode, meist eines Geschäftsjahres. Nach IAS 1 muss eine Eigenkapitalveränderungsrechnung folgende Inhalte haben:

- das Periodenergebnis, also den Gewinn oder den Verlust
- alle direkt, ohne Berührung der GuV im Eigenkapital erfassten Gewinne oder Verluste, z. B. aus Neubewertung des Sachanlagevermögens
- die Auswirkung der Änderungen von Bilanzierungs- und Bewertungsmethoden sowie der Berichtigung wesentlicher Fehler

Daneben sind anzugeben (entweder in der Kapitalveränderungsrechnung direkt oder aber dann im Anhang):

- Einlagen und Ausschüttungen (Dividenden) von/an Anteilseigner/n
- die angesammelten Ergebnisse zum Beginn und Ende der Periode sowie die Bewegungen während der Periode
- eine Überleitung der Eröffnungsbilanzwerte zu den Endbilanzwerten für das gezeichnete Kapital, die Kapitalrücklage und alle anderen Rücklagen.

Das Grundschema:

Beispiel Grundschema Eigenkapitalveränderungsrechnung

	Gezeichnetes Kapital	Kapital-rücklage	Neubewertungs-rücklage	Kumulierter Gewinn	Gesamt
Stand 31.12.2006	**20.000**	**5.000**	**1.600**	**2.800**	**29.400**
Änderung v. Bilanzierungs- und Bewertungsmethoden				-600	-600
Neuer Saldo	**20.000**	**5.000**	**1.600**	**2.200**	**28.800**
Neubewertung von Grund und Boden			800		800
Neubewertung von Finanzanlagen			400		400
In der GuV nicht enthaltene Ergebnisse			**1.200**		**1.200**
Periodenergebnis aus der GuV				1.400	1.400
Dividendenzahlung				-1.000	-1.000
Stand 31.12.2007	**20.000**	**5.000**	**2.800**	**2.600**	**30.400**

Abbildung 53: Grundschema Eigenkapitalveränderungsrechnung

Die Kapitalflussrechnung: Wie entwickelt sich unser Cash?

Eine Kapitalflussrechnung kann auch als ausführliche Cashflow-Rechnung bezeichnet werden. Damit wird die Fähigkeit des Unternehmens dokumentiert, Zahlungsmittel (umgangsprachlich „Cash") zu erwirtschaften.

Zur Erinnerung: Was ist ein Cashflow? Der Cashflow ist eine Kennzahl und ein Indikator für die Finanzkraft eines Unternehmens. Frei übersetzt: Der „Kassenzufluss". Dieser drückt aus, was in einer bestimmten Periode in die Kasse (bzw. auf das Konto) fließt. Denn es wird ja nicht der Gewinn als „Cash" erwirtschaftet. Im Gewinn sind z. B. Abschreibungen und Rückstellungen als Negativkomponenten enthalten: Abschreiben senken den Gewinn. Und obwohl jetzt der Gewinn niedriger ist, ist das Geld ja noch im

Unternehmen und steht so z. B. für Investitionen, Eroberung neuer Märkte usw. zur Verfügung.
Bilanzanalysten schauen immer den Cashflow an, weil hier ohne Einfluss von Bilanzgestaltungsspielräumen gezeigt wird, wo und wie viel Geld (Cash) im Unternehmen erwirtschaftet wurde.
Kurzformel:

Gewinn	250
+ Abschreibungen	+ 90
+/- Veränderung Rückstellungen	+ 30
= Cashflow	**370**

IAS 1 verlangen eine Aufstellung der Kapitalflussrechnung, deren Inhalte dann später in IAS 7 erläutert werden. Danach wird eine Kapitalflussrechnung grundsätzlich in drei Bereiche gegliedert:

- **Cashflow aus der laufenden Geschäftstätigkeit:** Dieser Cashflow zeigt das „Cash-Ergebnis" aus der Tätigkeit, die das eigentliche Ziel bzw. „Geschäft" des Unternehmens ist, z. B. Produktion von Waren oder Dienstleistungen. Aktivitäten aus Investitionen oder Finanztätigkeit werden hier noch nicht ausgewiesen. Das Ergebnis des Unternehmens wird hier um Positionen wie Abschreibungen oder Rückstellungen korrigiert, um diesen ersten Cashflow-Ausweis zu erhalten.
- **Cashflow aus der Investitionstätigkeit:** Hier zeigt sich, wie sich die Finanzmittel im Bereich Investition bzw. Desinvestition (z. B. Verkauf von Anlagen) entwickelt haben. In die Investitionen fließt Geld, aus dem Verkauf von Anlagen kommt Geld.
- **Cashflow aus der Finanzierungstätigkeit:** Hier wird gezeigt, wie sich Finanzmittel aus Kreditaufnahme, Schuldentilgung und Zinszahlungen für Kredite entwickeln. Auch wird an dieser Stelle die Dividendenzahlung gezeigt.

Als Summe der drei obigen Bereiche ergibt sich die Veränderung des Bestandes an Zahlungsmitteln. Dabei stellt der Bilanzleser z. B. folgende Fragen:

Ist das Unternehmen (im Zeitablauf) liquide? Letztlich die Frage, ob das Unternehmen „finanziell gesund" ist.

- Wohin ist der erwirtschaftete „Cash" geflossen (wurde investiert, wurden Kredite getilgt usw.)?
- Wurde Cash aus dem eigentlichen Geschäftszweck erwirtschaftet, oder kommt er aus anderen Quellen, z. B. aus dem Verkauf von Sachanlagen?
- Konnten Schulden getilgt werden, war es notwendig, Kredite aufzunehmen?

Ermittlungsmethoden

Ein Cashflow kann direkt oder indirekt ermittelt werden.
Direkte Methode: Ausgangsbasis sind die direkten Ein- und Auszahlungen, z. B.

+/- Ein-/Auszahlungen von/an Kunden und Lieferanten
- Auszahlungen an Mitarbeiter und andere Beschäftigte
- Auszahlungen für Versicherungen/Steuern usw.
+/- Ein-/Auszahlungen aus Anlagenverkauf/für Investitionen
+/- Ein-/Auszahlungen für Kredite/Kredittilgung
usw.

Indirekte Methode: Diese Methode ist verbreiteter und geht vom Ergebnis des Unternehmens aus, das noch um Ein-/Auszahlungen berichtigt wird, z. B.

Ergebnis
+ Abschreibungen
+/- Veränderung der Rückstellungen
+/- Verkauf Sachanlagen/Investitionen
+/- Ein-/Auszahlungen für Kredite/Kredittilgung
usw.

Anhang und Segmentberichterstattung: Noch mehr Transparenz schaffen!

Hier werden die einzelnen Positionen des Jahresabschlusses nun erklärt. Einen Anhang kennt man bereits nach §§ 284 – 288 HGB. Danach werden

Beispiel für ein mögliches Grundschema einer Kapitalflussrechnung nach der indirekten Methode

In Mio. EUR

Operatives Ergebnis (EBIT)*	**2.400**
Ausgaben Ertragssteuern	-1.200
Abschreibungen Anlagevermögen	6.400
Veränderung langfristiger Rückstellungen	800
Gewinne aus Abgang von Anlagevermögen	-200
Brutto Cashflow	**8.200**
*Davon Discontinuing Operations***	*260*
Zunahme Vorräte	-100
Abnahme Forderungen aus Lieferungen und Leistungen	240
Zu/-Abnahme Verbindlichkeiten aus Lieferungen und Leistungen	-280
Veränderung übriges Nettoumlaufvermögen	250
Zufluss aus operativer Geschäftstätigkeit (Netto-Cashflow)	**8.310**
Davon Discontinuing Operations	*70*
Ausgaben für Sachanlagen	-3.300
Einnahmen aus dem Verkauf von Sachanlagen	3.280
Einnahmen aus dem Verkauf von Finanzanlagen	510
Ausgaben für Beteiligungserwerbe abzüglich übernommener Zahlungsmittel	-140
Zins- und Dividendeneinnahmen	730
Einnahmen/Ausgaben aus Wertpapieren	-160
Ab-/Zufluss aus investiver Tätigkeit	**920**
Davon Discontinuing Operations	*360*
Dividende der Bayer AG und an Minderheitsgesellschafter	-1.320
Kreditaufnahme	3.240
Schuldentilgung	-3.860
Zinsausgaben	-1.560
Zu-/Abfluss aus Finanzierungstätigkeit	**-3.500**
Davon Discontinuing Operations	*300*
Zahlungswirksame Veränderung der Geschäftstätigkeit	**5.730**
Zahlungsmittel 1.1.	**1.534**
Veränderung Zahlungsmittel aus Konzernkreisänderungen	4
Veränderung Zahlungsmittel durch Wechselkursänderungen	-50
Zahlungsmittel 31.12.	**7.218**
Wertpapiere und Schuldscheine	260
Flüssige Mittel lt. Bilanz	**7.478**

* **EBIT** = **E**arnings **b**efore **I**nterestes and **T**axes = Ergebnis **vor** Zinsen und Steuern

** Discontinuing Operations = Geschäftseinheiten, die eingestellt oder veräußert werden

Abbildung 54: Grundschema Kapitalflussrechnung

z. B. Bilanzierungs- und Bewertungsmethoden, Verbindlichkeiten, Umsatzerlöse usw. erläutert. Die IFRS schreiben einen noch umfangreicheren Anhang als das HGB vor. Danach ist nach IFRS bei börsennotierten Unternehmen eine Berichterstattung über die Geschäftsfelder des Unternehmens (Segmente) vorgeschrieben. Dies erhöht die Transparenz und gibt nähere betriebswirtschaftliche Informationen.
Der Anhang nach IAS 1 enthält mindestens folgende Inhalte:

- Erläuterungen über die Grundlagen des Jahresabschlusses, insbesondere die Bilanzierungs- und Bewertungsmethoden
- Zusätzliche Informationen aus allen Abschlussbestandteilen (von der Bilanz bis zur Kapitalflussrechnung), die für die Darstellung eines den tatsächlichen Verhältnissen entsprechenden Bildes wichtig sind
- Informationen, die von anderen IFRS verlangt werden und sonst an keiner anderen Stelle des Abschlusses erscheinen
- Sonstige Angaben, insbesondere zu Sachverhalten, die zeitlich über die Rechnungsperiode hinausgehen

Im Folgenden einige konkrete wichtige Anhanginhalte zu wichtigen Posten des Jahresabschlusses (Achtung! Diese Auflistung ist nicht abschließend).

- **Bilanz**
- Bewertungsmethoden
- Anlagenspiegel
- Aufstellung des Anteilsbesitzes
- Risikoangaben bei Beteiligungen
  - Realisierungszeitpunkte bei Fertigungsaufträgen
  - Rücklagenbeschreibung
  - Dividendenvorschlag
  - Beschreibung der Rückstellungen (Rückstellungsspiegel)
  - Angabe von Eventualverpflichtungen
  - Aufstellung über wesentliche Verbindlichkeiten (einschl. Risiken, Sicherheiten)
  - Berechnung latenter Steuern (Angaben auch in der GuV)
- **Gewinn- und Verlustrechnung**
  - Aufschlüsselung von Aufwendungen (soweit nicht bereits in der GuV erfolgt)

- Erläuterung von Korrekturen
- Angabe der Gewinnrealisierungsmethode bei langfristigen Fertigungsaufträgen (z. B. percentage-of-completion)
- Ergebnis je Aktie (bei börsennotierten Unternehmen)

Bei der Eigenkapitalveränderungsrechnung und Kapitalflussrechnung werden die Angaben im Anhang recht knapp gehalten.
Beispiel: Weist ein Unternehmen Sachanlagen in der Bilanz aus, erkennt der Bilanzleser nicht die Abschreibungsmethode. Auch erkennt er z. B. nicht, ob außerplanmäßige Abschreibungen oder Neubewertungen vorgenommen wurden. Er kann also nicht nachvollziehen, wie der Wert der Sachanlagen ermittelt wurde. Derartige Informationsdefizite soll der Anhang ausgleichen.

Ein Anhang muss systematisch aufgebaut sein, und der Zusammenhang mit den übrigen Abschlussbestandteilen muss über Querverweise erkennbar sein.
Segmentberichterstattung: Der § 285 Abs. 4 HGB verlangt eine erweiterte Berichterstattung. Diese beschränkt sich allerdings nur auf wenige Punkte (z. B. Umsatzerlöse nach Geschäftsbereichen) und auch nur auf große Kapitalgesellschaften. Zwar ist diese Berichterstattung mit der Einführung des KonTraG (Gesetz zur Kontrolle und Transparenz im Unternehmensbereich) erweitert worden, aber die Segmentberichterstattung bleibt nach deutschem Recht immer noch wenig konkret.
Mögliche Segmente: Nach IFRS 8 beschränkt sich die Segmentberichterstattung auf börsennotierte Unternehmen. Dann geht sie aber weiter als die Regelungen des HGB. Zunächst werden zwei Arten von Segmenten unterschieden:

- Geschäftssegmente: Hier wird z. B. in Produkte, Dienstleistungen, Kundengruppen o. Ä. segmentiert
- Geografische Segmente: Z. B. Segmentierung nach Ländern, Kontinenten o. Ä.

Voraussetzung für die Bildung eines Segmentes: Eine gewisse Größenordnung muss erreicht werden (z. B. 10 % der Umsatzerlöse des Unternehmens). Je nach Wichtigkeit oder Risikoträchtigkeit unterscheidet man jetzt **primäre und sekundäre Segmente**.
Nach IFRS 8 sind folgende Informationen für ein gebildetes primäres Segment auszuweisen:

- Segmenterträge (z. B. Umsatzerlöse)
- Segmentergebnis (Gewinn/Verlust des Segmentes)
- Segmentvermögen (Vermögenswerte des Segmentes)
- Segmentinvestitionen (Sachanlagen und immaterielle Vermögenswerte)
- Segmentabschreibungen (materielles und immaterielles Vermögen)
- Segmentschulden (direkt zurechenbar oder geschlüsselt)
- Zahlungswirksamer Aufwand/Ertrag (Cashflow-Informationen)

Für sekundäre Segmente gelten eingeschränkte Informationspflichten.
Überleitungsrechnung: Die Ergebnisse der einzelnen Segmente müssen in Summe (mit Korrekturbeträgen) wieder die Gesamtbilanz bzw. Gesamt-GuV des Unternehmens ergeben.

Grundzüge der Konzernrechnungslegung: Abschlüsse werden zusammengelegt

Nicht nur rechtlich selbstständige Unternehmen müssen einen Jahresabschluss erstellen, auch Konzerne. Somit ist der Konzernabschluss ein zusätzlicher Abschluss neben den Einzelabschlüssen. Zuständig ist die Muttergesellschaft und zum Konzernabschluss gehören inländische *und ausländische* Gesellschaften.
Der Konzernabschluss ist analog dem Einzelabschluss aufgebaut, also Bilanz, GuV, Anhang und Lagebericht. Befreiungen, Größenklassen u. Ä. sind detailliert geregelt.
Durch die Verflechtungen sind Konzernunternehmen de facto ein einheitliches Unternehmen, und so verfolgt der Konzernabschluss ähnliche Ziele wie der Einzelabschluss: Rechenschaftslegung und Information. Allerdings ist der Konzernabschluss nicht Grundlage der Besteuerung und der Gewinnverteilung.
Vom Grundsatz ist der Konzernabschluss eine Zusammenfassung der Einzelabschlüsse. Die Vermögens- und Schuldenposten werden zusammengelegt. Trotzdem ist dieser Abschluss im Ergebnis nicht die Summe aller Einzelabschlüsse. Für den Konzernabschluss sind eine Reihe von Korrekturen notwendig, die sich aus der gegenseitigen Verflechtung ergeben.

Ein Konzern muss man sich vereinfacht gesagt wie eine Familie vorstellen. Es gibt wirtschaftliche Beziehungen innerhalb der Familie, man ist gegenseitig am Kapital beteiligt, da wird Geld geliehen, es entstehen Verbindlichkeiten und Forderungen untereinander, sogar Gewinne entstehen in den Einzelgesellschaften usw. Nur das interessiert die Außenstehenden wenig, da innerhalb der Familie die Forderungen mit den Verbindlichkeiten aufgerechnet werden.

Für den Bilanzleser ist der Konzernabschluss natürlich von Interesse, da es sein kann, dass ein inländisches Konzernunternehmen wirtschaftlich gut oder schlecht dasteht, während der Konzern als Ganzes ein anderes Ergebnis ausweist.

Wie ein Konzernabschluss entsteht: Die Konzernkonsolidierung

Die Regelungen der IFRS sind in Deutschland insbesondere für Konzerne wichtig, also für Unternehmensverbindungen, die sich aus einem herrschenden und abhängigen Unternehmen zusammensetzen. In einer Konzernrechnungslegung werden die diversen Einzelabschlüsse zusammengefasst. Jetzt kann man aber nicht einfach die einzelnen Bilanz- oder GuV-Positionen der Einzelunternehmen addieren. Konzernrechnungslegung ist eine kompliziertere Angelegenheit.

Werden die Abschlüsse mehrerer Konzernunternehmen zusammengefasst, spricht man von einer Konsolidierung. Die Vorschriften dafür sind in IAS 27 geregelt, aber auch in einer Reihe von Details in anderen IFRS (z. B. IFRS 3 Unternehmenszusammenschlüsse). Manche Konzerne sind kompliziert verflochten und müssen mehrere hundert Einzelunternehmen konsolidieren. Grundsätzliche Schritte bei jeder Konsolidierung sind aber immer:

- Feststellung des Konsolidierungskreises
- Kapitalkonsolidierung
- Konsolidierung von Forderungen und Verbindlichkeiten bzw. Eliminierung von Zwischengewinnen

Feststellung des Konsolidierungskreises

Nach IAS 27 (wie auch nach § 290 HGB) setzt ein Konzernabschluss ein sogenanntes „Mutter-Tochter-Verhältnis“ voraus. Dies bedeutet, dass es ein „herrschendes“ und ein „beherrschtes“ Unternehmen gibt. Das Mutterunternehmen und alle Töchterunternehmen werden nun in einen sog. Konsolidierungskreis zusammengefasst. Maßgeblich ist dabei, dass die Mutter eine Kontrolle über die Töchter ausübt. Diese Kontrolle kann darin bestehen,

- dass durch **Stimmrechtsmehrheit** ein Unternehmen die Mehrheit der Kapitalanteile an einem anderen Unternehmen besitzt oder
- dass **ohne Stimmrechtsmehrheit** ein Unternehmen ein anderes durch eine Satzung, Vereinbarung oder andere Möglichkeiten kontrolliert.

Dieser Unternehmensverbund wird jetzt abrechnungstechnisch zusammengefasst, und man bildet einen sogenannten Konsolidierungskreis.

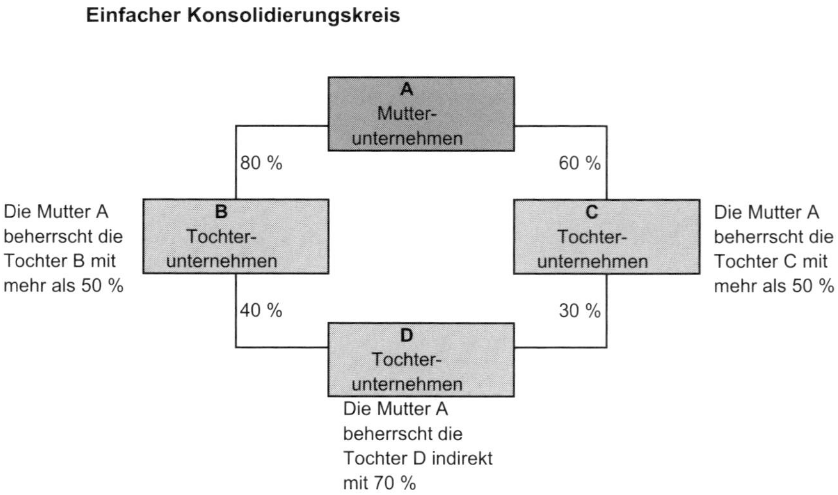

Abbildung 55: Einfacher Konsolidierungskreis

In den Konzernabschluss gehen nun die Einzelabschlüsse der Unternehmen A – D ein.

Kapitalkonsolidierung

Als Nächstes werden die Vermögenswerte und die Schulden von Mutter- und Tochterunternehmen rechnerisch zusammengeführt. Nun kann aber eine reine Addition des Eigenkapitals der Einzelunternehmen nicht das Gesamtkapital des Konzerns ergeben. Dies ergäbe unsinnige Doppelzählungen, das Eigenkapital würde nach außen überhöht bzw. aufgebläht dargestellt. Deswegen wird der Beteiligungswert (im Beispiel ohne Goodwill) gegen das Eigenkapital aufgerechnet.

Einfache Kapitalkonsolidierung ohne Goodwill

Beispiel: Die Mutter-AG hat die Tochter-AG zu einem Kaufpreis von 600.000 EUR erworben. Es ergibt sich folgende schematische Konzernbilanz:

	Mutter-unternehmen	Tochter-unternehmen	Summe	Umbuchungen Soll	Umbuchungen Haben	Konzern
Beteiligung	600.000		600.000			600.000
Diverse Posten	32.000.000	600.000	32.600.000		**600.000**	32.000.000
Summen	**32.600.000**	**600.000**	**33.200.000**			**32.600.000**
Eigenkapital	32.600.000	600.000	33.200.000	**600.000**		32.600.000
Summen	**32.600.000**	**600.000**	**33.200.000**	**600.000**	**600.000**	**32.600.000**

Abbildung 56: Einfache Kapitalkonsolidierung ohne Goodwill

Der Hintergrund dieser Vorgehensweise ist, dass ein Konzern nach außen wie ein einheitliches Unternehmen dargestellt werden muss.

Goodwill im Konzernabschluss: Mit Goodwill bezeichnet man immaterielle Werte beim Kauf eines Unternehmens, z. B. ein guter Kundenstamm, hervorragendes technisches Know-how, Image usw. Dieser Goodwill zeigt sich natürlich nicht im Wert der einzelnen Vermögensteile, sondern ist ein immaterieller Wert: der Wert, den ein Erwerber bereit ist, über das Vermögen abzüglich der Schulden zu bezahlen. Ein sogenannter Goodwill wird gesondert berücksichtigt: Beim Erwerb des Tochterunternehmens erwirbt das Mutterunternehmen mit dem Kaufpreis zunächst das Vermögen und die Schulden. Der Kaufpreis wird in der Regel aber nie in der Höhe Vermögen minus Schulden liegen. Mit dem Kaufpreis erwirbt man immer auch einen sogenannten Goodwill.

Vermögen	500.000
Schulden	300.000
Differenz	200.000
Kaufpreis	1.000.000
Goodwill	800.000

Problem: Vermögenswerte (z. B. Anlagen) und Schulden (z. B. Verbindlichkeiten) von zwei Unternehmen kann man addieren. Einen Goodwill kann man aber nicht auf z. B. Anlage- oder Umlaufvermögen aufteilen. *So ergibt sich zwangsläufig ein Goodwill in einer Position, der als Firmenwert gezeigt wird.* Dieser Goodwill wird im Rahmen einer Beteiligung bezahlt und separat ausgewiesen.

Einfache Kapitalkonsolidierung

Beispiel: Die Mutter-AG hat die Tochter-AG zu einem Kaufpreis von 4.000.000 EUR erworben.
Davon entfielen 3.400.000 EUR auf den Firmenwert.
Es ergibt sich folgende schematische Konzernbilanz:

	Mutter-unternehmen	Tochter-unternehmen	Summe	Umbuchungen Soll	Umbuchungen Haben	Konzern
Firmenwert				3.400.000		3.400.000
Beteiligung	4.000.000		4.000.000		4.000.000	0
Diverse Posten	32.000.000	600.000	32.600.000			32.600.000
Summen	**36.000.000**	**600.000**	**36.600.000**			**36.000.000**
Eigenkapital	36.000.000	600.000	36.600.000	600.000		36.000.000
Summen	**36.000.000**	**600.000**	**36.600.000**	**4.000.000**	**4.000.000**	**36.000.000**

Abbildung 57: Einfache Kapitalkonsolidierung unter Berücksichtigung eines Goodwill

Wie **Beteiligungen im Einzelabschluss** gezeigt und bewertet werden, siehe Kapitel Finanzvermögen.

Konsolidierung von Forderungen und Verbindlichkeiten bzw. Eliminierung von Zwischengewinnen

Auch innerhalb eines Konzerns gibt es vielfältige Geschäftsbeziehungen: interne Lieferungen, das heißt interne Umsätze, Kreditgewährungen usw. Diese Posten einfach zu addieren, ergäbe eine falsche Aufblähung der Positionen. Es wäre unsinnig, gegenseitige Forderungen oder Verbindlichkeiten zu summieren,

Konsolidierung von Forderungen, Verbindlichkeiten und Zwischengewinnen

Beispiel: Die Mutter ist an der Tochter zu 100 % beteiligt.
Die Tochter liefert ihre Produkte ausschließlich an die Mutter (das bedeutet, dass die Forderungen der Tochter von 320 nur gegenüber der Mutter bestehen, wo sie als Teil der Verbindlichkeiten ausgewiesen sind).
Der Gewinn von 160 bei der Tochter ist ausschließlich aus Geschäften mit der Mutter entstanden.

	Mutter	Tochter	Summe	Korrektur-posten	Konzern-bilanz
Anlagevermögen	1.600	600	2.200		2.200
Beteiligung	640	0	640	**-640**	0
Vorräte	600	300	900	**-160**	740
Forderungen	800	320	1.120	**-320**	800
Summe	**3.640**	**1.220**	**4.860**		**3.740**
Eigenkapital	2.400	640	3.040	**-640**	2.400
Gewinn	800	160	960	**-160**	800
Verbindlichkeiten	440	420	860	**-320**	540
Summe	**3.640**	**1.220**	**4.860**		**3.740**

Jetzt müssen folgende Korrekturen vorgenommen werden:

1. Zunächst die Kapitalkonsolidierung: Die Beteiligung (640) besteht nur konzernintern und wird bei einem einheitlichen Unternehmen eliminiert.
2. Die konzerninternen Forderungen und Verbindlichkeiten sind zu eliminieren, da ein einheitliches Unternehmen (was es durch den Konzernverbund geworden ist) keine Forderungen und Verbindlichkeiten gegen sich selbst haben kann. Die Forderung der Tochter (320) ist die Verbindlichkeit der Mutter.
3. Ein Zwischengewinn von 160 muss eliminiert werden, da dieser nur verrechnungstechnisch intern entstanden ist. Da dieser Gewinn auch den Wert der Vorräte bei der Mutter aufgebläht hat, müssen diese ebenfalls um diesen Gewinn reduziert werden.

Abbildung 58: Konsolidierung

denn des einen Forderungen sind des anderen Verbindlichkeiten. Da sich ein Konzern nach außen als wirtschaftliche Einheit präsentieren muss, werden nun konsequenterweise Forderungen und Verbindlichkeiten gegeneinander aufgerechnet. Den Bilanzleser, der den Konzern als Ganzes betrachtet, interessiert nur, welche Forderungen und Verbindlichkeiten die wirtschaftliche Einheit, nämlich der Konzern als Ganzes, nach außen hat.

Zwischengewinne müssen eliminiert werden: Durch Beziehungen der Konzernunternehmen untereinander ergeben sich häufig Gewinne. So verkauft z. B. ein Konzernunternehmen einem anderen Waren über die eigenen Kosten und erzielt für sich (!) einen Gewinn. Dies ist überhaupt nicht ungewöhnlich, denn Konzernunternehmen werden häufig unter betriebswirtschaftlichen Gesichtspunkten als Profit-Center geführt. Das heißt, sie sollen für sich ein gutes Ergebnis erwirtschaften. In diesem Fall sind aber nun die Erlöse des einen die Kosten des anderen, und wird nun bei gegenseitiger Belieferung ein Gewinn in einem Konzernunternehmen erwirtschaftet, geht dies freilich zu Lasten des Gewinns des anderen Konzernunternehmens. Diesen Sachverhalt nennt man Zwischengewinne. Diese müssen jetzt eliminiert werden. Es wäre doch unsinnig, die Gewinne, die sich durch konzerninterne Beziehungen ergeben, zu addieren und nach außen als Gewinn des Konzerns zu präsentieren!

Anmerkung: Betrachten Sie bitte alle Beispiele in diesem Kapitel als einfachste Grundschemata. Es gibt in der Praxis immer eine Reihe von Sonderfällen und unterschiedliche Behandlungsweisen nach IFRS und HGB.

Anhang

Auf den folgenden Seiten finden Sie:

- Praxisbeispiel eines Jahresabschlusses eines Unternehmens (Auszug) aus: Jahresabschluss 2005 der Fielmann AG
- Übersicht/Vergleich HGB-IFRS
- Übersetzung der Bilanz- und GuV-Positionen ins Amerikanische, Englische und Französische

Lagebericht für Konzern und Aktiengesellschaft im Geschäftsjahr 2005

Fielmann ist gestärkt aus einer neuerlichen Strukturreform im Gesundheitswesen hervorgegangen.

Fielmann steigerte im Berichtszeitraum seinen Absatz um 10,8 Prozent auf 5,7 Millionen Stück (Vorjahr 5,1 Millionen Stück), seinen Außenumsatz (Umsatz inkl. MwSt./Bestandsveränderung) um 10,3 Prozent auf 843,0 Millionen € (Vorjahr 764,0 Millionen €), seinen Konzernumsatz um 9,7 Prozent auf 733,1 Millionen € (Vorjahr 668,3 Millionen €).

Der Gewinn vor Steuern verbesserte sich um 14,5 Prozent auf 87,0 Millionen € (Vorjahr 76,0 Millionen €), der Jahresüberschuss um 19,3 Prozent auf 57,8 Millionen € (Vorjahr 48,4 Millionen €).

Das Ergebnis je Aktie wuchs auf 2,62 € (Vorjahr 2,21 €), eine Steigerung zum Vorjahr um 18,6 Prozent.

Auch für das Geschäftsjahr 2006 gehen wir von einer positiven Entwicklung bei Umsatz und Gewinn aus.

Die Rahmenbedingungen

Deutschland

Fielmann erwirtschaftete sein Ergebnis in einem depressiven Umfeld. Der nachhaltige Aufschwung der deutschen Wirtschaft ließ auch 2005 auf sich warten. Die Zahlen sind ernüchternd: ein vornehmlich durch den Export gestütztes Bruttoinlandsprodukt von +0,9 Prozent, 5 Millionen Arbeitslose Ende Februar 2006, eine Arbeitslosenquote von um 12 Prozent, mehr als 130.000 Unternehmensinsolvenzen und Privatkonkurse, der Verlust von 140.000 Stellen allein im Handwerk.

Die augenoptische Branche hat sich von den Auswirkungen der letzten Strukturreform im Gesundheitswesen noch nicht erholt. Die übrige augenoptische Branche liegt immer noch 25 Prozent unter dem Absatz von 2002, des letzten von der Strukturreform unbeeinflussten Jahres.

Schweiz

In der Schweiz wurde das Wirtschaftswachstum getragen von der Auslands- und Inlandsnachfrage. Das Bruttoinlandsprodukt stieg im Berichtsjahr um 1,9 Prozent, der Einzelhandelsumsatz verringerte sich leicht um 0,3 Prozent.

Deutlich besser im Vergleich zu Deutschland entwickelte sich der Arbeitsmarkt. Die Arbeitslosenquote beträgt 3,8 Prozent.

Die augenoptische Branche in der Schweiz stagnierte in 2005. Der Brillenabsatz lag unverändert bei 1,0 Millionen Brillen.

Der Brillenumsatz der Branche blieb konstant, lag bei 510 Millionen €.

Österreich

In Österreich befindet sich die Wirtschaft seit mehreren Jahren auf einem stabilen Wachstumskurs. Vornehmlich getragen vom Export wuchs das Bruttoinlandsprodukt

Ergebnis je Aktie		2005	2004
Konzern-Jahresüberschuss	Mio. €	57,8	48,4
Anderen Gesellschaftern zustehende Ergebnisse	Mio. €	2,7	2,0
Periodenergebnis	Mio. €	**55,1**	**46,4**
Anzahl Aktien	Mio. St.	21,0	21,0
Ergebnis je Aktie	€	**2,62**	**2,21**

Einzelabschluss 2005 **3**

2005 um 1,9 Prozent. Der Einzelhandelsumsatz verbesserte sich im Berichtsjahr um 0,1 Prozent, liegt damit erstmals seit 2001 über dem Vorjahresniveau. Die Arbeitslosenquote beträgt 5,0 Prozent.

Die augenoptische Branche in Österreich verzeichnete im Jahr der Gesundheitsreform eine rückläufige Entwicklung. Der Absatz sank auf 1,2 Millionen Brillen, ein Minus von 9,5 Prozent.

Der Brillenumsatz der Branche verringerte sich auf 303 Millionen € (–17,0 Prozent).

Unternehmenssteuerung Großhandel/Dienstleistung, Produktion/Logistik und Einzelhandel

Die Fielmann Aktiengesellschaft ist als Großhändler und Dienstleister gegenüber den Konzerngesellschaften und Dritten tätig. Die RO GmbH, Rathenow, ist das Fielmann Produktions- und Logistikzentrum. In Rathenow befinden sich Flächen- und Randschleiferei sowie das Zentrallager.

Darüber hinaus ist die Fielmann Aktiengesellschaft als Dienstleister zuständig für die Bereiche Marketing, IT, Rechnungs-, Finanz- und Personalwesen, Aus- und Weiterbildung, Recht und Bauwesen.

Im Segment „Großhandel und Dienstleistung" stieg der Umsatz um 9,9 Prozent auf 205,8 Millionen €.

In Rathenow hat Fielmann die industrielle Produktion, die Logistik und den Service zusammengefasst. Alle Fielmann-Niederlassungen sind online mit dem Logistikzentrum verbunden. Bestellte Brillen werden von hier im Nachtsprung ausgeliefert. Die eigene Produktion sichert Fielmann die Warenflusskontrolle entlang der gesamten Wertschöpfungskette. Kundenwünsche können wir zeitnah berücksichtigen, Modetrends setzen.

Im Berichtsjahr produzierte Rathenow 3,5 Millionen Gläser aller Veredelungsstufen (Vorjahr 3,4 Millionen Gläser), lieferte mehr als 5,7 Millionen Brillen aus (Vorjahr 5,1 Millionen Brillen). Der Umsatz des Produktions- und Logistikzentrums betrug 40,8 Millionen € (Vorjahr 38,1 Millionen €).

Mit etwa 700 Mitarbeiterinnen und Mitarbeitern sind wir größter Arbeitgeber der Stadt.

Im Segment „Einzelhandel" sind die Aktivitäten der Niederlassungen zusammengefasst. Im Berichtsjahr verzeichnete Fielmann eine Absatzausweitung um 10,8 Prozent auf 5,7 Millionen Brillen. Der Umsatz erhöhte sich auf 725,9 Millionen €, ein Plus von 10,1 Prozent.

Deutschland, Schweiz und Österreich

In Deutschland stieg der Umsatz im Berichtjahr um 10,9 Prozent auf 633,5 Millionen € (Vorjahr 571,4 Millionen €). Der Absatz verbesserte sich auf 4,8 Millionen Brillen (Vorjahr 4,4 Millionen Brillen).

In der Schweiz erhöhte sich der Umsatz zum Vorjahr um 1,4 Prozent auf 78,9 Millionen €. Der Absatz lag bei 325.000 Brillen, ein Anstieg um 10,2 Prozent.

Trotz Gesundheitsreform in 2005 verbesserte sich der Absatz in Österreich um 9,1 Prozent auf 240.000 Brillen. Der Umsatz erreichte mit 32,5 Millionen € Vorjahresniveau (Vorjahr 32,7 Millionen €).

Ertragslage

Der Gewinn vor Steuern stieg im Geschäftsjahr 2005 um 14,5 Prozent auf 87,0 Millionen €, der Jahresüberschuss um 19,3 Prozent auf 57,8 Millionen €. Die Rendite vor Steuern bezogen auf den Konzernumsatz erreichte 11,9 Prozent, die Nettorendite

7,9 Prozent. Die Eigenkapitalrendite nach Steuern lag bei 18,2 Prozent. Der Gewinn vor Steuern, Zinsen und Abschreibungen (EBITDA) verbesserte sich auf 116,3 Millionen € (Vorjahr 104,8 Millionen €), das Ergebnis pro Aktie stieg auf 2,62 € (Vorjahr 2,21 €).

Das Ergebnis erwirtschafteten 538 Niederlassungen, davon 474 in Deutschland, 25 in der Schweiz, 20 in Österreich und 19 in den übrigen Ländern.

Großhandel/Dienstleistung, Produktion/Logistik und Einzelhandel

Im Segment „Großhandel/Dienstleistung" lag das Ergebnis der gewöhnlichen Geschäftstätigkeit ohne Beteiligungsergebnisse im Konzern bei 38,3 Millionen € (Vorjahr 51,4 Millionen €). Produktion und Logistik erwirtschafteten ein Ergebnis von 9,5 Millionen € (Vorjahr 9,0 Millionen €), der Einzelhandel erreichte 39,3 Millionen € (Vorjahr 17,9 Millionen €).

Deutschland, Schweiz und Österreich

In Deutschland erwirtschaftete Fielmann eine Ergebnissteigerung von 12,4 Prozent auf 67,0 Millionen €. Die Rendite vor Steuern bezogen auf den Umsatz erreichte 10,6 Prozent. In der Schweiz stieg das Ergebnis um 25,7 Prozent auf 17,6 Millionen €. Die Rendite vor Steuern verbesserte sich auf 22,3 Prozent.

In Österreich lag das Ergebnis trotz hoher Vorlaufkosten für neue Niederlassungen im Jahr der Gesundheitsreform bei 2,8 Millionen € (Vorjahr 5,5 Millionen €). Die Rendite vor Steuern bezogen auf den Umsatz betrug 8,6 Prozent.

Finanzlage

Finanzmanagement

Die Finanzlage des Fielmann Konzerns ist seit Jahren hervorragend. Der Finanzmittelfonds belief sich zum Ende des Berichtsjahres auf 74,4 Millionen € (Vorjahr 108,8 Millionen €). Die finanziellen Vermögensgegenstände zuzüglich der Zahlungsmittel und Äquivalente betrugen zum Stichtag 106,6 Millionen € (Vorjahr 117,5 Millionen €). Diese Liquidität bietet ausreichend Spielraum für die weitere Expansion.

Die Verbindlichkeiten gegenüber Kreditinstituten beliefen sich auf 24,7 Millionen € (Vorjahr 22,8 Millionen €). Darüber hinaus bestehende kurzfristige Kreditlinien wurden nicht in Anspruch genommen. Das Zinsergebnis war mit 1,8 Millionen € (Vorjahr 1,4 Millionen €) positiv. Zur Immobilien-Finanzierung haben wir einen Cross-Currency-Swap in einer Höhe von 6,0 Millionen € eingesetzt. Zum Stichtag lag der Wert dieses Swaps bei Tsd. € 84. Die Bewertung erfolgte nach der Marktwertmethode.

Cashflow-Entwicklung und Investitionen

Der Brutto-Cashflow betrug 89,4 Millionen € (Vorjahr: 86,6 Millionen €), der Cashflow pro Aktie 4,26 € (Vorjahr: 4,12 €). Der Cashflow aus betrieblicher Tätigkeit belief sich auf 62,7 Millionen € (Vorjahr 34,5 Millionen €). Der Cashflow aus Investitionstätigkeit erhöhte sich auf 58,1 Millionen € (Vorjahr: 43,4 Millionen €).

Das Investitionsvolumen lag im Berichtsjahr bei 61,2 Millionen € (Vorjahr 45,3 Millionen €), wurde finanziert aus dem Cashflow. Die Mittel wurden überwiegend genutzt für den Ausbau und den Erhalt des Filialnetzes, außerdem zum Immobilienerwerb.

Wertschöpfung Fielmann-Konzern

Herkunft	Tsd. €
Umsatzerlöse inklusive Bestandsveränderung	731.313
Sonstige Erträge	50.622
Unternehmensleistung	**781.935**
Materialaufwand	–218.995
Abschreibungen	–31.149
Sonstige betriebliche Aufwendungen	–167.746
Sonstige Steuern	–144
Summe Vorleistungen	**–418.034**
Wertschöpfung	**363.901**

Verwendung	Tsd. €	%
Aktionäre und andere Gesellschafter	42.610	12
Mitarbeiter	279.098	77
Öffentliche Hand	29.260	8
Kreditgeber	1.558	0
Unternehmen	11.375	3
	363.901	

Für das Jahr 2006 erwarten wir Investitionen in Höhe von 46,0 Millionen €. Die Investitionen der Fielmann Aktiengesellschaft, bereinigt um Kapitaleinlagen, betrugen 23,9 Millionen € (Vorjahr: 8,2 Millionen €).

Vermögenslage

Vermögens- und Kapitalstruktur

Das Gesamtvermögen des Konzerns stieg im Berichtsjahr auf 501,5 Millionen € (Vorjahr: 464,3 Millionen €), in der Fielmann Aktiengesellschaft auf 442,1 Millionen € (Vorjahr: 431,1 Millionen €).

Das Konzernanlagevermögen erhöhte sich um 15,5 Prozent auf 236,7 Millionen € (Vorjahr: 205,0 Millionen €). Die kurzfristigen Vermögenswerte betrugen 233,6 Millionen € (Vorjahr: 231,7 Millionen €).

Die Sachanlagen im Konzern wurden mit 189,3 Millionen € (Vorjahr: 165,9 Millionen €) ausgewiesen. Dies entspricht einem Anteil von 37,7 Prozent am Gesamtvermögen des Konzerns. Die Abschreibungen erhöhten sich auf 31,1 Millionen € (Vorjahr 30,3 Millionen €). Bei den kurzfristigen Vermögenswerten stiegen die Vorräte um 3,8 Prozent auf 79,5 Millionen €, die Umschlaghäufigkeit im Konzern lag bei 9,4.

Die Forderungen aus Lieferungen und Leistungen erhöhten sich im Berichtszeitraum um 4,9 Millionen € auf 11,7 Millionen €, die sonstigen Forderungen um 1,7 Millionen € auf 21,5 Millionen €.

Das Eigenkapital im Konzern beträgt nach Abzug der vorgeschlagenen Dividendenausschüttung 316,6 Millionen € (Vorjahr 301,4 Millionen €). Dies entspricht einer Quote von 63,1 Prozent der Bilanzsumme.

Die Rückstellungen betrugen 29,3 Millionen € (Vorjahr 25,8 Millionen €). Die kurzfristigen Finanzverbindlichkeiten sowie Verbindlichkeiten aus Lieferungen und Leistungen stiegen im Berichtsjahr um 1,5 Prozent auf 63,8 Millionen € (Vorjahr 62,9 Millionen €).

Wertschöpfung

Wertschöpfungsrechnungen ermitteln den wirtschaftlichen Wert, den ein Unternehmen mit seiner Produktion und der Erstellung seiner Leistung erzielt. Sie weisen darüber hinaus den Anteil aus, den die Einzelnen aus dem Unternehmen direkt oder indirekt erhalten.

Mitarbeiterinnen und Mitarbeiter

Fielmann ist größter Arbeitgeber der augenoptischen Branche in Deutschland. Im Konzern waren im Berichtsjahr durchschnittlich 10.155 (Vorjahr 9.804) Mitarbeiterinnen und Mitarbeiter beschäftigt. Im Inland arbeiteten 8.675 Menschen für Fielmann, in der Schweiz 662 Mitarbeiter, in Österreich

356 Mitarbeiter, in den Niederlanden 108 Mitarbeiter und in Polen 105 Mitarbeiter.

Der Personalaufwand betrug 278,9 Millionen € (Vorjahr 240,3 Millionen €). Die Personalaufwandsquote lag in Bezug zur Konzerngesamtleistung bei 38,1 Prozent (Vorjahr 36,3 Prozent).

Aus- und Weiterbildung

Fielmann investiert Jahr für Jahr einen zweistelligen Millionenbetrag in die Personalentwicklung. Alle Fielmann-Niederlassungen werden von Augenoptikermeisterinnen oder -meistern geführt. Ihnen zur Seite stehen kompetente Mitarbeiterinnen und Mitarbeiter.

Fielmann ist größter Ausbilder der augenoptischen Branche, bildete im Berichtszeitraum 1.502 junge Menschen aus.

Augenoptik ist ein qualifiziertes Handwerk, Fielmann als Ausbilder begehrt. Im letzten Jahr haben sich mehr als 8.000 junge Menschen bei Fielmann beworben. Die Ausbildungsquote lag bei 19% Prozent, im Handel bei 6 Prozent, in der übrigen augenoptischen Branche bei 11 Prozent.

Auszubildende bei Fielmann erlernen nicht nur das Handwerk des Augenoptikers. Sie erwerben auch Kenntnisse aus der vorgelagerten Industrie. Gute Leistungen werden finanziell belohnt. Fielmann unterstützt den Fachschulbesuch mit Zuschüssen und gewährt Prämien für herausragende Leistungen.

Fielmann bildet den Führungsnachwuchs im eigenen Unternehmen aus, in den Fielmann-Niederlassungen sowie in zentralen Werkstätten. Fielmann fördert seine Nachwuchskräfte in fachlichen und persönlichen Schulungen, zahlt ein Meister-Bafög.

Fielmann bietet vielfältige Karrieremöglichkeiten. Jede Mitarbeiterin und jeder Mitarbeiter hat mit entsprechender Eignung, Qualifikation und Leistungswillen die Chance, bis an die Spitze aufzusteigen.

Fielmann übernimmt in der Ausbildung Verantwortung für die gesamte augenoptische Branche. Aus diesem Grund hat die Fielmann Akademie Schloss Plön, gemeinnützige Bildungsstätte der Augenoptik GmbH (im Weiteren: Fielmann Akademie gGmbH) im Jahr 2002 vom Land Schleswig-Holstein das Schloss Plön erworben. Mit Millionenaufwand erstellen wir in Zusammenarbeit mit dem Land Schleswig-Holstein ein Schulungszentrum, das auch externen Augenoptikern zur Verfügung stehen wird.

Die Fielmann Akademie gGmbH hat im Oktober 2004 mit einem Meisterkurs ihren Lehrbetrieb aufgenommen. Im Rahmen einer zweijährigen Vollzeitschule bereiten sich die ersten Teilnehmer auf die Meisterprüfung vor.

Seit September 2005 bietet die Fielmann Akademie gGmbH in Zusammenarbeit mit der Fachhochschule Lübeck den Studiengang zum Bachelor of Science in Augenoptik/Optometrie an.

Vergütung

Die Identifikation der Fielmann-Mitarbeiterinnen und -Mitarbeiter mit ihrem Unternehmen ist hoch. Gute Gehälter und das Angebot, sich am Unternehmen zu beteiligen, motivieren.

Unser Modell zur Erfolgsbeteiligung der Niederlassungsleiterinnen und -leiter unterstützt unser kundenfreundliches Marketing. Die Hälfte der Tantieme ist abhängig von der Kundenzufriedenheit.

Umwelt

Fielmann pflanzt für jeden Mitarbeiter jedes Jahr einen Baum, bis heute mehr als 700.000 Bäume und Sträucher.

Fielmann engagiert sich im Naturschutz und Umweltschutz, in der Denkmalpflege und im Öko-Landbau.

LAGEBERICHT

Nachtragsbericht

Nach Ende des Geschäftsjahres und bis zur Aufstellung des Jahresabschlusses sind keine Vorgänge oder Ereignisse eingetreten, die das im vorliegenden Abschluss vermittelte Bild von der Lage der Gesellschaft wesentlich beeinflussen.

Risikobericht

Risikomanagementsystem und bestehende Risiken

Wesentliche Bestandteile der Unternehmensführung sind ein einheitlicher Planungs- und Controllingprozess, Richtlinien und Berichtssysteme sowie eine Risikoberichterstattung, die konzernweit alle Bereiche des Unternehmens abdeckt.

Das Risikomanagementsystem zielt darauf ab, neben der Unternehmensleitung alle Entscheidungsebenen in die Lage zu versetzen, frühzeitig Risiken zu erkennen und entsprechende Maßnahmen einzuleiten. Darüber hinaus werden die konzernweiten Planungs-, Steuerungs- und Berichtsprozesse kontinuierlich auf Effektivität und Effizienz überprüft. Die Wirksamkeit des Risikofrüherkennungssystems wird regelmäßig durch die interne Revision und im Rahmen der gesetzlichen Anforderungen durch den Abschlussprüfer bewertet.

Für den Fielmann-Konzern bestehen im Wesentlichen folgende Risiken:

Operative Risiken

Fielmann ist tief in der Branche verwurzelt und auf allen Ebenen der Wertschöpfung tätig: Fielmann ist Hersteller, Agent und Augenoptiker. Die Fielmann-Niederlassungen sind im Bereich der eigenen Collection Factory-Outlets. Die Verzahnung von zentralen und dezentralen Einheiten würde bei Betriebsstörungen oder längeren Produktionsausfällen die Ertragslage beeinträchtigen. Hierfür wurden umfangreiche Vorsorgemaßnahmen getroffen:

- Systematische Schulungs- und Qualifikationsprogramme für die Mitarbeiter
- Weiterentwicklung der Produktionsverfahren und -technologien
- Umfangreiche Sicherungsmaßnahmen in den Niederlassungen
- Regelmäßige Wartung von Anlagen und Netzen

Gegen dennoch mögliche Schadensfälle ist das Unternehmen in einem wirtschaftlich sinnvollen Umfang versichert.

Finanzwirtschaftliche Risiken

Aus dem operativen Geschäft ergeben sich für den Konzern Zins- und Währungsrisiken. Die Instrumente zur Sicherung dieser finanzwirtschaftlichen Risiken sind in den Erläuterungen zu den jeweiligen Bilanzpositionen beschrieben. Die wesentlichen Einkaufskontrakte lauten in Euro. Eine geringe Verschuldung des Konzerns minimiert die Auswirkungen vorhandener Zinsrisiken.

Darüber hinaus ergeben sich Risiken aus Kursänderungen für Wertpapiere im Umlaufvermögen. Die Steuerung erfolgt über ein Anlagemanagement zur Überwachung von Liquiditäts- und Währungsrisiken im Rahmen kurz- und langfristiger Finanzplanungen.

Externe Risiken

Das internationale Marktumfeld ist gekennzeichnet durch allgemeine konjunkturelle Risiken und zunehmende Wettbewerbsintensität. Preis- und Absatzrisiken sind gegeben. Ein umfassendes Vertriebscontrolling und eine ständige Wettbewerbsbeobachtung lassen frühzeitig Entwicklungen erkennen. Maßnahmen zur Begrenzung von Risiken lassen sich zeitnah umsetzen.

IT-Risiken
Die operative und strategische Steuerung des Konzerns ist eingebunden in eine komplexe Informationstechnologie. Die Aufrechterhaltung und Optimierung der IT-Systeme wird gewährleistet durch den ständigen Austausch mit externen Beratern sowie durch verschiedene Sicherungsmaßnahmen.

Technologische Entwicklungen werden fortlaufend beobachtet und geprüft, um bei Eignung eingesetzt zu werden. Daneben begegnet der Fielmann-Konzern den Risiken aus unberechtigtem Datenzugriff, Datenmissbrauch und Datenverlust mit entsprechenden Maßnahmen.

Die Marktstellung des Konzerns, seine finanzielle Solidität und ein Geschäftsmodell, das Fielmann erlaubt, Wachstumschancen schneller als der Wettbewerb zu erkennen und umzusetzen, lassen mit Blick auf die künftige Entwicklung keine Risiken mit wesentlicher Auswirkung auf die Vermögens-, Finanz- und Ertragslage erkennen.

Ausblick
Die am Gemeinschaftsgutachten der Bundesregierung beteiligten Wirtschaftsforschungsinstitute erwarten für 2006 in Deutschland eine durch außenwirtschaftliche Impulse gestützte gesamtwirtschaftliche Entwicklung.

Die geplante Mehrwertsteuererhöhung im Jahr 2007 dürfte vornehmlich in der zweiten Jahreshälfte zu einer Belebung der Binnenkonjunktur führen, zu einer verstärkten Nachfrage nach vornehmlich hochwertigeren und langlebigen Wirtschaftsgütern.

Einen nennenswerten Rückgang der Arbeitslosigkeit erwarten die Institute nicht.

Dank eines leicht aufgehellten Konsumklimas in Deutschland erwarten wir auch für die augenoptische Branche eine freundliche Entwicklung.

Die demographische Entwicklung der Bevölkerung in Europa bietet uns weitere Wachstumschancen. Der Anteil hochwertiger Gleitsichtbrillen, die insbesondere in der zweiten Lebenshälfte benötigt werden, wird sich in den nächsten Jahren deutlich erhöhen. Zusätzliches Potenzial bietet uns das Segment Contactlinsen und Contactlinsenpflegemittel.

Fielmann hat die Brillenmode demokratisiert, macht kleine Preise für viele und nicht hohe Preise für wenige.

Wir können zu günstigen Preisen verkaufen, weil wir mehr Brillen abgeben als Nationen. Fielmann ist Produzent, Agent und Augenoptiker, deckt die ganze Wertschöpfungskette der Branche ab. Wir kontrollieren die Qualität auf allen Fertigungsstufen. Wir haben uns zu bester Qualität in allen Preislagen verpflichtet. Fielmann führt Collectionen für alle Zielgruppen. Wir beobachten Strömungen und aktuelle Trends. Unsere Designer finden in ihren Entwürfen die angemessene Formensprache. Fielmann verfügt über eigene und in langjähriger Partnerschaft betriebene Produktionsbetriebe.

Marktführer ist Fielmann nicht durch Zufall. Unsere Spitzenposition verdanken wir strikter Kundenorientierung und motivierten Mitarbeiterinnen und Mitarbeitern, die unsere verbraucherfreundliche Philosophie leben.

Fielmann treibt die Expansion in Deutschland, der Schweiz und in Österreich voran. Diese Länder bieten das größte Potenzial.

Expansion betreiben wir mit Augenmaß. Wir prüfen europaweit jede ernstzunehmende Übernahmeoption.

Für 2006 plant Fielmann eine deutliche Steigerung bei Umsatz und Gewinn. Wir werden die Expansion zügig vorantreiben, 25 neue Niederlassungen eröffnen und mehr als 300 zusätzliche Arbeitsplätze schaffen.

JAHRESABSCHLUSS

Fielmann Aktiengesellschaft, Hamburg
Bilanz zum 31. Dezember 2005

Aktiva	Tz. im Anhang	Stand am 1. 12. 2005 Tsd. €	Stand am 31.12.2004 Tsd. €
A. Anlagevermögen			
I. Immaterielle Vermögensgegenstände	(1)	3.121	1.832
II. Sachanlagen	(2)	66.758	54.820
III. Finanzanlagen	(3)	161.794	170.279
		231.673	**226.931**
B. Umlaufvermögen			
I. Vorräte	(4)	14.193	14.616
II. Forderungen und sonstige Vermögensgegenstände	(5)	106.781	100.774
III. Wertpapiere	(6)	53.410	65.767
IV. Kassenbestand, Guthaben bei Kreditinstituten und Schecks	(7)	35.948	22.895
		210.332	**204.052**
C. Rechnungsabgrenzungsposten	(8)	108	78
		442.113	**431.061**

Passiva	Tz. im Anhang	Stand am 31. 12. 2005 Tsd. €	Stand am 31. 12. 2004 Tsd. €
A. Eigenkapital			
I. Gezeichnetes Kapital	(9)	54.600	54.600
II. Kapitalrücklage	(10)	92.652	92.652
III. Gewinnrücklagen	(11)	104.716	106.634
IV. Bilanzgewinn	(12)	39.900	33.600
		291.868	**287.486**
B. Sonderposten mit Rücklageanteil	(13)	4.800	5.286
C. Rückstellungen	(14)	33.743	35.292
D. Verbindlichkeiten	(15)	109.460	102.945
E. Rechnungsabgrenzungsposten		2.242	52
		442.113	**431.061**
F. Haftungsverhältnisse	(16)	9.423	9.830

10 Einzelabschluss 2005

Fielmann Aktiengesellschaft, Hamburg
Gewinn-und-Verlust-Rechnung für die Zeit vom 1. Januar bis 31. Dezember 2005

	Tz. im Anhang	2005 Tsd. €	2004 Tsd. €
1. Umsatzerlöse	(17)	181.828	164.524
2. Sonstige betriebliche Erträge	(18)	50.280	41.010
3. Materialaufwand	(19)	-133.387	-97.211
4. Personalaufwand	(20)	-34.051	-29.998
5. Abschreibungen auf immaterielle Vermögensgegenstände des Anlagevermögens und Sachanlagen		-6.209	-4.978
6. Sonstige betriebliche Aufwendungen	(21)	-38.862	-41.327
7. Beteiligungsergebnis	(22)	27.254	8.700
8. Abschreibungen auf Finanzanlagen		-51	-4.971
9. Zinsergebnis	(23)	7.634	6.764
10. Ergebnis der gewöhnlichen Geschäftstätigkeit		**54.436**	**42.513**
11. Steuern vom Einkommen und vom Ertrag	(24)	-16.418	-15.399
12. Sonstige Steuern		-74	-123
13. Jahresüberschuss		**37.944**	**26.991**
14. Gewinnvortrag aus dem Vorjahr		37	52
15. Entnahme aus den Gewinnrücklagen	(25)	1.919	6.954
16. Einstellung in Gewinnrücklagen	(26)	0	-397
17. Bilanzgewinn		**39.900**	**33.600**

ANHANG

Fielmann Aktiengesellschaft, Hamburg
Anhang zum 31. Dezember 2005

Allgemeine Angaben

Bei der Aufstellung des Jahresabschlusses wurde von § 265 Abs. 7 Nr. 2 HGB (verkürzte Bilanz und Gewinn- und Verlustrechnung) Gebrauch gemacht. Die Einzelaufgliederungen und Erläuterungen werden im Anhang dargestellt.

Bilanzierungs- und Bewertungsgrundsätze

Geschäftsvorfälle in Fremdwährung werden zum aktuellen Stichtagskurs umgerechnet. Am Bilanzstichtag vorhandene Fremdwährungspositionen werden gegebenenfalls zum niedrigeren Stichtagskurs bewertet.

Die immateriellen Vermögensgegenstände sowie das Sachanlagevermögen sind zu Anschaffungs- oder Herstellungskosten, vermindert um planmäßige lineare Abschreibungen bzw. zum niedrigeren beizulegenden Wert bewertet. Immobilien, die nicht im Kerngeschäft der Fielmann Aktiengesellschaft genutzt werden, werden mit einem Ertragswertverfahren unter Nutzung eines Mietertragsfaktors bewertet und gegebenenfalls wertberichtigt. Mietereinbauten sowie Gegenstände der Betriebs- und Geschäftsausstattung werden linear abgeschrieben, wobei die betriebsgewöhnliche Nutzungsdauer, höchstens die (Rest-) Laufzeit des Mietvertrages angesetzt wird.

Auf die Zugänge des beweglichen Sachanlagevermögens wird die Abschreibung pro Rata nach Zugangszeitpunkt monatsgenau verrechnet. Geringwertige Wirtschaftsgüter werden im Zugangsjahr in voller Höhe abgeschrieben.

Der Wertansatz der Finanzanlagen erfolgt zu Anschaffungskosten bzw. zum niedrigeren beizulegenden Wert. Jahresüberschüsse wie auch Jahresfehlbeträge der Personengesellschaften werden entsprechend der gesellschaftsvertraglichen Gewinnverteilung übernommen.

12 Einzelabschluss 2005

Die Bewertung der Handelswaren erfolgt grundsätzlich mit den Anschaffungs- bzw. Herstellungskosten, erforderlichenfalls mit dem niedrigeren beizulegenden Wert. Absatz- und sonstigen Risiken wird – soweit erforderlich – durch Einzelabschläge, im Übrigen durch angemessene Pauschalabschläge Rechnung getragen.

Forderungen und sonstige Vermögensgegenstände sind zum Nennwert unter Abzug erkennbar gebotener Einzel- und Pauschalwertberichtigungen angesetzt, Verbindlichkeiten mit dem Rückzahlungsbetrag bilanziert.

Die sonstigen Wertpapiere sind zu ihren Anschaffungskosten, gegebenenfalls zu den niedrigeren Börsenkursen zum Bilanzstichtag bewertet.

Sonderabschreibungen werden unter der Position „Sonderposten mit Rücklageanteil" angesetzt.

Die Rückstellungen für Pensionen und ähnliche Verpflichtungen werden gemäß § 6a EStG nach versicherungsmathematischen Berechnungen mit dem Teilwert und unter Anwendung eines Zinsfußes von 6,0 Prozent erfasst. Der Wertansatz der übrigen Rückstellungen berücksichtigt alle erkennbaren Risiken auf der Grundlage vorsichtiger kaufmännischer Beurteilung.

Es sind zum Bilanzstichtag Aufwandsrückstellungen in Höhe von Tsd. € 404 gebildet worden. Die Ermittlung der Rückstellung für Gewährleistungen wurde dem geänderten Absatz- und Umsatzverlauf angepasst. Weiterhin wird eine Rückstellung für Rückbauverpflichtungen fortgeschrieben, die den zukünftigen Aufwand für den Rückbau von Einbauten und vorgenommenen gravierenden Umbauten bei gemieteten Objekten zum Ende der vertraglichen Mietlaufzeit über diese ratierlich ansammelt. Rückstellungen für Jubiläumsgelder wurden in Anlehnung an versicherungsmathematische Methoden berechnet. Die daraus und aus den Gewährleistungen resultierenden Rückstellungsänderungen belaufen sich auf Tsd. € –979.

Die Bewertung der Verbindlichkeiten erfolgt zu ihrem Rückzahlungsbetrag. Eventualverbindlichkeiten aus Gewährleistungsverträgen werden nach dem Stand der jeweiligen Hauptschuld bewertet.

ANHANG

Fielmann Aktiengesellschaft, Hamburg
Entwicklung des Anlagevermögens zum 31. Dezember 2005

	Anschaffungs- und Herstellungskosten			
	Stand am 1. 1. 2005 Tsd. €	Zugänge Tsd. €	Abgänge Tsd. €	Stand am 31. 12. 2005 Tsd. €
I. Immaterielle Vermögensgegenstände				
Sonstige Rechte	5.108	2.647	229	7.526
davon durch Zugang durch konzerninterne Übertragung		15		
	5.108	**2.647**	**229**	**7.526**
II. Sachanlagen				
1. Grundstücke, grundstücksgleiche Rechte und Bauten einschließlich der Bauten auf fremden Grundstücken	71.124	9.668	686	80.106
2. Mietereinbauten	10.167	262		10.429
3. Betriebs- und Geschäftsausstattung	17.087	7.841	3.283	21.645
davon durch Zugang durch konzerninterne Übertragung		1.658		
4. Geleistete Anzahlungen und Anlagen im Bau	9	1.085	301	793
	98.387	**18.856**	**4.270**	**112.973**
III. Finanzanlagen				
1. Anteile an verbundenen Unternehmen	174.473	11.343	20.553	165.263
2. Ausleihungen an verbundene Unternehmen	578	824	579	823
3. Sonstige Ausleihungen	301	500	122	679
	175.352	**12.667**	**21.254**	**166.765**
Summe Anlagevermögen	**278.847**	**34.170**	**25.753**	**287.264**
davon durch Zugang durch konzerninterne Übertragung		1.673		

* Die Summe der Abschreibungen abzüglich der konzerninternen Übertragung ergibt einen mit der Gewinn-und-Verlust-Rechnung abstimmbaren Abschreibungsbetrag in Höhe von Tsd. € 6.209.

14 Einzelabschluss 2005

Kumulierte Abschreibungen				Buchwerte	
Stand am 1. 1. 2005 Tsd. €	Zugänge Tsd. €	Abgänge Tsd. €	Stand am 31. 12. 2005 Tsd. €	Stand am 31. 12. 2005 Tsd. €	Stand am 1. 1. 2005 Tsd. €
3.276	1.358	229	4.405	3.121	1.832
	15				
3.276	**1.358**	**229**	**4.405**	**3.121**	**1.832**
22.520	1.888	686	23.722	56.384	48.604
7.696	495		8.191	2.238	2.471
13.351	4.141	3.190	14.302	7.343	3.736
	1.658				
0			0	793	9
43.567	**6.524**	**3.876**	**46.215**	**66.758**	**54.820**
4.971			4.971	160.292	169.502
102		102	0	823	476
0			0	679	301
5.073	**0**	**102**	**4.971**	**161.794**	**170.279**
51.916	**7.882** *	**4.207**	**55.591**	**231.673**	**226.931**
	1.673				

ANHANG

Erläuterungen zum Jahresabschluss der Fielmann Aktiengesellschaft

I. Erläuterungen zur Bilanz

Anlagevermögen

Die Entwicklung der immateriellen Vermögensgegenstände, Sach- und Finanzanlagen ist im Einzelnen im vorstehenden Anlagespiegel dargestellt. Mietereinbauten werden dabei in Erweiterung des gesetzlichen Gliederungsschemas gesondert ausgewiesen.

(1) Immaterielle Vermögensgegenstände

Die immateriellen Vermögensgegenstände der Fielmann Aktiengesellschaft enthalten wesentlich EDV-Software, die über drei bis fünf Jahre linear abgeschrieben wird.

(2) Sachanlagen

Die „Grundstücke und Bauten" der Fielmann Aktiengesellschaft betreffen 38 Immobilien, die überwiegend an Niederlassungen bzw. Tochtergesellschaften der Gruppe vermietet sind.

Die Zugänge der Fielmann Aktiengesellschaft in der Position Grundstücke und Gebäude betreffen im Wesentlichen den Kauf von zwei Immobilien, in denen Fielmann-Niederlassungen betrieben werden.

Die Abschreibung der Mietereinbauten erfolgt linear unter Berücksichtigung der Mietvertragsdauer (in der Regel über 7 Jahre), die Betriebs- und Geschäftsausstattung wird zwischen 2 und 10 Jahren abgeschrieben (überwiegend Maschinen und Geräte 5 Jahre, EDV 3 Jahre). Außerplanmäßige Abschreibungen für Immobilien waren im Berichtsjahr nicht erforderlich. Diese werden mit einem Ertragswertverfahren unter Nutzung eines Mietertragsfaktors bewertet.

Die Zugänge in den Sachanlagen resultieren unter anderem aus der Expansion der Gesellschaft (Tsd. € 8.570).

(3) Finanzanlagen

Die Fielmann Aktiengesellschaft weist unter den Finanzanlagen wesentlich Anteile an gesellschaftsrechtlich eigenständigen Fielmann-Niederlassungen in der Rechtsform der Kommanditgesellschaft bzw. offenen Handelsgesellschaften sowie die Anteile an Produktions-, Dienstleistungs- und Beteiligungsgesellschaften aus. Hinsichtlich der Einzelheiten wird auf die Aufstellung des Anteilsbesitzes zum 31. Dezember 2005 verwiesen, die beim Amtsgericht Hamburg unter der Nummer HRB 56098 hinterlegt wird.

(4) Vorräte

Die Vorräte betreffen im Wesentlichen Handelswaren für Brillenoptik, Sonnenbrillen sowie sonstige Handelswaren, die sich im Bestand des Zentrallagers der Fielmann Aktiengesellschaft befinden (Tsd. € 14.193, Vorjahr Tsd. € 14.616).

(5) Forderungen und sonstige Vermögensgegenstände

Die Fristigkeit der Forderungen ergibt sich aus dem nachfolgenden Forderungsspiegel:

	31. 12. 2005		31. 12. 2004	
	Gesamt Tsd. €	Restlaufzeit von mehr als 1 Jahr Tsd. €	Gesamt Tsd. €	Restlaufzeit von mehr als 1 Jahr Tsd. €
Forderungen aus Lieferungen und Leistungen	1.831		3.165	
– gegen verbundene Unternehmen davon aus Lieferungen und Leistungen: Tsd. € 15.786 (Vorjahr Tsd. € 16.759)	82.737		76.563	
Sonstige Vermögensgegenstände	22.213	240	21.046	155
	106.781	**240**	**100.774**	**155**

Die Forderungen aus Lieferungen und Leistungen der Fielmann Aktiengesellschaft betreffen u. a. Fielmann-Franchisegesellschaften (Tsd. € 1.538 Vorjahr Tsd. € 2.591). Die Forderungen aus Lieferungen der Fielmann Aktiengesellschaft gegenüber den Niederlassungen der Fielmann-Gruppe veränderten sich entsprechend der verminderten Umsätze.

Die sonstigen Vermögensgegenstände betreffen unter anderem Forderungen aus der Abwicklung der Null-Tarif-Versicherung (Tsd. € 3.350, Vorjahr Tsd. € 936), Forderungen an das Finanzamt (Tsd. € 3.399 Vorjahr Tsd. € 3.097) sowie an Kreditkartenunternehmen (Tsd. € 2.062, Vorjahr Tsd. € 2.367). Die Forderungen an die gegenüber den Krankenkassen zwischengeschaltete Abrechnungsgesellschaft (Tsd. € 1.294, Vorjahr Tsd. € 2.011) betreffen ab dem 1. 1. 2004 nur noch Lieferungen aus Brillengläsern an Minderjährige und schwer Sehbehinderte. Weiterhin sind in dieser Position Forderungen an Fielmann-Franchisegesellschaften (Tsd. € 1.000, Vorjahr Tsd. € 774) enthalten.

(6) Wertpapiere

Der Ausweis betrifft risikoarme festverzinsliche kurzlaufende Wertpapiere und sonstige Aktien. Enthalten ist in der Fielmann Aktiengesellschaft ein Bestand an eigenen Anteilen von 12.524 Stück. Der Buchwert zum 31. 12. 2005 beträgt Tsd. € 589 (Vorjahr Tsd. € 710). Sonstige Wertpapiere sind in Höhe von Tsd. € 52.821 (Vorjahr Tsd. € 65.057) enthalten. Die Entwicklung des Bestandes an eigenen Anteilen stellt sich im Einzelnen wie folgt dar: Die ausgewiesenen Fielmann-Aktien wurden i. S. d. § 71 Abs. 1 Nr. 2 AktG erworben,

	Erwerb Stück	Verkauf Stück	Bestand Stück	in % des gezeichneten Kapitals
Stand am 1. 1. 2005			16.826	0,08
Veränderungen im Geschäftsjahr	11.404			0,05
		15.706		0,07
Stand am 31. 12. 2005			12.524	0,06

um sie den Mitarbeitern der Fielmann Aktiengesellschaft oder ihr verbundenen Unternehmen als Belegschaftsaktien anbieten zu können. Aus der Umschichtung der eigenen Anteile ergaben sich Erträge von Tsd. € 133 und Aufwendungen von Tsd. € 0.

(7) Kassenbestand, Guthaben bei Kreditinstituten und Schecks

Ausgewiesen werden die liquiden Mittel.

(8) Rechnungsabgrenzungsposten

Das Disagio beträgt Tsd. € 2 (Vorjahr Tsd. € 4). Es wird nach der Zinsstaffelmethode aufgelöst. Die sonstigen Rechnungsabgrenzungen betreffen im Wesentlichen Vorauszahlungen für EDV-Wartung und Pflege.

(9) Gezeichnetes Kapital/ Genehmigtes Kapital

Das Gezeichnete Kapital der Fielmann Aktiengesellschaft beträgt zum 31. 12. 2005 Tsd. € 54.600. Das Gezeichnete Kapital ist wie im Vorjahr eingeteilt in 21 Millionen Stammaktien, jeweils ohne Nennwert. Zu eigenen Anteilen vergleiche Tz. (11). Die Aktien lauten auf den Inhaber. Die Mehrheitsverhältnisse des stimmberechtigten Kapitals wurden zuletzt in der Börsen-Zeitung vom 3. Mai 2002 mit folgendem Wortlaut bekanntgegeben:

„Der Fielmann AG, Hamburg, sind durch ihre Aktionäre gemäß § 41 Abs. 2 Satz 1 WpHG folgende Stimmrechtsanteile zum 1. 4. 2002 mitgeteilt worden:

Günther Fielmann, Lütjensee	43,17 %, davon sind 8,05 % gemäß § 22 Abs. 1 Nr. 4 WpHG zugerechnet
Marc Fielmann, Lütjensee	7,73 %
Fielmann Familienstiftung, Hamburg	15,07 %
Fielmann INTER-OPTIK GmbH & Co. KG, Hamburg	11,41 %

Der Vorstand"

Nach § 5 Abs. 3 der Satzung ist der Vorstand mit Zustimmung des Aufsichtsrates ermächtigt, bis zum 30. Juni 2006 das Grundkapital durch Ausgabe neuer, auf den Inhaber lautende Aktien, gegen Bareinlage und/oder Sacheinlage einmal oder mehrmals, insgesamt jedoch höchstens um Mio. € 20 zu erhöhen. Im Geschäftsjahr hat der Vorstand von dieser Ermächtigung keinen Gebrauch gemacht.

(10) Kapitalrücklage

Ausgewiesen wird ausschließlich das Agio aus der Kapitalerhöhung 1994 nach § 272 Absatz 2 Nr. 1 HGB. Die Bildung einer gesetzlichen Rücklage ist daher nicht erforderlich (§ 150 Abs. 2 AktG).

(11) Gewinnrücklagen

Die Gewinnrücklagen zum 31. 12. 2005 setzen sich wie folgt zusammen:

	Stand am 1. 1. 2005 Tsd. €	Währungs-änderung Tsd. €	Umgliede-rungen Tsd. €	Einstellungen Tsd. €	Entnahmen Tsd. €	Stand am 31. 12. 2005 Tsd. €
Rücklage für eigene Anteile	710				121	589
Andere Gewinnrücklagen	105.925				1.798	104.127
Summe Rücklagen	**106.635**	**0**	**0**	**0**	**1.919**	**104.716**

(12) Bilanzgewinn

Der Bilanzgewinn der Fielmann Aktiengesellschaft ergibt sich aus dem Jahresüberschuss (Tsd. € 37.944) zuzüglich des Gewinnvortrags (Tsd. € 37) zuzüglich der Veränderungen der Gewinnrücklagen (Tsd. € –1.919).

(13) Sonderposten mit Rücklageanteil

Der Sonderposten mit Rücklageanteil in Bezug auf § 4 FörderGG beträgt Tsd. € 4.800 (Vorjahr Tsd. € 5.286).

(14) Rückstellungen

	31. 12. 2005 Tsd. €	31. 12. 2004 Tsd. €
Pensionsrückstellungen	629	598
Steuerrückstellungen	8.974	6.338
Sonstige Rückstellungen		
Personalrückstellungen	5.332	4.408
Rückstellungen im Warenbereich	7.249	7.397
Übrige Rückstellungen	11.559	16.551
Summe sonstige Rückstellungen	24.140	28.356
	33.743	**35.292**

Pensionsrückstellungen der Fielmann Aktiengesellschaft resultieren aus unverfallbaren Pensionszusagen.

Die Steuerrückstellungen betreffen wesentlich Körperschaftsteuern und Gewerbesteuern der Fielmann Aktiengesellschaft.

Die Personalrückstellungen werden insbesondere für Verpflichtungen aus Sonderzahlungen/Tantiemen gebildet.

Die Rückstellungen im Warenbereich betreffen wesentlich die Bestandspflege der Niederlassungsbestände in Höhe von Tsd. € 3.856 (Vorjahr Tsd. € 3.915).

Die übrigen Rückstellungen betreffen unter anderem das durch das Gesundheitsmodernisierungsgesetz ausgelöste Ausfallrisiko von Krankenkassenzahlungen und Risiken für Nachlaufkosten von Mietverträgen.

ANHANG

(15) Verbindlichkeiten

Die Restlaufzeit der in der Bilanz ausgewiesenen Verbindlichkeiten ergibt sich aus dem nachfolgenden Verbindlichkeitenspiegel:

	31. 12. 2005			31. 12. 2004		
	Gesamt	Restlaufzeit		Gesamt	Restlaufzeit	
	Tsd. €	bis zu 1 Jahr Tsd. €	über 5 Jahre Tsd. €	Tsd. €	bis zu 1 Jahr Tsd. €	über 5 Jahre Tsd. €
Verbindlichkeiten						
gegenüber Kreditinstituten	9.533	2.481	4.800	14.886	7.745	4.743
aus Lieferungen und Leistungen	14.188	14.188		9.343	9.343	
gegenüber verbundenen Unternehmen	78.992	78.992		73.258	73.258	
davon aus Lieferungen und Leistungen: Tsd. € 0 (Vorjahr Tsd. € 0)						
Sonstige Verbindlichkeiten	6.747	5.286		5.458	4.083	
davon aus Steuern: Tsd. € 2.440 (Vorjahr Tsd. € 510)						
davon im Rahmen der sozialen Sicherheit: Tsd. € 547 (Vorjahr Tsd. € 513)						
	109.460	**100.947**	**4.800**	**102.945**	**94.429**	**4.743**

Die Verbindlichkeiten gegenüber Kreditinstituten sind durch Grundpfandrechte oder ähnliche Rechte in Höhe von Tsd. € 6.928 (Vorjahr Tsd. € 8.938) gesichert. Ein in Verbindung mit den Verbindlichkeiten geführter Zins-Währungs-Swap hat zum 31. 12. 2005 einen positiven Marktwert von Tsd. € 84. Die Verbindlichkeiten gegenüber Franchisegesellschaften betragen Tsd. € 1.953 (Vorjahr Tsd. € 2.786).

(16) Haftungsverhältnisse, sonstige finanzielle Verpflichtungen

	31. 12. 2005 Tsd. €	31. 12. 2004 Tsd. €
Verbindlichkeiten aus Gewährleistungsverträgen	303	243
davon zugunsten verbundener Unternehmen Tsd. € 254 (Vorjahr Tsd. € 211)		
Verbindlichkeiten aus Bürgschaften	9.120	9.587
	9.423	**9.830**

Die Fielmann Aktiengesellschaft haftet für die Verbindlichkeiten der Niederlassungen (offenen Handelsgesellschaften) des Fielmann-Konzerns aufgrund ihrer Gesellschafterstellung.

Aus Leasinggeschäften bestehen sonstige finanzielle Verpflichtungen aus Leasingverträgen in Höhe von Tsd. € 690.

Aus einem eingeräumten Darlehen ergeben sich Zahlungsverpflichtungen in Höhe von Tsd. € 500.

Die aus vertraglichen Vereinbarungen mit der Treuhandanstalt resultierenden Beschäftigungs- und Investitionsverpflichtungen wurden entsprechend dieser Verträge erfüllt.

Aufgrund der Erfordernisse aus dem Zuwendungsbescheid (Investitionszuschuss) für das Produktions- und Logistikzentrum in Rathenow hat die Fielmann Aktiengesellschaft die gesamtschuldnerische Haftung für Erstattungs- und Verzinsungsansprüche übernommen. Diese beliefen sich zum Bilanzstichtag auf Tsd. € 7.878.

Die Fielmann Aktiengesellschaft, Hamburg, hat Kreditinstituten selbstschuldnerische Bürgschaften für Darlehen der Fielmann Akademie Schloss Plön, gemeinnützige Bildungsstätte der Augenoptik GmbH, Plön, in Höhe von insgesamt Tsd. € 9.120 abgegeben.

Für die Fielmann Holding B.V., Oldenzaal, hat die Fielmann Aktiengesellschaft die gesamtschuldnerische Haftung für deren Verbindlichkeiten übernommen.

Die Fielmann Aktiengesellschaft plant für das Geschäftsjahr 2006 Investitionen in Höhe von Tsd. € 9.100, wovon Tsd. € 1.500 auf Finanzeinlagen bei den Niederlassungen entfallen.

II. Erläuterungen zur Gewinn-und-Verlust-Rechnung

Die Gewinn-und-Verlust-Rechnung der Fielmann Aktiengesellschaft ist nach der Gliederung für das Gesamtkostenverfahren erstellt.

(17) Umsatzerlöse inklusive Bestandsveränderungen

Die Umsatzerlöse der Fielmann Aktiengesellschaft resultieren aus der Großhandelsfunktion der Gesellschaft sowie aus Dienstleistungen an verbundene Unternehmen, Fielmann-Franchisegesellschaften und an Dritte. Wie im Vorjahr wurden die für Niederlassungen verauslagten Kosten nicht als durchlaufende Posten behandelt, sondern grundsätzlich als Aufwand und Weiterbelastungsertrag gesondert erfasst (Tsd. € 9.793).

	2005 Tsd. €	2004 Tsd. €
Erlöse Handel	83.980	77.860
Erlöse Dienstleistungen	97.848	86.664
	181.828	**164.524**
davon Inland:		
Beteiligungsgesellschaften (Inland)	148.680	133.829
Franchisegesellschaften und andere Inlandskunden	13.785	14.726
	162.465	**148.555**
davon Ausland:		
Beteiligungsgesellschaften (Ausland)	18.886	15.596
Auslandskunden (Franchiser und andere)	477	373
	19.363	**15.969**

(18) Sonstige betriebliche Erträge

Die sonstigen betrieblichen Erträge weisen im Wesentlichen erhaltene Werbekostenzuschüsse sowie Erträge aus Anlageabgängen aus. Die Erträge aus der Auflösung von Sonderposten mit Rücklageanteil aus Vorjahren betragen Tsd. € 486 (Vorjahr Tsd. € 486). Die Veränderungen gegenüber dem Vorjahr resultieren weitgehend aus Preisnachlässen und Werbekostenzuschüssen.

ANHANG

(19) Materialaufwand

	2005 Tsd. €	2004 Tsd. €
Aufwendungen für Roh-, Hilfs- und Betriebsstoffe und für bezogene Waren	79.757	55.616
Aufwendungen für bezogene Leistungen	53.630	41.595
	133.387	**97.211**

Die Aufwendungen für bezogene Waren betreffen in erster Linie Brillenfassungen und Gläser. Die bezogenen Leistungen resultieren überwiegend aus Werbung sowie externen Dienstleistungen, die an die Niederlassungen weiterbelastet werden.

(20) Personalaufwand

	2005 Tsd. €	2004 Tsd. €
Löhne und Gehälter	29.924	26.286
Soziale Abgaben	4.096	3.666
Aufwendungen für Altersversorgung	31	46
	34.051	**29.998**

(21) Sonstige betriebliche Aufwendungen

Die sonstigen betrieblichen Aufwendungen enthalten Kosten der Verwaltung und Organisation, Raumkosten, Aufwendungen für Personal.

(22) Beteiligungsergebnis

Das Beteiligungsergebnis setzt sich wie folgt zusammen:

	2005 Tsd. €	2004 Tsd. €
Erträge aus Beteiligungen	39.556	22.854
Erträge aus Gewinnabführungsverträgen	213	746
Aufwendungen aus Verlustübernahme	–12.515	–14.900
	27.254	**8.700**

Die Erträge aus Beteiligungen betreffen die Ergebnisse der Fielmann-Gesellschaften. Die Beteiligungserträge aus Kapitalgesellschaften betreffen im Berichtsjahr erfolgte Ausschüttungen für Vorjahre.

Unter den Aufwendungen aus Verlustübernahme sind die Verlustanteile der offenen Handelsgesellschaften ausgewiesen.

(23) Zinsergebnis

Das Zinsergebnis setzt sich wie folgt zusammen:

	2005 Tsd. €	2004 Tsd. €
Erträge aus Ausleihungen	59	59
Sonstige Zinsen und ähnliche Erträge	11.184	9.877
Zinsen und ähnliche Aufwendungen	–3.609	–3.172
	7.634	**6.764**

22 Einzelabschluss 2004

Die Zinserträge aus verbundenen Unternehmen betragen Tsd. € 8.627 (Vorjahr Tsd. € 6.848), die Zinsaufwendungen an verbundene Unternehmen Tsd. € 2.689 (Vorjahr Tsd. € 2.234).

(24) Steuern vom Einkommen und vom Ertrag

Ausgewiesen werden Gewerbeertragsteuern und Körperschaftsteuern. Die Steueraufwendungen werden bei Ausschüttungen in der Zukunft durch ein Körperschaftsteuerguthaben in Höhe von Tsd. € 3.873 entlastet.

(25) Entnahmen aus den Gewinnrücklagen

Im laufenden Jahr wurden Gewinnrücklagen in Höhe von Tsd. € 1.919 (Vorjahr Tsd. € 6.954) entnommen.

(26) Einstellungen in die Gewinnrücklagen

Es handelt sich um die Einstellung in die Rücklage für eigene Anteile der Fielmann Aktiengesellschaft (Tsd. € 0, Vorjahr Tsd. € 397).

III. Sonstige Angaben

Mitarbeiter

Im Jahresdurchschnitt waren beschäftigt:

	2005	2004
Mitarbeiter gesamt	542	532
davon Auszubildende	9	12
Mitarbeiter gewichtet	475	463

Honoraraufwand für den Abschlussprüfer

Der Honoraraufwand für den Abschlussprüfer stellt sich wie folgt dar:

	Aufwand 2005 Tsd. €
Abschlussprüfung	333
Sonstige Bestätigungs-/Bewertungsleistungen	16
Steuerberatung	134
sonstige Leistungen	2
Summe	**485**

Derivative Finanzinstrumente

Der positive Marktwert eines nicht bilanzierten Zins-/Währungsswaps beträgt zum 31. 12. 2005 Tsd. € 84. Dieser Wert wurde nach der Marktwertmethode, basierend auf dem aktuellen Wiederbeschaffungswert des Kontraktes zuzüglich Sicherheitsmarge, ermittelt. Der Swap ist auf eine Umstrukturierung langfristiger Finanzverbindlichkeiten in eine kürzere Zinsbindung in Schweizer Franken zurückzuführen. Zusätzlich wurde zur Teilfinanzierung eines Objektes die Kreditaufnahme in Fremdwährung vorgenommen. Im Zuge der regelmässigen Liquiditätssicherung wird der USD-Bedarf durch Devisentermingeschäfte der Fielmann Aktiengesellschaft gedeckt. Hierbei richtet sich die jeweilige Größenordnung nach dem Bestellobligo. Am 31. 12. 2005 bestanden drei Devisentermingeschäfte mit einem Gesamtvolumen von Mio. $ 4,5 zur Sicherung der Bestellungen bis Ende März 2006. Der Marktwert dieser nicht bilanzierten Geschäfte betrug zum Stichtag Tsd. € 60. Der Einsatz von Finanzderivaten und die Finanzierung in Fremdwährungen werden systematisch überwacht und sind durch eine Anlagerichtlinie im Konzern geregelt.

Übersicht/Vergleich HGB/IFRS

Im Folgenden werden die wichtigsten Unterschiede zwischen HGB und IFRS gegenübergestellt:

Inhalte/Bereiche	Regelungen nach HGB	Regelungen nach IFRS
Allgemeines		
Zuständigkeit für die Entwicklung der Rechnungslegungsvorschriften	Gesetzgeber (Bundesministerium der Justiz)	International Accounting Standards Board (IASB), eine internationale, nicht staatliche, unabhängige Organisation
Dominierendes Rechnungslegungsziel	Gewinnermittlung	Informationsvermittlung für wirtschaftliche Entscheidungen
Grundprinzip	Gläubigerschutz	Anlegerschutz
Rechtssystem	Code Law (Generalregelungen)	Case Law (Spezialregelungen)
Verhältnis der Handelsbilanz zur Steuerbilanz	Maßgeblichkeit der Handelsbilanz für die Steuerbilanz	Strikte Trennung zwischen Handelsbilanz und Steuerbilanz
Geltungsbereich	Pflicht für den Einzelabschluss deutscher Unternehmen Pflicht für den Konzernabschluss nicht börsennotierter Unternehmen	weltweit; Pflicht für Konzernabschluss börsennotierter Unternehmen in Deutschland ab 01.01.2005; (bei Anwendung der US-GAAP Frist bis 01.01.2007); evtl. Anwendungsmöglichkeit der IFRS für alle Konzern- und Einzelabschlüsse in Deutschland (lt. Entwurf Bilanzrechtsreformgesetz BilReG)

Rechnungslegungsprinzipien		
Annahme: Wird die Unternehmenstätigkeit fortgeführt?	Ja	Ja
Dominierende Rechnungslegungsgrundsätze Generalnorm	Vorsichtsprinzip, Realisations- und Imparitätsprinzip Der Jahresabschluss nach HGB hat unter Beachtung der Grundsätze ordnungsmäßiger Buchführung ein den tatsächlichen Verhältnissen entsprechendes Bild der Vermögens, Finanz und Ertragslage zu vermitteln.	Periodengerechte Erfolgsermittlung fair presentation, true and fair view. Durch den IFRS-Abschluss soll eine angemessene Darstellung der wirtschaftlichen Lage des Unternehmens realisiert werden.
Bewertungsgrundsätze bei Zugang Folgebewertung	Anschaffungs- und Herstellungskosten Strenges und gemildertes Niederstwertprinzip mit Wertaufholungsgebot und Anschaffungskosten als Wertobergrenze	Anschaffungs- und Herstellungskosten Zeitwerte, fortgeschriebene Anschaffungskosten
Wahlrechte	Viele Wahlrechte mit großen Gestaltungsspielräumen	Wenige Wahlrechte, weniger Gestaltungsmöglichkeiten
Ansatzvorschriften Definition asset und Vermögensgegenstand Definition liability und Schulden	Vermögensgegenstand Schulden	Der Begriff asset (Vermögenswert) ist weiter umfasst als der Begriff Vermögensgegenstand. Liability (Schulden) sind enger gefasst als der Schuldenbegriff des HGB
Anschaffungs- oder Herstellungskosten	Pflicht- und Wahlbestandteile bei den Herstellungskosten	Kaum Wahlrechte bei den Herstellungskosten

Bestandteile und Gliederung des Jahresabschlusses		
Bestandteile des Jahresabschlusses Bilanz	Ja	Ja
Gewinn- und Verlustrechnung	Ja	Ja
Gliederung	Verbindliche Bilanzgliederung für Kapitalgesellschaften	Vorgeschriebene Mindestgliederung
Eigenkapitalveränderungsrechnung	Bei börsennotierten Unternehmen	Ja
Kapitalflussrechnung	Bei börsennotierten Unternehmen	Ja
Bilanzierungs- und Bewertungsmethoden und erläuternder Anhang	Anhang (nur Kapitalgesellschaften)	Ja
Segmentberichterstattung	Bei börsennotierten Unternehmen	Bei börsennotierten Unternehmen
Ergebnis je Aktie	Nein	Ja
Lagebericht	Bei Kapitalgesellschaften vorgeschrieben	Nicht vorgeschrieben, aber empfohlen
Vorjahreszahlen	Für die Bilanz und Gewinn- und Verlustrechnung	Sind immer anzugeben für alle Elemente des Jahresabschlusses (auch im Anhang)

Posten der Bilanz		
Immaterielle Vermögensgegenstände: Selbst erstellt	Aktivierungsverbot	Aktivierungsgebot (z.B. Entwicklungskosten), bei Erfüllung bestimmter Voraussetzungen
Erworbene	Aktivierungsgebot	Aktivierungsgebot
Geschäfts- oder Firmenwert „Goodwill"	kann/darf aktiviert werden oder Verrechnung sofort als Aufwand	muss aktiviert werden
Sachanlagen	Bewertungsobergrenze: Anschaffungs- und Herstellungskosten	Neubewertung über die Anschaffungs- und Herstellungskosten hinaus erlaubt (Zeitwert/ Fair Value). Die Neubewertung erfolgt erfolgsneutral.
Abschreibungen	Alle gängigen AfA-Methoden zulässig	Lineare AfA-Methode dominiert, zulässig sind aber auch andere Methoden
Finanzanlagen, Wertpapiere des Umlaufvermögens	Finanzanlagen müssen bei dauernder Wertminderung abgeschrieben werden; ein Abschreibungswahlrecht gilt bei vorübergehender Wertminderung (gemildertes Niederstwertprinzip). Wertpapiere des Umlaufvermögens müssen bei Wertminderung abgeschrieben werden (strenges Niederstwertprinzip); Wertaufholungsgebot	Wertpapiere, die jederzeit veräußerbar sind (available-for-sale) oder zu Handelszwecken gehalten werden (trading securities) sind bei der Folgebewertung mit dem beizulegenden Zeitwert (Fair Value) zu bewerten. Bis zur Endfälligkeit gehaltene Finanzinvestitionen (held-to-maturity investments) sind mit den fortgeführten Anschaffungskosten zu bewerten; Wertaufholungsgebot
Vorräte	Wahlmöglichkeit: Einzel- oder Vollkosten	Vollkostengebot
Langfristige Fertigungsaufträge	Realisationsprinzip: Es dürfen nur Gewinne ausgewiesen werden, die am Bilanzstichtag schon realisiert sind, d. h. Erfolgsausweis erst bei Abschluss des Auftrages.	Umsätze und die dazugehörigen Aufwendungen sind entsprechend dem Grad der Fertigstellung zum Abschlussstichtag erfolgswirksam zu erfassen (Percentage-of-Completion-Methode)
Forderungen	Außerplanmäßige Abschreibung bei Ausfallrisiko (Einzelwertberichtigung) Pauschalwertberichtigung möglich	Außerplanmäßige Abschreibung bei Ausfallrisiko (Einzelwertberichtigung) Keine Pauschalwertberichtigung
Eigenkapital, eigene Anteile	Zu aktivieren	Sind vom Eigenkapital abzusetzen
Pensionsrückstellungen Altzusagen (vor 1997) Bewertung	 Passivierungswahlrecht In der Regel auf der Basis des aktuellen Gehaltes	 Passivierungsgebot Auf Basis des zukünftigen Gehalts (Karrieretrends)
Rückstellungen	Aufwandrückstellungen: Pflichtansatz oder Wahlrecht; große Ermessensspielräume	Nur Rückstellungen für Außenverpflichtungen (rechtliche oder faktische); keine Aufwandsrückstellungen
Verbindlichkeiten	Verbindlichkeiten sind in der Regel mit dem Rückzahlungsbetrag anzusetzen; Aktivierungswahlrecht für Disagio	Grundsätzlich: Rückzahlungsbetrag; Ansatzverbot für Disagio, Zuschreibung nach Effektivzinsmethode
Latente Steuern	Bilanzierungsgebot nur für passive latente Steuern Wahlrecht für aktive latente Steuern	Bilanzierungsgebot
Rechnungsabgrenzungsposten	Pflichtansatz	Pflichtansatz

Konzernabschluss		
Aufstellungspflicht	nur für Kapitalgesellschaften, es gibt größenabhängige Befreiungen	Ja
Konsolidierungskreis	alle Tochterunternehmen, die unter einheitlicher Leitung stehen oder auf die ein beherrschender Einfluss ausgeübt werden kann. Einbeziehungswahlrechte und -verbote	alle Tochterunternehmen, auf die das Mutterunternehmen einen beherrschenden Einfluss ausübt Einbeziehungsverbot bei Veräußerungszweck
Erstkonsolidierungszeitpunkt Tochterunternehmen	Erwerbszeitpunkt wie IFRS oder zum Stichtag der erstmaligen Einbeziehung des Tochterunternehmens in den Konzernabschluss	Erstkonsolidierung mit den Wertverhältnissen zum Zeitpunkt des Erwerbs
Vereinfachungen (Konsolidierungskreis, Ergebniseliminierung etc.)	eingeschränkt zulässig	eingeschränkt zulässig

Weitere Elemente		
Gewinn- und Verlustrechnung	Umsatzkostenverfahren oder Gesamtkostenverfahren möglich	Umsatzkostenverfahren oder Gesamtkostenverfahren möglich
Kapitalflussrechnung	nur für börsennotierte Unternehmen Pflicht; die Posten sind nicht vorgegeben	Pflicht, die Posten sind vorgegeben
Anhang (notes)	Angaben, die der Ergänzung oder Richtigstellung dienen	umfangreiche Angabepflichten zusätzliche Informationen im Sinne einer „fair presentation"
Zwischenberichte	Keine Vorschriften lt. HGB. Gemäß Börsenzulassungsgesetz ist aber ein Zwischenbericht, d. h. ein Halbjahresbericht mit ausgewählten Unternehmensdaten zu veröffentlichen (kein Abschluss)	Auf Halbjahresbasis wird für börsennotierte ein Zwischenbericht empfohlen. Dieser Zwischenbericht beinhaltet wesentliche Unternehmensdaten. Es wird empfohlen, die Elemente des Jahresabschlusses verkürzt darzustellen: - Verkürzte Bilanz und GuV - Verkürzte Eigenkapital-entwicklungsrechnung - Verkürzte Kapitalfluss-rechnung - Ausgewählte Erläuterungen

DEUTSCH	AMERIKANISCH	ENGLISCH	FRANZÖSISCH
Bilanz	**Balance Sheet**	**Balance Sheet**	**Bilan**
Aktivseite	**Assets**	**Assets**	**Actif**
A. Anlagevermögen	A. Fixed assets	A. Fixed assets	A. Actif immobilisé
I. Immaterielle Vermögensgegenstände:	I. Intangible assets	I. Intangible assets	I. Immobilisations incorporelles
1. Konzessionen, gewerbliche Schutzrechte und ähnliche Rechte und Werte sowie Lizenzen an solchen Rechten und Werten	1. Concessions, industrial and similar rights an assets an licenses in such rights and assets	1. Concessions, patents, licenses, trade marks and similar rights and assets	1. Concessions, droits de propriété industrielle et droits et valeurs similares ainsi que licences permettant l'exploitation de ces droits et valeurs
2. Geschäfts- oder Firmenwert	2. Excess of purchase price over fair value of net assets of busness acquired	2. Goodwill	2. Fonds commercial ou Goodwill
3. geleistete Anzahlungen	3. Prepayments on intangible assets	3. Payment on account	3. Acomptes versés
II. Sachanlagen:	II. Tangible assets	II. Tangible assets	II. Immobilisations corporelles
1. Grundstücke, grundstücksgleiche Rechte und Bauten einschließlich der Bauten auf fremden Grundstücken	1. Land, land rights and building including buildings on third party land	1. Land, leasehold rights and buildings including buildings on third party land	1. Terrains, droits assimilès et constructions y compris constructions sur sol d'autrui
2. technische Anlagen und Maschinen	2. Technical equipment and machines	2. Plant and machinery	2. Installations techniques, matériel et outilage industriels
3. andere Anlagen, Betriebs- und Geschäftsausstattung	3. Other equipment, factory and office equipment	3. Fixtures, fittings, tools and equipment	3. Autres immobilisations corporelles et immobilisations en cours
4. geleistete Anzahlungen und Anlagen im Bau	4. Prepayments on tangable assets and construction in progress	4. Payment on account and assets in course of construction	4. Acomptes versés
III. Finanzanlagen:	III. Financial assets	III. Investments	III. Immobilisations financières
1. Anteile an verbundenen Unternehmen	1. Shares in affiliated companies	1. Shares in group undertakings	1. Parts dans des entrprises liées
2. Ausleihungen an verbundene Unternehmen	2. Loans in affiliated companies	2. Loans in group undertakings	2. Prêts à des entreprises liées
3. Beteiligungen	3. Participations	3. Participation interests	3. Participations
4. Ausleihungen an Unternehmen, mit denen ein Beteiligungsverhältnis besteht	4. Loans to companies in which participations are held	4. Loans to undertakings in which the company has a participating interest	4. Prêts à des entreprises apparentées
5. Wertpapiere des Anlagevermögens	5. Long term investments	5. Other investments other than loans	5. Titres de placement immobilisés
6. sonstige Ausleihungen	6. Other Loans	6. Other loans	6. Autres prêts
B. Umlaufvermögen:	B. Current assets	B. Current assets	B. Actif circulant
I. Vorräte:	I. Inventories	I. Stocks	I. Stocks
1. Roh-, Hilfs- und Betriebsstoffe	1. Raw materials and supplies	1. Raw materials and supplies	1. Matières premières et autres approvisionnements
2. unfertige Erzeugnisse, unfertige Leistungen	2. Work in process	2. Work in progress	2. Produits intermédiaires et traaux en cours
3. fertige Erzeugnisse und Waren	3. Finished goods and merchandise	3. Finished goods and goods for resale	3. Produits finis et marchandises
4. geleistete Anzahlungen	4. Prepayments on inventories	4. Payments on account	4. Acomptes versés
II. Forderungen und sonstige Vermögensgegenstände	II. Receivables and other assets	II. Debtors and other assets	II. Créances et autre éléments de l'actif
1. Forderungen aus Lieferungen und Leistungen	1. Trade receivables	1. Trade deptors	1. Créances résultant de ventes de biens ou de prestations de services
2. Forderungen gegen verbundene Unternehmen	2. Receivables from affiliated companies	2. Amounts owed by group undertaking	2. Créances sur des entreprises Liées
3. Forderungen gegen Unternehmen, mit denen ein Beteiligungsverhältnis besteht	3. Receivables from companies in which participations are held	3. Amounts owed by undertakings in which the company has a participating interest	3. Créances sur des entrprises apparentées
4. sonstige Vermögensgegenstände	4. Other assets	4. Other assets	4. Autres éléments de l'aktif
III. Wertpapiere;	III. Securities	III. Investments	III. Valeurs mobilières de placement
1. Anteile an verbundenen Unternehmen	1. Shares in affiliated companies	1. Shares in group undertakings	1. Parts dans des entreprises liées
2. eigene Anteile	2. Treasury stock	2. Own shares	2. Actions propres
3. sonstige Wertpapiere	3. Other short term investments	3. Other investments	3. Autres valeurs mobilières de placement
IV. Schecks, Kassenbestand, Bundesbank- und Postgiroguthaben, Guthaben bei Kreditinstituten	IV.Cash	IV. Cheques, Cash at bank and in hand, postal giro and central bank balances	IV. Chéques, caisse, banque D'émission et chèques postaux, banques
C. Rechnungsabgrenzungsposten:	C. Prepaid expenses	C. Prepayments and accrued income	C. Comtes de régularisation
Passivseite	**Equity and liabilities**	**Liabilities**	**Passif**
A. Eigenkapital:	A. Equity	A. Shareholders' equity	A. Capitaux propres
I. Gezeichnetes Kapital	I. Subcribed capital	I. Share capital	I. Capital souscrit
II. Kapitalrücklage	II. Capital reserve	II. Share premium account	II. Réserves ayant un caractère de capital
III. Gewinnrücklagen	III. Revenue reserve	III. Appropriated surplus	III. Réserves prélevées sur les bénéfices
1. Gesetzliche Rücklage	1. Legal reserve	1. Statutory reserves	1. Réserve légale
2. Rücklage auf eigene Anteile	2. Reserve for own shares	2. Reserve for own shares	2. Réserves pour actions propres
3. Satzungsmäßige Rücklagen	3. Statutory reserves	3. Reserves profided for by the articles of association	3. Réserves statutaires
4. Andere Gewinnrücklagen	4. Other revenue reserves	4. Other reserves	4. Autres réserves prélevées sur les bénefices
IV. Gewinnvortrag/Verlustvortrag	IV. Retained profits/accumulated Rloses brought forward	IV. Retained earnings brought forward	IV. Report à nouveau
V. Jahresüberschuss/Jahresfehlbetrag	V. Net income/net loss for the year	V. Net income for the year	V. Bénéfice figurant au bilan/Perte figurant au bilan

B. Rückstellungen: 1. Rückstellungen für Pensionen und ähnliche Verpflichtungen 2. Steuerrückstellungen 3. Sonstige Rückstellungen	B. Accruals 1. Accruals for pensions and similar obligations 2. Tax accruals 3. Other accruals	B. Provisions 1. Provisions for pensions and similar obligations 2. Provisions for taxation including deferred taxation 3. Other provisions	B. Provisions pour risques et charges 1. Provisions pour pensions et obligations similaires 2. Provisions pur impôts 3. Autre provisions
C. Verbindlichkeiten: 1. Anleihen, davon konvertibel 2. Verbindlichkeiten gegenüber Kreditinstituten 3. Erhaltene Anzahlungen auf Bestellungen 4. Verbindlichkeiten aus Lieferungen und Leistungen 5. Verbindlichkeiten aus der Annahme gezogener Wechsel und der Ausstellung eigener Wechsel 6. Verbindlichkeiten gegenüber verbundenen Unternehmen 7. Verbindlichkeiten gegenüber Unternehmen, mit denen ein Beteiligungsverhältnis besteht 8. Sonstige Verbindlichkeiten, davon aus Steuern davon im Rahmen der sozialen Sicherheit	C. Liabilities 1. Loans, of which...convertible 2. Liabilities to banks 3. Payments received on account of orders 4. Trade payables 5. Liabilities on bills accepted and drawn 6. Payable to affiliated companies 7. Payable to companies in which participations are held 8. Other liabilities of which ... ataxes of which ... relating to social securitiy and similar obligations	C. Creditors 1. Loans payable, of which... is convertible 2. Bank loans and overdraft 3. Payment received on account 4. Trade creditors 5. Bills of exchange payable 6. Amounts owed to group undertakings 7. Amounts owed to under-takings in which the company has a participation 8. Other creditors including taxation and social security	C. Dette 1. Emprunts obligataires dont ... convertible 2. Dettes auprès d'etablissements financiers 3. Accomptes recus sur commandes 4. Dettes sur achats de biens ou de prestations de services 5. Effets à payer 6. Dettes envers des entreprises liées 7. Dettes envers des entreprises apprentées 8. Dettes divererses dont ... impôts dont ... charges sociales
D. Rechnungsabgrenzungsposten:	D. Deferred income	D. Deferred income	D. Comptes de régularisations

DEUTSCH	AMERIKANISCH	ENGLISCH	FRANZÖSISCH
Gewinn- und Verlustrechnung:	**Profit and Loss Account:**	**Profit and Loss Account:**	**Compte de résultat:**
Bei Anwendung des Gesamtkosten-fahrens sind auszuweisen:	**For the type of expenditure format there must be disclosed:**	**For the type of expenditure format there must be disclosed:**	**A faire figurer en cas d'application du modèle présentant les charges par nature de dépenses:**
1. Umsatzerlöse	1. Sales	1. Turnover	1. Chiffre d'affaires (hors TVA)
2. Erhöhung oder Verminderung des Bestandes an fertigen und unfertigen Erzeugnissen	2. Increase or decrease in finished goods inventories and work in process	2. Change in stock of finished goods and work in progress	2. Augmentation des stocks ou diminution des stocks
3. andere aktivierte Eigenleistungen	3. Own work capitalized	3. Own work capitalized	3. Production immobilisée
4. sonstige betriebliche Erträge	4. Other operating income	4. Other operating income	4. Autres produits d'exploitation
5. Materialaufwand a) Aufwendungen für Roh-, Hilfs- und Betriebsstoffe und für bezogene Waren b) Aufwendungen für bezogene Leistungen	5. Costs of materials a) Cost of rax materials, consumables and supplies and of purchased merchandise b) Cost of purchased service	5. Cost of materials a) Cost of raw materials, consumables and of purchased merchandise b) Cost of purchased services	5. Coût des achats consommés a) Coût des matières premières et autres approvisionnements ainsi que des achats de marchandises b) Coût des achats de prestations de services
6. Personalaufwand a) Löhne und Gehälter b) soziale Abgaben und Aufwendungen für Altersversorgung und für Unterstützungen, davon Altersversorgung	6. Personell expenses a) Wages and salaries b) Social security and pension expenses, there of ... pension expenses	6. Staff costs a) Wages and salaries b) Social security, pensions and other benefit costs, of which ... is for pension costs	6. Charges de personell a) Salaires et appointments b) Charges de sécurité, de prévoyance-vieollesse et d'assistance dont ... prévoyance-vieillesse
7. Abschreibungen a) auf immaterielle Vermögensgegenstände des Anlagevermögens und Sachanlagen sowie auf aktivierte Aufwendungen für die Ingangsetzung und Erweiterung des Geschäftsbetriebes b) auf Vermögensgegenstände des Umlaufvermögens, soweit diese die in der Kapitalgesellschaft üblichen Abschreibungen überschreiten	7. Depreciations and amortization a) on intangible fixed assets and tangible assets as well on capitalized start-up and business expansion expenses b) exceptional write downs on current assets	7. Depreciation a) written of tangible and intangible fixed assets b) written of current assets	7. Dotations aux amortissements et aus provisions pour dépréciation a) Dotations aux amortissements des immobilisations corporelles et incorporelles ainsi que des frais d'établissement et de développement de l'entreprise portés à l'activ b) Dotations aux provisions pour dépréciation des éléments de l'activ circulant, dépassant le cadre habituel des dépréciations pratiquées dans l'entreprise
8. sonstige betriebliche Aufwendungen	8. Other operating expenses	8. Other operating charges	8. Autres charges d'exploitation
9. Erträge aus Beteiligungen, davon aus verbundenen Unternehmen	9. Income from other participations, of which ... from affiliated companies	9. Participating interests, of which ... is for shares in group undertakings	9. Produits de participations dont ... d'entreprises liées
10. Erträge aus anderen Wertpapieren und Ausleihungen des Finanzanlagevermögens, davon aus verbundenen Unternehmen	10. Income from other investments and long term loans, of which ... relating to affiliated companies	10. Income from fixed asset investments and long-term loads, of which ... relates to shares in group undertakings	10. Produits des autres titres de placement et prêts immobilisés dont ... d'entreprises liées
11. sonstige Zinsen und ähnliche Erträge, davon aus verbundenen Unternehmen	11. Other interest and similar income, of which ... related to affiliated companies	11. Other interest receivable and similar income, of which ... relates to shares in group undertakings	11. Autres intérêts et produits assimilés dont ... d'entreprises liées
12. Abschreibungen auf Finanzanlagen und auf Wertpapiere des Umlaufvermögens	12. Write downs on financial assets and short term investments	12. Amounts written off investments	12. Dotations aux provisions pour dépréciation des éléments financiers
13. Zinsen und ähnliche Aufwendungen, davon an verbundene Unternehmen	13. Interest and similar expenses, of which ... to affiliated companies	13. Interest payable and similar charges	13. Intérêts et charges assimilés dont ... d'entreprises liées
14. Ergebnis der gewöhnlichen Geschäftstätigkeit	14. Result of ordinary activities	14. Profit or loss on ordinary activities	14. Résultat provenant des activités ordinaires
15. außerordentliche Erträge	15. Extraordinary income	15. Extraordinary income	15. Produits extraordinaires
16. außerordentliche Aufwendungen	16. Extraordinary expenses	16. Extraordinary charges	16. Charges extraordinaires
17. außerordentliches Ergebnis	17. Extraordinary result	17. Extraordinary profit or loss	17. Résultat extraordinaires
18. Steuern vom Einkommen und Ertrag	18. Taxes on income	18. Tax on profit	18. Impôts et taxes sur le revenue et les bénéfices
19. sonstige Steuern	19. Other taxes	19. Other taxes	19. Autres impôts et taxes
20. Jahresüberschuss/Jahresfehlbetrag.	20. Net income/net loss for the year	20. Profit or loss for the financial year	20. Bénéfice/Perte

Bei Anwendung des Umssatzkosten-verfahrens sind auszuweisen:	**For the operational format there shall be disclosed:**	**For the operational format there shall be disclosed:**	**Sont à faire figurer en cas d'application du modèle du coût production:**
1. Umsatzerlöse	1. Sales	1. Turnover	1. Chiffre d'affaires (hors TVA)
2. Herstellungskosten der zur Erzielung der Umsatzerlöse erbrachten Leistungen	2. Costs of sales	2. Cost of sales	2. Frais des ventes
3. Bruttoergebnis vom Umsatz	3. Gross profit on sales	3. Gross profit or loss	3. Marge brute
4. Vertriebskosten	4. Selling expenses	4. Distribution costs	4. Frais de commercialisation
5. allgemeine Verwaltungskosten	5. General administration expenses	5. General administrative expenses	5. Frais d'administration
6. sonstige betriebliche Erträge	6. Other operating income	6. Other operating income	6. Autres produits d'exploitation
7. sonstige betriebliche Aufwendungen	7. Other operating expenses	7. Other operating expenses/charges	7. Autres charges d'exploitation
8. Erträge aus Beteiligungen, davon aus verbundenen Unternehmen	8. Income from participation of which ... affiliated companies	8. Income from participating interests, of which ... is for shares in group undertakings	8. Produits des participations dont ... d'entreprises liées
9. Erträge aus anderen Wertpapieren und Ausleihungen des Finanzanlagevermögens, davon aus verbundenen Unternehmen	9. Income from other investments and long term loans, of which ... relating to affiliated companies	9. Income from fixed asset investments and long-term loads, of which ... relates to shares in group undertakings	9. Produits des autres titres de placement et prêts immobilisés dont ... d'entreprises liées
10. sonstige Zinsen und ähnliche Erträge, davon aus verbundenen Unternehmen	10. Other interest and similar income, of which ... from affiliated companies	10. Other interest receivable and similar income, of which ... relates to shares in group undertakings	10. Autres intérêts et produits assimilés dont ... d'entreprises liées
11. Abschreibungen auf Finanzanlagen und auf Wertpapiere des Umlaufvermögens	11. Write downs on financial assets and short term investments	11. Amounts written off investments	11. Dotations aux provisions pour dépréciation des éléments financiers
12. Zinsen und ähnliche Aufwendungen, davon an verbundene Unternehmen	12. Interest and similar expenses, of which ... to affiliated companies	12. Interest payable and similar charges of which ... relates to shares in group ondertakings	12. Intérêts et charges assimilés dont ... d'entreprises liées
13. Ergebnis der gewöhnlichen Geschäftstätigkeit	13. Result of ordinary activities	13. Profit or loss on ordinary activities	13. Résultat provenant des activités ordinaires
14. außerordentliche Erträge	14. Extraordinary income	14. Extraordinary income	14. Produits extraordinaires
15. außerordentliche Aufwendungen	15. Extraordinary expenses	15. Extraordinary charges	15. Charges extraordinaires
16. außerordentliches Ergebnis	16. Extraordinary result	16. Extraordinary profit or loss	16. Résultat extraordinaires
17. Steuern vom Einkommen und Ertrag	17. Taxes on income	17. Tax on profit	17. Impôts et taxes sur le revenue et les bénéfices
18. sonstige Steuern	18. Other taxes	18. Other taxes	18. Autres impôts et taxes
19. Jahresüberschuß/Jahresfehlbetrag.	19. Net income/net loss for the year	19. Profit or loss for the financial year	19. Bénéfice/Perte

Literaturverzeichnis

Wie nicht anders zu erwarten, gibt es eine kaum noch überschaubare Fülle von Literatur zum Thema Bilanzen. Jeder Punkt, jedes Problem ist detailliert beschrieben. So kann die folgende Auswahl von weiterführender Literatur nur eine kleine, subjektive Auswahl sein:

Kralicek, Peter: Bilanzen lesen – Eine Einführung

Eine komprimierte Einführung ohne Schnörkel. Hier auch detailliert der Quicktest zur Bilanzanalyse.

Küting, Karlheinz u. a: Die Bilanzanalyse

Ein ausführliches Werk zum Thema Bilanzanalyse. Geht in die Tiefe und beleuchtet auch neueste Erkenntnisse und Ansätze. Etwas für Spezialisten oder solche, die es werden wollen.

Lüdenbach, Norbert: IAS/IFRS

Ein Praxisratgeber mit ausführlichen Erklärungen zur Umstellung von der HGB- auf die IFRS-Rechnungslegung.

Wöhe, Günter: Einführung in die Allgemeine Betriebswirtschaftslehre

In diesem Klassiker der Betriebswirtschaftslehre findet man immer noch im Kapitel Bilanzen eine sehr gute Übersicht zum Thema. Darüber hinaus wird der Rest der Betriebswirtschaftslehre noch mitgeliefert, so dass verwandte Themen wie z. B. Finanzierungsfragen ebenso studiert werden können.

Fachzeitschriften:

Wer sich regelmäßig informieren will und auch neueste gesetzliche Regelungen usw. kennen muss, kann auf eine Reihe von regelmäßig erscheinender Fachliteratur zurückgreifen. Eher etwas für diejenigen, die sich hauptberuflich mit dem Thema beschäftigen müssen. Auch hier gibt es eine ganze Reihe von Zeitschriften, z. B. für Wirtschaftsprüfer, Steuerberater usw. Hier eine knappe Auswahl:

Bilanz & Buchhaltung
Verlag Praktisches Wissen GmbH
Erscheint 11 x jährlich
Neueste Informationen zum Thema

Neue Wirtschafts-Briefe

Verlag Neue Wirtschafts-Briefe
Loseblattwerk mit zweiwöchentlichen Aktualisierungslieferungen
Die „gelbe Reihe". Ein Klassiker für Bilanzbuchhalter, Steuerberater usw. Weniger die betriebswirtschaftliche Ausrichtung, Schwerpunkt liegt beim Steuer- und Wirtschaftsrecht.

Stichwortverzeichnis

Fachwissen leicht gemacht

Hans-Jürgen Probst
Balanced Scorecard leicht gemacht

Hans-Jürgen Probst
Bilanzen lesen leicht gemacht

Max Becker
Buchführen leicht gemacht

Christoph Lindinger / Ina Goller
Change Management leicht gemacht

Hans-Jürgen Probst
Controlling leicht gemacht

Matthias Grossmann
Einkauf leicht gemacht

Alexander Schlick
Führen leicht gemacht

Max Becker
IAS/US-Gaap leicht gemacht

Hans-Jürgen Probst
Kennzahlen leicht gemacht

Fritz Scheuch
Marketing leicht gemacht

Heinz Feldmann
Preisverhandlungen leicht gemacht

Werner Pepels
Pricing leicht gemacht

Ulrich Chr. Füting / Ingo Hahn
Projektcontrolling leicht gemacht

Hans-Jürgen Probst / Monika Haunerdinger
Projektmanagement leicht gemacht

Rainer Feldbrügge / Barbara Brecht-Hadraschek
Prozessmanagement leicht gemacht

Bärbel Folten
Kreative Verkaufsförderung leicht gemacht

Stephen A. Giglio
Verkaufsgespräche leicht gemacht

Michael Brückner
Werbebriefe leicht gemacht

- **Profi-Wissen klar und verständlich dargestellt**
- **Sofort in der Praxis einsetzbar**
- **Mit vielen Abbildungen, Beispielen, Tipps und Checklisten**